"国家示范性高等职业院校建设计划项目"中央财政支持重点建设专业
杨凌职业技术学院水利水电建筑工程技术专业课程改革系列教材

管道施工技术实训

《管道施工技术实训》课程建设团队　主编

中国水利水电出版社
www.waterpub.com.cn

内 容 提 要

本书重点介绍管道工程的施工工艺和方法。上篇内容包括室内给水系统管道施工、建筑消防系统管道施工、室内排水系统管道施工、室内采暖系统管道施工、燃气系统管道施工、室外给排水管道施工、室外供热管道施工、通风与空调系统管道施工、管道及设备防腐与保温施工9个学习情境。下篇内容包括12个实训项目。

本书是高等职业技术教育院校建筑设备工程技术、供热通风与空气调节、建筑水电设备安装、物业设施管理、工业设备安装等专业的教材，也可作为以上专业高职高专函授教材和岗位培训教材，或供相关专业人员参考。

图书在版编目（C I P）数据

管道施工技术实训 / 《管道施工技术实训》课程建设团队主编. —— 北京：中国水利水电出版社，2011.6(2019.1重印)
"国家示范性高等职业院校建设计划项目"中央财政支持重点建设专业、杨凌职业技术学院水利水电建筑工程技术专业课程改革系列教材
ISBN 978-7-5084-8777-9

Ⅰ. ①管… Ⅱ. ①管… Ⅲ. ①管道工程－高等职业教育－教材 Ⅳ. ①TU81

中国版本图书馆CIP数据核字(2011)第132771号

书　　　名	"国家示范性高等职业院校建设计划项目"中央财政支持重点建设专业 杨凌职业技术学院水利水电建筑工程技术专业课程改革系列教材 **管道施工技术实训**
作　　　者	《管道施工技术实训》课程建设团队　主编
出版发行	中国水利水电出版社 （北京市海淀区玉渊潭南路1号D座　100038） 网址：www. waterpub. com. cn E-mail：sales@waterpub. com. cn 电话：（010）68367658（营销中心）
经　　　售	北京科水图书销售中心（零售） 电话：（010）88383994、63202643、68545874 全国各地新华书店和相关出版物销售网点
排　　　版	中国水利水电出版社微机排版中心
印　　　刷	天津嘉恒印务有限公司
规　　　格	184mm×260mm　16开本　21.5印张　510千字
版　　　次	2011年6月第1版　2019年1月第2次印刷
印　　　数	3001—4000册
定　　　价	**58.00**元

　　2006 年 11 月，教育部、财政部联合启动了"国家示范性高等职业院校建设计划项目"，杨凌职业技术学院是国家首批批准立项建设的 28 所国家示范性高等职业院校之一。在示范院校建设过程中，学院坚持以人为本、以服务为宗旨，以就业为导向，紧密围绕行业和地方经济发展的实际需求，致力于积极探索和构建行业、企业和学院共同参与的高职教育运行机制。在此基础上，以"工学结合"的人才培养模式创新为改革的切入点，推动专业建设，引导课程改革。

　　课程改革是专业教学改革的主要落脚点，课程体系和教学内容的改革是教学改革的重点和难点，教材是实施人才培养方案的有效载体，也是专业建设和课程改革成果的具体体现。在课程建设与改革中，我们坚持以职业岗位（群）核心能力（典型工作任务）为基础，以课程教学内容和教学方法改革为切入点，坚持将行业标准和职业岗位要求融入到课程教学中，使课程教学内容与职业岗位能力融通、与生产实际融通、与行业标准融通、与职业资格证书融通。同时，强化课程教学内容的系统化设计，协调基础知识培养与实践动手能力培养的关系，增强学生的可持续发展能力。

　　通过示范院校建设与实践，我院重点建设专业初步形成了"工学结合"特色较为明显的人才培养模式和较为科学合理的课程体系，制订了课程标准，进行了课程总体教学设计和单元教学设计，并在教学中予以实施，收到了良好的效果。为了进一步巩固扩大教学改革成果，发挥示范、辐射、带动作用，我们在课程实施的基础上，组织由专业课教师及合作企业的专业技术人员组成的课程改革团队编写了这套工学结合特色教材。本套教材突出体现了以下几个特点：一是在整体内容构架上，以实际工作任务为引领，以项目为基础，以实际工作流程为依据，打破了传统的学科知识体系，形成了特色鲜明的项目化教材内容体系；二是按照有关行业标准、国家职业资格证书及毕业生面向职业岗位的具体要求编排教学内容，充分体现教材内容与生产实际相融通，与岗位技术标准相对接，增强了实用性；三是以技术应用能力（操作技能）为核心，以基本理论知识为支撑，以拓展性知识为延伸，将理论知识学习与能力培养置于实际情景之中，突出工作过程技术能力的培养和经验性知识的积累。

　　本套特色教材的出版，既是我院国家示范性高等职业院校建设成果的集中反映，也是带动高等职业院校课程改革、发挥示范辐射带动作用的有效途径。我们希望本套教材能对我院人才培养质量的提高发挥积极作用，同时，为相关兄弟院校提供良好借鉴。

杨凌职业技术学院院长：张朝晖

2010 年 2 月 5 日于杨凌

前言

　　《管道施工技术实训》是建筑设备工程技术专业的一门职业技术课程。通过本课程的学习，使学生比较系统地了解管道工程的主要施工安装技术和方法，熟悉管道工程安装常用材料和室内给排水、供暖、燃气、通风空调系统安装方法和质量要求，室外热力管道、燃气管网的施工方法及验收质量要求，管道的防腐与保温技术，以及各系统的试运行与验收要求。

　　在教材内容安排上以工作过程为导向，紧紧围绕管道安装这个中心，以管道安装为主线，详细介绍了管道安装工程中所用的材料、附件、施工技术和安装工艺。将管道工程所涉及的内容通过典型的学习情境体现，以工作任务引领知识、技能和态度，让学生在完成工作任务的过程中学习相关的知识；将知识目标培养、能力目标培养、素质目标培养三者有机结合，使学生在完成学习型工作任务的过程之中自主地获得知识，习得技能，建构属于自己的知识体系，有利于真正培养学生的职业能力。

　　本书共分 9 个学习情境，12 个实训项目。其中，杨凌职业技术学院王锋编写学习情境 1～学习情境 3 及实训项目 1～实训项目 6；杨凌职业技术学院王杨睿编写学习情景 4 及实训项目 7 和实训项目 8；陕西省设备安装工程公司胡建伟编写学习情境 5 及实训项目 11；西安航空技术高等专科学校张瑞杰编写学习情境 6～学习情境 8 及实训项目 9 和实训项目 12；陕西第五建筑工程公司赵爱君编写学习情境 9 及实训项目 10。全书由王锋统稿。

　　由于编者水平有限，书中难免有不足之处，恳请读者批评指正。

编者

2011 年 3 月

序言

前言

上篇　基础知识部分

下篇　实　训　部　分

上篇　基础知识部分

学习情境1　室内给水系统管道施工

【学习目标】

（1）能完成给水管材及设备的进场验收工作。

（2）能够识读给排水系统施工图。

（3）能编制给排水系统施工材料计划。

（4）能编制给水系统施工准备计划。

（5）能合理选择管道的加工机具，编制加工机具、工具需求计划。

（6）能编制给水管道施工方案、组织加工并进行安装。

（7）能在施工过程中收集验收所需要的资料。

（8）能进行给水系统质量检查与验收。

学习单元1.1　给排水施工图识读

1.1.1　建筑给排水施工图绘制基础知识

1. 图线

建筑给排水施工图的线宽 b 应根据图纸的类别、比例和复杂程度确定。一般线宽 b 宜为 0.7mm 或 1.0mm。常用的线型应符合表 1.1 的规定。

表 1.1　　　　　　　　　　　常 用 的 线 型

名称	线型	线宽	一 般 用 途
粗实线	——————	b	新建各种给水排水管道线
中实线	——————	$0.5b$	（1）给水排水设备、构件的可见轮廓线。 （2）厂区（小区）给水排水管道图中新建建筑物、构筑物的可见轮廓线，原有给水排水的管道线
细实线	——————	$0.35b$	（1）平、剖面图中被剖切的建筑构造（包括构配件）的可见轮廓线。 （2）厂区（小区）给水排水管道图中原有建筑物、构筑物的可见轮廓线。 （3）尺寸线、尺寸界限、局部放大部分的范围线、引出线、标高符号线、较小图形的中心线等
粗虚线	— — — — —	b	新建各种给水排水管道线
中虚线	— — — — —	$0.5b$	（1）给水排水设备、构件的不可见轮廓线。 （2）厂区（小区）给水排水管道图中新建建筑物、构筑物的不可见轮廓线，原有给水排水的管道线

名　称	线　型	线　宽	一　般　用　途
细虚线	– – – – – – –	0.35b	(1) 平、剖面图中被剖切的建筑构造的不可见轮廓线。 (2) 厂区（小区）给水排水管道图中原有建筑物、构筑物的不可见轮廓线
细点划线	— · — · — · —	0.35b	中心线、定位轴线
折断线	～〜⁄〜～	0.35b	断开界限
波浪线	∿∿∿∿	0.35b	断开界限

2. 标高、管径及编号

(1) 标高。标高是表示管道或建筑物高度的一种尺寸形式。标高有绝对标高和相对标高两种，绝对标高是以我国青岛附近黄海的平均海平面作为零点的，相对标高一般以建筑物的底层室内主要地平面为该建筑物的相对标高的零点，用＋0.000 表示。标高的标注形式如图 1.1 所示，标高符号用细实线绘制，三角形的尖端画在标高的引出线上表示标高的位置，尖端的指向可以向上也可以向下。标高值是以 m 为单位的，高于零点的为正（如 5.000，表示高于零点 5m），低于零点的为负（如－5.000 表示低于零点 5m）。一般情况下地沟标注沟底的标高，压力管道标注管中心的标高，室内重力管道标注管内底标高。

室内工程应标注相对标高；室外工程应标注绝对标高，当无绝对标高资料时，可标注相对标高，但应与总图专业一致。

下列部位应标注标高：沟渠和重力流管道的起讫点、转角点、连接点、变尺寸（管径）点及交叉点；压力流管道中的标高控制点；管道穿外墙、剪力墙和构筑物的壁及底板等处；不同水位线处；构筑物和土建部分的相关标高。

压力管道应标注管中心标高，沟渠和重力流管道宜标注沟（管）内底标高。

标高的标注方法应符合如下规定：

1) 平面图中，管道标高应按图 1.1 (a) 所示的方式标注。

2) 平面图中，沟渠标高应按图 1.1 (b) 所示的方式标注。

3) 剖面图中，管道及水位的标高应按图 1.1 (c) 所示的方式标注。

4) 轴测图中，管道标高应按图 1.1 (d) 所示的方式标注。

(2) 管径。施工图上的管道必须按规定标注管径，管径尺寸以 mm 为单位，在标注时通常只写代号与数字而不再注明单位；低压流体输送用焊接钢管、镀锌焊接钢管、铸铁管等，管径以公称直径 DN 表示，如 DN15、DN20 等；无缝钢管、直缝或螺旋缝电焊钢管、有色金属管、不锈钢钢管等，管径以外径×壁厚表示，如 D108×4、D426×7 等；耐酸瓷管、混凝土管、钢筋混凝土管、陶土管（缸瓦管）等，管径以内径表示，如 d230、d380 等；塑料管管径可用外径表示，如 De20、De110 等，也可以按有关产品标准表示，如 LS/A—1014 表示标准工作压力 1.0MPa、内径为 10mm、外径为 14mm 的铝塑复合管。

管径的标注方法应符合如下规定：

1) 单根管道时，管径应按图 1.2 (a) 所示的方式标注。

2) 多根管道时，管径应按图 1.2 (b) 所示的方式标注。

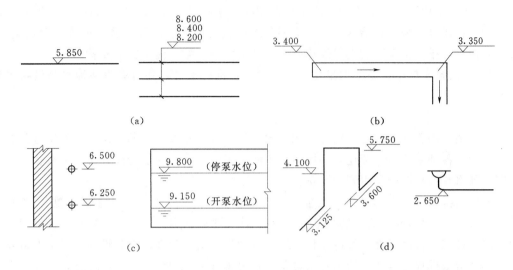

图 1.1　标高的标注方法

(a) 平面图中管道标高标注法；(b) 平面图中沟渠标高标注法；(c) 剖面图中
管道及水位标高标注法；(d) 轴测图中管道标高标注法

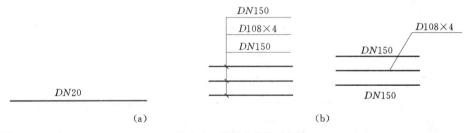

图 1.2　管径的标注方法

(a) 单管管径表示法；(b) 多管管径表示法

(3) 编号。

1) 当建筑物的给水引入管或排水排出管的数量超过 1 根时，宜进行编号，编号宜按图 1.3 所示的方法表示。

2) 建筑物穿越楼层的立管，其数量超过 1 根时宜进行编号，编号宜按图 1.4 所示的方法表示。

图 1.3　给水引入（排水排出）
管编号表示方法

图 1.4　立管编号表示方法

(a) 平面图；(b) 剖面图、系统原理图、轴测图等

3）在总平面图中，当给排水附属构筑物的数量超过 1 个时，宜进行编号。编号方法为：构筑物代号－编号；给水构筑物的编号顺序宜为：从水源到干管，再从干管到支管，最后到用户；排水构筑物的编号顺序宜为：从上游到下游，先干管后支管。

4）当给排水机电设备的数量超过 1 台时，宜进行编号，并应有设备编号与设备名称对照表。

3．常用给排水图例

施工图上的管件和设备一般是采用示意性的图例符号来表示的，这些图例符号既有相互通用的，各种专业施工图还有一些各自不同的图例符号，为了看图方便，一般在每套施工图中都附有该套图纸所用到的图例。

建筑给排水图纸上的管道、卫生器具、设备等均按照《给水排水制图标准》（GB/T 50106—2001）使用统一的图例来表示。在《给水排水制图标准》（GB/T 50106—2001）中列出了管道、管道附件、管道连接、管件、阀门、给水配件、消防设施、卫生设备及水池、小型给水排水构筑物、给水排水设备、仪表等共 11 类图例。这里仅给出一些常用图例供参考，见表 1.2。

表 1.2　　　　　　　　　　　　常　用　图　例

序号	名称	图例	序号	名称	图例
1	生活给水管	——J——	11	污水池	
2	废水管	——F——	12	清扫口	平面　系统
3	污水管	——W——	13	圆形地漏	
4	立式洗脸盆		14	放水龙头	平面　系统
5	浴盆		15	水泵	平面　系统
6	盥洗槽		16	水表	
7	壁挂式小便器		17	水表井	
8	蹲式大便器		18	阀门井检查井	
9	坐式大便器		19	浮球阀	平面　系统
10	小便槽		20	立管检查口	

4．标题栏

以表格的形式画在图纸的右下角，内容包括图名、图号、项目名称、设计者姓名、图纸采用的比例等。

4

5．比例

管道图纸上的长短与实际大小相比的关系叫做比例，是制图者根据所表示部分的复杂程度和画图的需要选择的比例关系。

6．方位标

方位标是用以确定管道安装方位基准的图标；画在管道底层平面图上，一般用指北针、风玫瑰图等表示建（构）筑物或管线的方位，如图1.5所示。

7．坡度及坡向

坡度和坡向表示管道倾斜的程度和高低方向，坡度用符号 i 表示，在其后加上等号并注写坡度值；坡向用单面箭头表示，箭头指向低的一端；如图1.6所示。

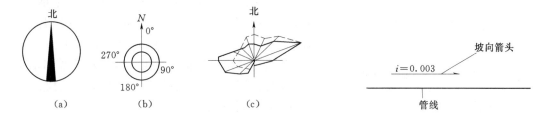

图 1.5 方位标的常见形式

（a）指北针；（b）坐标方位图；（c）风玫瑰图

图 1.6 坡度及坡向的标注

1.1.2 建筑给排水施工图的主要内容

施工图是工程的语言，是编制施工图预算和进行施工最重要的依据，施工单位应严格按照施工图施工。水暖及通风工程施工图是由基本图和详图组成的。基本图包括管线平面图、系统图和设计说明等，并有室内和室外之分；详图包括各局部或部分的加工、安装尺寸和要求。水暖及通风空调系统作为房屋的重要组成部分，其施工图有以下几个特点。

（1）各系统一般多采用统一的图例符号表示，而这些图例符号一般并不反映实物的原型。所以在识图前，应首先了解各种符号及其所表示的实物。

（2）系统都是用管道来输送流体（包括气体和液体），而且在管道中都有自己的流向，识图时可按流向去读，这样易于掌握。

（3）各系统管道都是立体交叉安装的，只看管道平面图难于看懂，一般都有系统图（或轴测图）来表达各管道系统和设备的空间关系，两种图互相对照阅读，更有利于识图。

（4）各设备系统的安装与土建施工是配套的，应注意其对土建的要求和各工种间的相互关系，如管槽、预埋件及预留洞口等。

建筑给排水施工图一般由图纸目录、主要设备材料表、设计说明、图例、平面图、系统图（轴测图）、施工详图等组成。各部分的主要内容介绍如下。

1．平面布置图

给水、排水平面图应表达给水、排水管线和设备的平面布置情况。卫生间给排水平面图如图1.7所示。

根据建筑规划，在设计图纸中，用水设备的种类、数量、位置，均要作出给水和排水

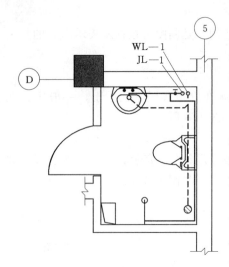

图 1.7　卫生间给排水平面图

平面布置；各种功能管道、管道附件、卫生器具、用水设备，如消火栓箱、喷头等，均应用各种图例表示；各种横干管、立管、支管的管径、坡度等，均应标出。平面图上管道都用单线绘出，沿墙敷设时不注管道距墙面的距离。

一幅平面图上可以绘制几种类型的管道，一般来说给水和排水管道可以在一起绘制。若图纸管线复杂，也可以分别绘制，以图纸能清楚地表达设计意图而图纸数量又很少为原则。

建筑内部给排水，以选用的给水方式来确定平面布置图的幅数。底层及地下室必绘；顶层若有高位水箱等设备，也必须单独绘出。建筑中间各层，如卫生设备或用水设备的种类、数量和位置都相同，绘一幅标准层平面布置图即可；否则，应逐层绘制。

在各层平面布置图上，各种管道、立管应编号标明。

2. 系统图

系统图，也称"轴测图"，其绘法取水平、轴测、垂直方向，完全与平面布置图比例相同。给排水系统图如图 1.8 所示。系统图上应标明管道的管径、坡度，标出支管与立管的连接处，以及管道各种附件的安装标高，标高的 ±0.00 应与建筑图一致。系统图上各种立管的编号应与平面布置图相一致。系统图均应按给水、排水、热水等各系统单独绘制，以便于施工安装和概预算应用。

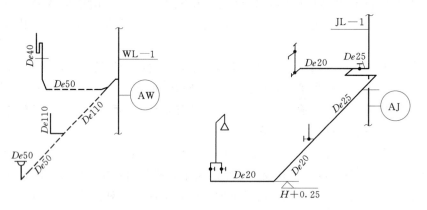

图 1.8　给排水系统图

H—卫生间地坪标高

系统图中对用水设备及卫生器具的种类、数量和位置完全相同的支管、立管，可不重复完全绘出，但应用文字标明。当系统图立管、支管在轴测方向重复交叉影响识图时，可断开移到图面空白处绘制。

3. 施工详图

凡平面布置图、系统图中局部构造因受图面比例限制而表达不完善或无法表达的，为使施工概预算及施工不出现失误，必须绘出施工详图。通用施工详图系列，如卫生器具安装、排水检查井、雨水检查井、阀门井、水表井、局部污水处理构筑物等，均有各种施工标准图，施工详图宜首先采用标准图。

绘制施工详图的比例以能清楚绘出构造为根据选用。施工详图应尽量详细注明尺寸，不应以比例代替尺寸。

4. 设计施工说明及主要材料设备表

用工程绘图无法表达清楚的给水、排水、热水供应、雨水系统等管材、防腐、防冻、防露的做法，或难以表达的诸如管道连接、固定、竣工验收要求，施工中特殊情况技术处理措施，或施工方法要求严格必须遵守的技术规程、规定等，可在图纸中用文字写出设计施工说明。工程选用的主要材料及设备表，应列明材料类别、规格、数量，设备品种、规格和主要尺寸。

设备、材料表是该项工程所需的各种设备和各类管道、管件、阀门、防腐和保温材料的名称、规格、型号、数量的明细表。

此外，施工图还应绘出工程图所用图例。

所有以上图纸及施工说明等应编排有序，写出图纸目录。

1.1.3　建筑给排水施工图的识读方法

阅读给排水施工图一般应遵循从整体到局部，从大到小，从粗到细的原则。对于一套图纸，看图的顺序是先看图纸目录，了解建设工程的性质、设计单位、管道种类，搞清楚这套图纸有多少张，有几类图纸以及图纸编号；其次是看施工图说明、材料表等一系列文字说明；然后把平面图、系统图、详图等交叉阅读。对于一张图纸而言，首先是看标题栏，了解图纸名称、比例、图号、图别等，最后对照图例和文字说明进行细读。

阅读主要图纸之前，应当先看说明和设备材料表，然后以系统图为线索深入阅读平面图、系统图及详图。

阅读时，应三种图相互对照来看。先看系统图，对各系统做到大致了解。看给水系统图时，可由建筑的给水引入管开始，沿水流方向经干管、立管、支管到用水设备；看排水系统图时，可由排水设备开始，沿排水方向经支管、横管、立管、干管到排出管。

1. 平面图的识读

室内给排水管道平面图是施工图纸中最基本和最重要的图纸，常用的比例是 1：100 和 1：50 两种。它主要表明建筑物内给排水管道及卫生器具和用水设备的平面布置。图上的线条都是示意性的，同时管材配件如活接头、补心、管箍等也不画出来，因此在识读图纸时还必须熟悉给排水管道的施工工艺。

在识读管道平面图时，应该掌握的主要内容和注意事项如下。

（1）查明卫生器具、用水设备和升压设备的类型、数量、安装位置、定位尺寸。

（2）弄清给水引入管和污水排出管的平面位置、走向、定位尺寸、与室外给排水管网的连接形式、管径及坡度等。

（3）查明给排水干管、立管、支管的平面位置与走向、管径尺寸及立管编号。从平面图上可清楚地查明是明装还是暗装，以确定施工方法。

（4）消防给水管道要查明消火栓的布置、口径大小及消防箱的形式与位置。

（5）在给水管道上设置水表时，必须查明水表的型号、安装位置以及水表前后阀门的设置情况。

（6）对于室内排水管道，还要查明清通设备的布置情况、清扫口和检查口的型号和位置。

2. 系统图的识读

给排水管道系统图主要表明管道系统的立体走向。

在给水系统图上，卫生器具不画出来，只须画出水龙头、淋浴器莲蓬头、冲洗水箱等符号；用水设备如锅炉、热交换器、水箱等则画出示意性的立体图，并在旁边注以文字说明。

在排水系统图上也只画出相应的卫生器具的存水弯或器具排水管。

在识读系统图时，应掌握的主要内容和注意事项如下：

（1）查明给水管道系统的具体走向，干管的布置方式，管径尺寸及其变化情况，阀门的设置，引入管、干管及各支管的标高。

（2）查明排水管道的具体走向，管路分支情况，管径尺寸与横管坡度，管道各部分标高，存水弯的形式，清通设备的设置情况，弯头及三通的选用等。识读排水管道系统图时，一般按卫生器具或排水设备的存水弯、器具排水管、横支管、立管、排出管的顺序进行。

（3）系统图上对各楼层标高都有注明，识读时可据此分清管路是属于哪一层的。

3. 详图的识读

室内给排水工程的详图包括节点图、大样图、标准图，主要是管道节点、水表、消火栓、水加热器、开水炉、卫生器具、套管、排水设备、管道支架等的安装图及卫生间大样图等。

这些图都是根据实物用正投影法画出来的，图上都有详细尺寸，可供安装时直接使用。

1.1.4 办公楼给排水施工图的阅读

图 1.9～图 1.11 是一栋三层结构的小型办公楼给排水施工图，试对其进行阅读。

从平面图中，我们可以了解建筑物的朝向、基本构造、有关尺寸，掌握各条管线的编号、平面位置、管子和管路附件的规格、型号、种类、数量等；从系统图中，我们可以看清管路系统的空间走向、标高、坡度和坡向、管路出入口的组成等。

通过对管道平面图的识读可知底层有淋浴间，二层和三层有厕所间。淋浴间内设有四组淋浴器，一只洗脸盆，还有一个地漏。二楼厕所内设有高水箱蹲式大便器三套、小便器两套、洗脸盆一只、洗涤盆一只、地漏两只。三楼厕所内卫生器具的布置和数量都与二楼相同。每层楼梯间均设一组消火栓。

给水系统（用粗实线表示）是生活与消防共用下分式系统。给水引入管在 7 号轴线东面 615mm 处，由南向北进屋，管道埋深 -0.8m，进屋后分成两路，一路由西向东进入淋浴室，它的立管编号为 JL1，在平面图上是个小圆圈；另一路进屋继续向北，作为消防用水，它的立管编号是 JL2，在平面图上也是一个小圆圈。

JL1 设在 A 号轴线和 8 号轴线的墙角，自底层至标高 7.900m。该立管在底层分两路

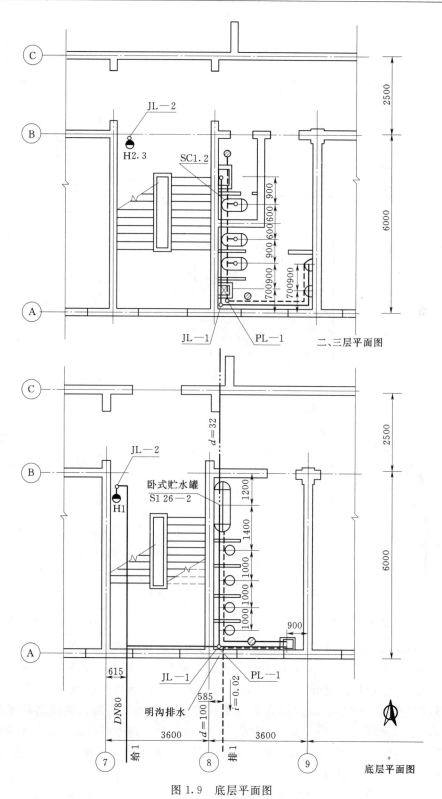

图 1.9　底层平面图

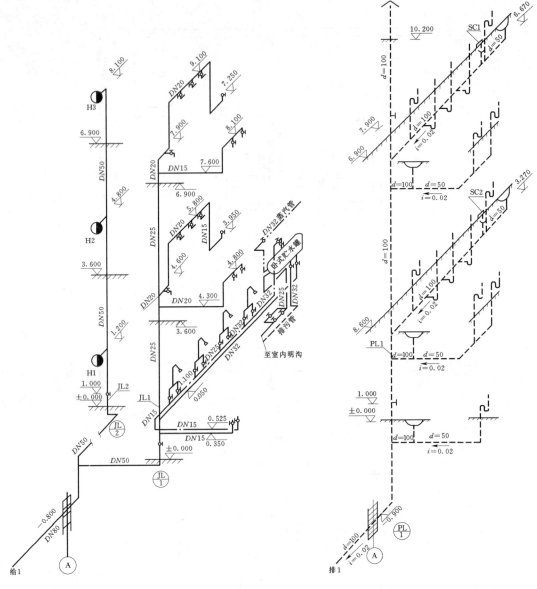

图 1.10　给水系统图　　　　　　　图 1.11　排水系统图

供水，一路由南向北沿 8 号轴线墙壁敷设，标高为 0.900m，管径 DN32，经过四组淋浴器进入卧式贮水罐；另一路由西向东沿 A 轴线墙壁敷设，标高为 0.350m，管径 DN15，送入洗脸盆。在二层楼内也分两路供水，一路由南向北，标高 4.600m，管径 DN20，接龙头为洗涤盆供水，然后登高至标高 5.800m，管径 DN20，为蹲式大便器高水箱供水，再返低至标高 3.950m，管径 DN15，为洗脸盆供水；另一路由西向东，标高 4.300m，至 9 号轴线登高到标高 4.800m 转弯向北，管径 DN15，为小便斗供水。三楼管路走向、管径、设置高度均与二楼相同。

　　JL2 设在 B 号轴线和 7 号轴线的楼梯间内，在标高 1.000m 处设闸门，消火栓编号为

H1、H2、H3，分别设于一层、二层、三层距地面 1.20m 处。

在卧式贮水罐 S126—2 上，有五路管线同它连接：罐端部的上口是 DN32 蒸汽管进罐，下口是 DN25 凝结水管出罐（附一组内疏水器和三只阀门组成的疏水装置，疏水装置的安装尺寸与要求详见《采暖通风国家标准图集》），贮水罐底部是 DN32 冷水管进罐，顶部是 DN32 热水管出罐，底部还有一路 DN32 排污管至室内明沟。

热水管（用点划线表示）从罐顶部接出，加装阀门后朝下转弯至 1.100m 标高后由北向南，为四组淋浴器供应热水，并继续向前至 A 轴线墙面朝下至标高 0.525m，然后自西向东为洗脸盆提供热水。热水管管径从罐顶出来至前两组淋浴器为 DN32，后两组淋浴器热水干管管径 DN25，通洗脸盆一段管径为 DN15。

排水系统（用粗虚线表示）在二楼和三楼都是分两路横管与立管相连接：一路是地漏、洗脸盆、三只蹲式大便器和洗涤盆组成的排水横管，在横管上设有清扫口（图面上用 SC1、SC2 表示），清扫口之前的管径为 d50，之后的管径为 d100；另一路是两只小便斗和地漏组成的排水横管，地漏之前的管径为 d50，之后的管径为 d100。两路管线坡度均为 0.02。底层是洗脸盆和地漏所组成的排水横管，属埋地敷设，地漏之前管径为 d50，之后为 d100，坡度 0.02。

排水立管及通气管管径 d100，立管在底层和三层分别距地面 1.00m 处设检查口，通气管伸出屋面 0.7m。排出管管径 d100，过墙处标高−0.900m，坡度 0.02。

1.1.5　住宅给排水施工图识读实例

这里以图 1.12～图 1.15 所示的给排水施工图中西单元西住户为例介绍其识读过程。

1. 施工说明

本工程施工说明如下：

（1）图中尺寸标高以 m 计，其余均以 mm 计。本住宅楼日用水量为 13.4t。

（2）给水管采用 PPR 管材与管件连接；排水管采用 UPVC 塑料管，承插粘接。出屋顶的排水管采用铸铁管，并刷防锈漆、银粉各两道。给水管 De16 及 De20 管壁厚为 2.0mm，De25 管壁厚为 2.5mm。

（3）给排水支吊架安装见 98S10，地漏采用高水封地漏。

（4）坐便器安装见 98S1‐85，洗脸盆安装见 98S1‐41，住宅洗涤盆安装见 98S1‐9，拖布池安装见 98S1‐8，浴盆安装见 98S1‐73。

（5）给水采用一户一表出户安装，安装详见××市供水公司图集 XSB‐01。所有给水阀门均采用铜质阀门。

（6）排水立管在每层标高 250mm 处设伸缩节，伸缩节做法见 98S1‐156～158。

（7）排水横管坡度采用 0.026。

（8）凡是外露与非采暖房间给排水管道均采用 40mm 厚聚氨酯保温。

（9）卫生器具采用优质陶瓷产品，其规格型号由甲方定。

（10）安装完毕进行水压试验，试验工作严格按现行规范要求进行。

（11）说明未详尽之处均严格按现行规范及 98S1 规定施工及验收。

2. 图例

本工程图例见表 1.2。

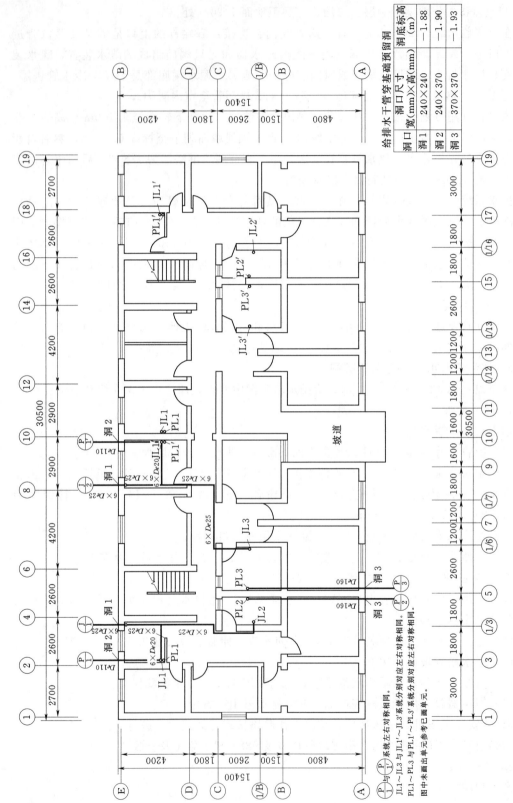

给排水干管穿基础预留洞

	洞口尺寸		洞底标高
	宽(mm)×	高(mm)	(m)
洞1	240×240		−1.88
洞2	240×370		−1.90
洞3	370×370		−1.93

图 1.12 某住宅底层给排水平面图

① 与 ① 系统左右对称相同。
JL1～JL3 与 JL1'～JL3'系统分别对应左右对称相同。
PL1～PL3 与 PL1'～PL3'系统分别对应左右对称相同。
图中未画出单元参考已画单元。

12

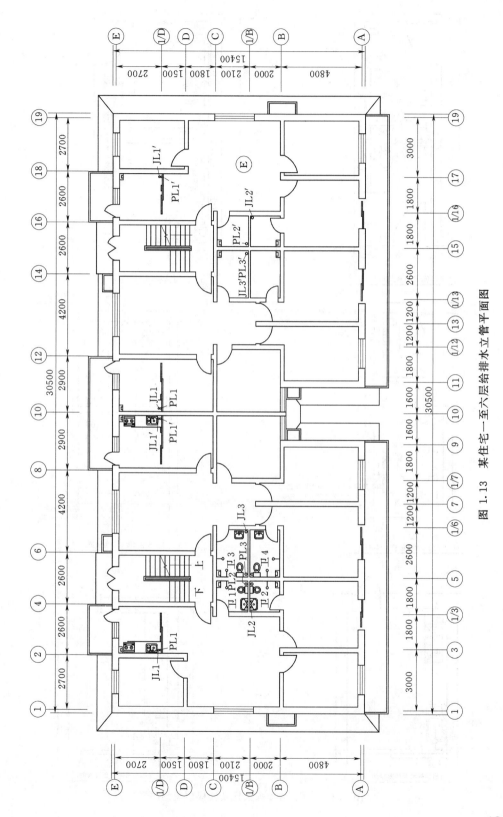

图 1.13　某住宅一至六层给排水立管平面图

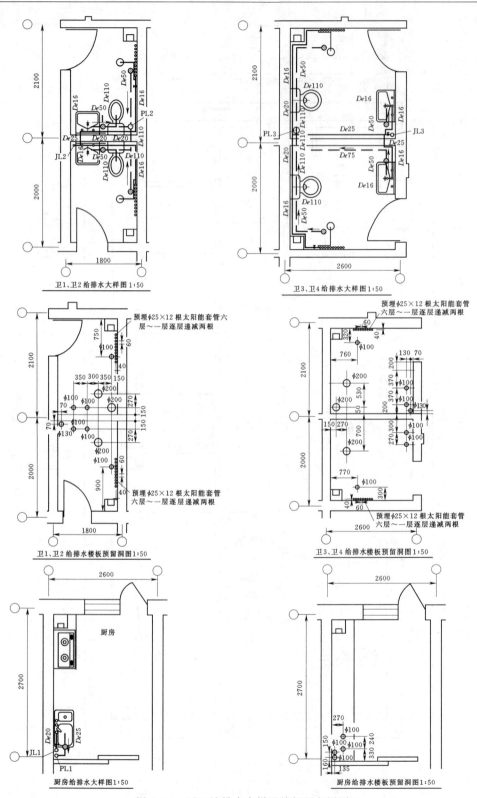

图 1.14 厨卫给排水大样及楼板预留洞图

3. 给水排水平面图识读

给水排水平面图的识读一般从底层开始，逐层阅读。给水排水平面图如图 1.12～图 1.14 所示。

4. 给水排水系统图识读

给水排水系统图如图 1.15 所示。

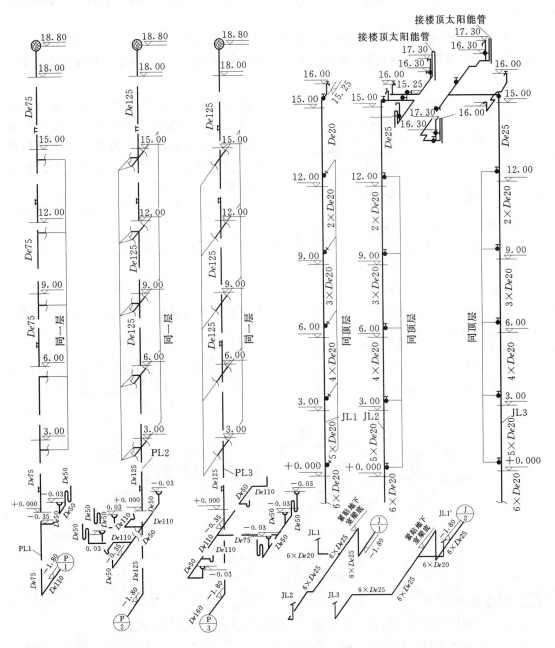

图 1.15　某住宅给排水系统图

学习单元 1.2 管道支吊架的安装

1.2.1 选定支架形式

管道支架的作用是支承管道的，有的也限制管道的变形和位移。支架的安装时管道安装的首要工序，是重要的安装环节。根据支架对管道的制约情况，可分为固定支架和活动支架。

管道支架按材料分，可分为钢支架和混凝土支架等。按形状分，可分为悬臂支架、三角支架、门形支架、弹簧支架、独柱支架等。按支架的力学特点，可分为刚性支架和柔性支架。

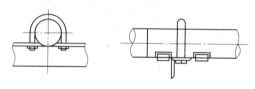

图 1.16 固定托架一般做法

选择管道支架，应考虑管道的强度、刚度；输送介质的温度、工作压力；管材的线性膨胀系数；管道运行后的受力状态及管道安装的实际位置情况等。同时还应考虑制作和安装的实际成本。

（1）在管道上不允许有任何位移的地方，应设置固定支托架。其一般做法如图 1.16 所示。

（2）允许管道沿轴线方向自由移动时设置活动支架。有托架和吊架两种形式。托架活动支架有简易式，U 形卡只固定一个螺帽。管道在卡内可自由伸缩，如图 1.15 所示。支托架示意图如图 1.17 所示。

（3）托钩与管卡。托钩一般用于室内横支管、支管等的固定。立管卡用来固定立管，一般多采用成品，如图 1.18 所示。

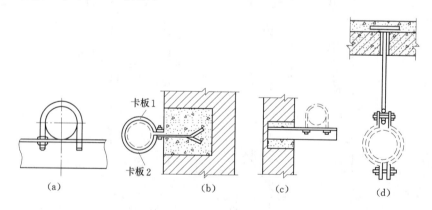

卡板1
卡板2

(a) (b) (c) (d)

图 1.17 支托架

（a）简易式活动支架；（b）管卡；（c）托架；（d）吊环

1.2.2 支架制作

首先根据选定的形式和规格计算每个支架组合结构中各部分的料长。

（1）型钢架下料、划线后切断，若用气割时，应及时凿掉毛刺以便进行螺栓孔钻眼，不得气割成孔。型钢三脚架，水平单臂型钢支架栽入部分应用气割形成劈叉，栽入部分不小于120mm，型钢下料、切断，煨成设计角度后用电焊焊接。

（2）U形卡用圆钢制作。将圆钢调直、量尺、下料后切断，用圆扳压扳手将圆钢的两端套出螺纹，活动支架上的U形卡可套一头丝，螺纹的长度应套上固定螺栓后留出2～3扣为宜。

（3）吊架卡环制作。用圆钢或扁钢制作

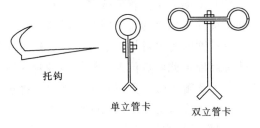

图1.18 托钩与管卡

卡环时，穿螺栓棍的两个小圆环应保持圆、光、平，且两小环中心相对，并与大圆环相垂直。小环比所穿螺栓外圆稍大一点。各类吊架中各种吊环的内圆必须适合钢管的外圆，其对口部分应留出吊棍空隙。

（4）吊架中吊杆的长度按实际决定。上螺杆加工成右螺纹，下螺杆加工成左螺纹，都和松紧螺栓相连接。

1.2.3 支架安装

1. 支架安装位置的确定

支架的安装位置要依据管道的安装位置确定，首先根据设计要求定出固定支架和补偿器的位置，然后再确定活动支架的位置。

（1）固定支架位置的确定。固定支架的安装位置由设计人员在施工图纸上给定，其位置确定时主要是考虑管道热补偿的需要。利用在管路中的合适位置布置固定点的方法，把管路划分成不同的区段，使两个固定点间的弯曲管段满足自然补偿，直线管段可利用设置补偿器进行补偿，则整个管路的补偿问题就可以解决了。

由于固定支架承受很大的推力，故必须有坚固的结构和基础，因而它是管道中造价较大的构件。为了节省投资，应尽可能加大固定支架的间距，减少固定支架的数量，但其间距必须满足以下要求。

1）管段的热变形量不得超过补偿器的热补偿值的总和。

2）管段因固定支架所产生的推力不得超过支架所承受的允许推力值。

3）不应使管道产生横向弯曲。

根据以上要求并结合运行的实际经验，固定支架的最大间距按表1.3选取。仅供设计时参考，必要时根据具体情况，通过分析计算确定。

表 1.3　　　　　　　　　　　　　固定支架的最大间距

公称直径（mm）		15	20	25	32	40	50	65	80	100	125	150	200	250	300
方形补偿器（mm）		—	—	30	35	45	50	55	60	65	70	80	90	100	115
套筒补偿器（mm）		—	—	—	—	—	—	—	—	45	50	55	60	70	80
L形补偿器	长臂最大长度（m）			15	18	20	24	34	30	30	30	30	30		
	短臂最小长度（m）			2.0	2.5	3.0	3.5	4.0	5.0	5.5	6.0	6.0			

（2）活动支架位置的确定。活动支架的安装在图纸上不予给定，必须在施工现场根据实际情况并参照表的支架间距值具体确定。

有坡度的管道可根据水平管道两端点间的距离及设计坡度计算出两点间的高差，在墙上按标高确定此两点位置。根据各种管材对支架间距的要求拉线画出每一个支架的具体位置。若土建施工时已预留孔洞，预埋铁件也应拉线放坡检查其标高、位置及数量是否符合要求。钢管管道支架的最大间距规定见表 1.4。塑料管及复合管管道支架的最大间距见表 1.5，铜管垂直水平安装的支架间距见表 1.6。

表 1.4　　　　钢管管道支架的最大间距

公称直径（mm）		15	20	25	32	40	50	70	80	100	125	150	200	250	300
支架的最大间距（m）	保温管	2	2.5	2.5	2.5	3	3	4	4	4.5	6	7	7	8	8.5
	不保温管	2.5	3	3.5	4	4.5	5	6	6	6.5	7	8	9.5	11	12

表 1.5　　　　塑料管及复合管管道支架的最大间距

公称直径（mm）			12	14	16	18	20	25	32	40	50	63	75	90	110
支架的最大间距（m）	立管		0.5	0.6	0.7	0.8	0.9	1.0	1.1	1.3	1.6	1.8	2.0	2.2	2.4
	水平管	冷水管	0.4	0.4	0.5	0.5	0.6	0.7	0.8	0.9	1.0	1.1	1.2	1.35	1.55
		热水管	0.2	0.2	0.25	0.3	0.3	0.35	0.4	0.5	0.6	0.7	0.8		

表 1.6　　　　铜管垂直或水平支架的最大间距

公称直径（mm）		15	20	25	32	40	50	65	80	100	125	150	200
支架最大间距（m）	垂直管	1.8	2.4	2.4	3.0	3.0	3.0	3.5	3.5	3.5	3.5	4.0	4.0
	水平管	1.2	1.8	1.8	2.4	2.4	2.4	3.0	3.0	3.0	3.0	3.5	3.5

实际安装时，活动支架的确定方法如下：

1）依据施工图要求的管道走向、位置和标高，测出同一水平直管段两端管道中心位置，标定在墙或构件表面上。如施工图只给出了管段一端的标高，可根据管段长度 L 和坡度 i 求出两端的高差 $h = iL$，再确定另一端的标高。但对于变径处，应根据变径型式及坡向来确定变径前后两点的标高关系。如图 1.19 所示，变径前后 A、B 两点的标高差 $h = iL + (D-d)$。

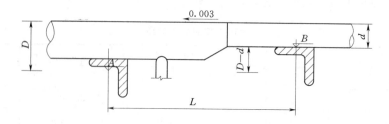

图 1.19　支架安装标高计算图

2）在管中心下方，分别量取管道中心至支架横梁表面的高差，标定在墙上，并用粉线根据管径在墙上逐段画出支架标高线。

3）按设计要求的固定支架位置和"墙不作架、托稳转交、中间等分、不超最大"的原则，在支架标高线上画出每个活动支架的安装位置，即可进行安装。

2．管道支架安装方法

支架的安装方法主要是指支架的横梁在墙体或构件上的固定方法，俗称"支架生根"。现场安装以托架安装工序较为复杂。结合实际情况可用栽埋法、膨胀螺栓法、射钉法、预埋焊接法、抱柱法安装。

（1）栽埋法。适用于墙上直形横梁的安装，安装步骤和方法是：在已有的安装坡度线上，画出支架定位的十字线和打洞的方块线，即可打洞、浇水（用水壶嘴往洞顶上沿浇水，直至水从洞下沿流出）、填实砂浆直至抹平洞口，插栽支架横梁。栽埋横梁必须拉线（即将坡度线向外引出），使横梁端部 U 形螺栓孔中心对准安装中心线，即对准挂线后，填塞碎石挤实洞口，在横梁找平找正后，抹平洞口处灰浆。如图 1.20 所示。

（2）膨胀螺栓法。适用于角形横梁在墙上的安装。做法是：按坡度线上支架定位十字线向下量尺，画出上下两膨胀螺栓安装位置十字线后，用电钻钻孔。孔径等于套管外径，孔深为套管长度加 15mm 并与墙面垂直。清除孔内灰渣，套上锥形螺栓拧上螺母，打入墙孔直至螺母与墙平齐，用扳手拧紧螺母直至胀开套管后，打横梁穿入螺栓，并用螺母紧固在墙上。如图 1.21（a）所示。

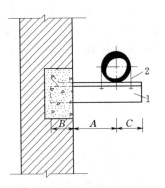

图 1.20　单管栽埋法安装支架
1—支架横梁；2—U 形管卡

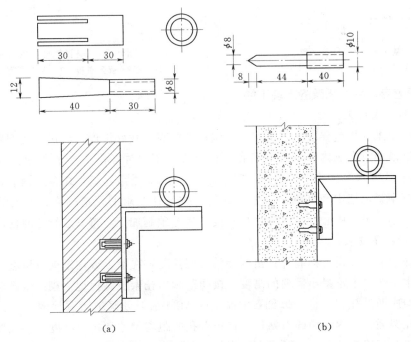

(a) (b)

图 1.21　膨胀螺栓及射钉法安装支架
（a）膨胀螺栓法；（b）射钉法

（3）射钉法。多用于角形横梁在混凝土结构上的安装。做法是按膨胀螺栓法定出射钉位置十字线，用射钉枪射入为 8～12mm 的射钉，用螺纹射钉紧固角形横梁。如图 1.20（b）所示。

（4）预埋焊接法。在预埋的钢板上，弹上安装坡度线，作为焊接横梁的端面安装标高控制线，将横梁垂直焊在预埋钢板上，并使横梁端面与坡度线对齐，先电焊校正后焊牢。如图 1.22 所示。

（5）抱柱法。管道沿柱子安装时，可用抱柱法安装支架。做法是把柱上的安装坡度线，用水平尺引至柱子侧面，弹出水平线作为抱柱托架端面的安装标高线，用两条双头螺栓把托架紧固于柱子上，托架安装一定要保持水平，螺母应紧固，如图 1.23 所示。

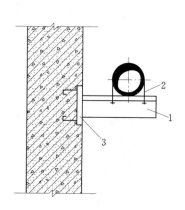

图 1.22　预埋焊接法
1—钢板；2—管子；3—预埋钢板

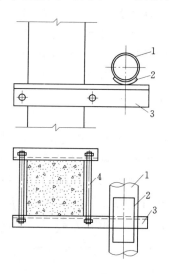

图 1.23　单管抱柱法安装支架
1—管子；2—弧形滑板；3—支架横梁；4—拉紧螺栓

1.2.4　管道支、吊、托架的安装工序

1. 型钢吊架安装

按设计图纸和规范要求，测定好吊卡位置和标高，找好坡度，将吊架孔洞剔好，将预制好的型钢吊架放在洞内，复查好吊孔距边尺寸，用水冲净洞内砖渣灰面，再用 C20 细石混凝土或 M20 水泥砂浆填入洞内，塞紧抹平。用 22 号铅丝或小线在型钢下表面吊孔中心位置拉直绷紧，把中间型钢吊架依次栽好。按设计要求的管道标高、坡度结合吊卡间距、管径大小、吊卡中心计算每根吊棍长度并进行预制加工，待安装管道时使用。

2. 型钢托架安装

安装托架前，按设计标高计算出两端的管底高度，在墙上或沟壁上放出坡线，或按土建施工的水平线，上下量出需要的高度，按间距画出托架位置标记，剔凿全部墙洞。

用水冲净两端孔洞，将 C20 细石混凝土或 M20 水泥砂浆填入洞深的一半，再将预制好的型钢托架插入洞内，用碎石塞住，校正卡孔的距离尺寸和托架高度，将托架栽平，用水泥砂浆将孔洞填实抹平，然后在卡孔中心位置拉线，依次把中间托架栽好。

U 形活动卡架一头套丝，在型钢托架上下各安一个螺母，而 U 形固定卡架两头套丝，各安一个螺母，靠紧型钢在管道上焊两块止动钢板。

3．双立管卡安装

（1）总体要求。

采暖、给水及热水供应系统的金属管道立管管卡安装应符合下列规定：

1）楼层高度不大于 5m，每层必须安装 1 个。

2）楼层高度大于 5m，每层不得少于 2 个。

3）管卡安装高度，距地面应为 1.5～1.8m，2 个以上管卡应匀称安装，同一房间内管卡应安装在同一高度上。

（2）具体做法。

1）在双立管位置中心的墙上画好卡位印记，其高度是：层高 3m 及以下者为 1.4m，层高 3m 以上者为 1.8m，层高 4.5m 以上者平分三段安装两个管卡。

2）按印记剔直径 60mm 左右、深度不小于 80mm 的洞，用水冲净洞内杂物，将 M50 水泥砂浆填入洞深的一半，将预制好 $\phi 10mm \times 170mm$ 带燕尾的单头丝棍插入洞内，用碎石卡牢找正，上好管卡后再用水泥砂浆填塞抹平。

4．立支单管卡安装

先将位置找好，在墙上画好印记，剔直径 60mm 左右、深度 100～120mm 的洞，卡子距地高度和安装工艺与双立管卡相同。

管道安装完毕后，必须及时用不低于结构标号的混凝土或水泥砂浆把孔洞堵严、抹平，为了不致因堵洞而将管道移位，造成立管不垂直，应派专人配合土建堵孔洞。堵楼板孔洞宜用定型模具或用木板支搭牢固后，往洞内浇点水再用 C20 以上的细石混凝土或 M50 水泥砂浆填平捣实，不许向洞内填塞砖头、杂物。

1.2.5　管道支架的安装要求

（1）管道支架必须按照支架图进行制作、安装。

（2）管道支架上的开孔，应用台钻钻孔，禁止直接用气焊进行开孔。

（3）管道的支（吊）架、托架、耳轴等在预制场成批制作，并按要求将支架的编号标上。所有管道支架的固定形式均采用螺栓固定。

（4）无热位移的管道，其吊架（包括弹簧吊架）应垂直安装。有热位移的管道，吊点应设在位移的相反方向，如图 1.24 所示，位移值按设计图纸确定。两根热位移相反或位移值不等的管道，不得使用同一吊杆。

（5）导向支架或滑动支架的滑动面应洁净平整，不得有歪斜和卡涩现象。其安装位置应从支撑面中心向位移反方向偏移，如图 1.25 所示，偏移量为位移值的 1/2（位移值由设计定）。

（6）弹簧支（吊）架的弹簧高度，应按设计文件规定和厂家说明书进行安装。弹簧的临时固定件，应待系统安装、试压、绝热完毕后方可拆除。

（7）管道安装原则上不宜使用临时支（吊）架。如使用临时支（吊）架时，不得与正式支（吊）架位置冲突，并应有明显标记；在管道安装完毕后临时支（吊）架应予拆除并且必须将不锈钢与碳钢进行隔离。

（8）管道安装完毕，应按设计图纸逐个核对支（吊）架的形式和位置。

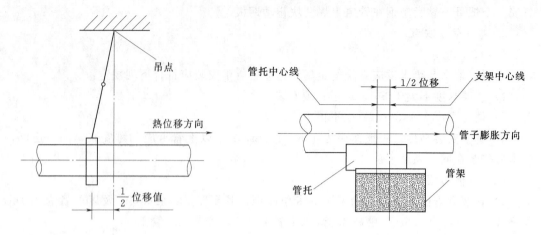

图 1.24　有热位移管道吊架安装位置示意　　　图 1.25　滑动支架安装位置示意图

（9）固定支架与管道接触应紧密，固定应牢靠。

（10）滑动支架应灵活，滑托与滑槽两侧间应留有 3～5mm 的间隙，纵向移动量应符合设计要求。

（11）固定在建筑结构上的管道支、吊架不得影响结构的安全。

（12）采用金属制作的管道支架，应在管道与支架间加衬非金属垫或套管。

（13）有热位移的管道，在热负荷运行时，应及时对支（吊）架进行下列检查与调整：

1）活动支架的位移方向、位移值及导向性能应符合设计要求。

2）管托按要求焊接，不得脱落。

3）固定支架应安装牢固可靠。

4）弹簧支（吊）架的安装标高与弹簧工作载荷应符合设计规定。

5）可调支架的位置应调整合适。

学习单元 1.3　管 道 预 制 加 工

管道加工是指管子的调直、切割、套丝、煨弯及制作异形管件等过程。

1.3.1　管子切断

在管路安装前，需要根据安装的长度和形状将管子切断。常见的切断方法有锯割、刀割、磨割、气割、凿切、等离子切割等。

1. 锯割

用手锯断管，应将管材固定在压力案的压力钳内，将锯条对准画线，双手推锯，锯条要保持与管的轴线垂直，推拉锯用力要均匀，锯口要锯到底，不许扭断或折断，以防管口断面变形，如图 1.26 所示。

2. 刀割

刀割是指用管子割刀切断管子。一般用于切割直径 50mm 以下的管子，具有操作简便、速度快、切口断面平整的优点，如图 1.27 所示。

使用管子割刀切割管子时，应将割刀的刀片对准切割线平稳切割，不得偏斜，每次进

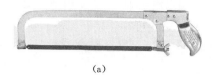
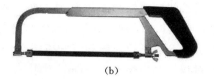

图 1.26　手工钢锯架

(a) 固定锯架；(b) 可调锯架

刀量不可过大，以免管口受挤压使管径变形，并应对切口处加油。管子切断后，应用铰刀铰去缩小部分。

3. 气割

气割是利用可燃气体同氧混合燃烧所产生的火焰分离材料的热切割，又称氧气切割或火焰切割。气割时，火焰在起割点将材料预热到燃点，然后喷射氧气流，使金属材料

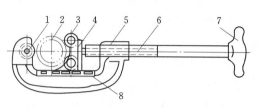

图 1.27　管子割刀

1—滚刀；2—被割管子；3—压紧滚轮；4—滑动支座；
5—螺母；6—螺杆；7—把手；8—滑道

剧烈氧化燃烧，生成的氧化物熔渣被气流吹除，形成切口。气割用的氧纯度应大于 99%；可燃气体一般用乙炔气，也可用石油气、天然气或煤气。用乙炔气的切割效率最高，质量较好，但成本较高。气割设备主要是割炬和气源。割炬是产生气体火焰、传递和调节切割热能的工具，其结构影响气割速度和质量。采用快速割嘴可提高切割速度，使切口平直，表面光洁，如图 1.28 所示。

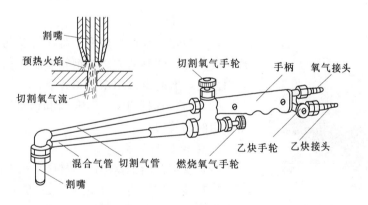

图 1.28　气割割炬

(1) 操作前的检查。

1) 乙炔发生器（乙炔气瓶）、氧气瓶、胶管接头、阀门的紧固件应紧固牢靠，不准有松动、破烂和漏气。氧气及其附件、胶管、工具上禁止沾油。

2) 氧气瓶、乙炔管有漏气、老化、龟裂等，不得使用。管内应保持清洁，不得有杂物。

(2) 操作步骤。

使用乙炔气瓶气焊（割）的操作步骤如下。

1）将乙炔减压器与乙炔瓶阀，氧气减压器与氧气气瓶阀，氧气软管与氧气减压器，乙炔软管与乙炔减压器，氧气、乙炔软管与焊（割）炬均可靠连接。

2）分别开启乙炔瓶阀和氧气瓶阀。

3）对焊（割）炬点火，即可工作。

4）工作完毕后，依次关闭焊（割）乙炔阀、氧气阀，再关闭乙炔瓶阀、氧气瓶阀，然后拆下氧气、乙炔软管，并检查清理场地，灭绝火种，方可离开。

（3）操作注意事项。

1）焊接场地，禁止存放易燃易爆物品，应备有消防器材，有足够的照明和良好的通风。

2）乙炔发生器（乙炔瓶）、氧气瓶周围 10m 范围内，禁止烟火。乙炔发生器与氧气瓶之间的距离不得小于 7m。

3）检查设备、附件及管路漏气，可用肥皂水试验，周围不准有明火或吸烟。

4）氧气瓶必须用手或扳手旋取瓶帽，禁止用铁锤等铁器敲击。

5）旋开氧气瓶、乙炔瓶阀门不要太快，防止压力气流激增，造成瓶阀冲出等事故。

6）氧气瓶嘴不得沾染油脂。冬季使用，如瓶嘴冻结时，不许用火烤，只能用热水或蒸气加热。

4．磨割

用砂轮锯断管，应将管材放在砂轮锯卡钳上，对准画线卡牢，进行断管。断管时压手柄用力要均匀，不要用力过猛，断管后要将管口断面的铁膜、毛刺清除干净。砂轮切割机如图 1.29 所示。

图 1.29　砂轮切割机

5．其他切割方法

（1）凿切。凿切主要用于铸铁管及陶土管切断。铸铁管硬而脆，切割的方法与钢管有所不同。目前，通常采用凿切，有时也采用锯割和磨割。

（2）塑料管材切断。PPR 管和铝塑复合管的切断可用专用的切管刀。

6．管子切割要求

（1）管道截断根据不同的材质采用不同的工具。

（2）碳素钢管宜采用机械方法切割。当采用氧-乙炔火焰切割时，必须保证尺寸正确和表面平整。

（3）不锈钢管宜采用机械方法或等离子方法切割。不锈钢管用砂轮切割或修磨时，应使用专用砂轮片。

（4）断管。根据现场测绘草图，在选好的管材上画线，按线断管。

1）用砂轮锯断管时，应将管材放在砂轮锯卡钳上，对准画线卡牢，进行断管。断管时压手柄用力要均匀，不要用力过猛。断管后要将管口断面的铁膜、毛刺清除干净。

2）用手锯断管时，应将管材固定在台虎钳的压力钳内，将锯条对准画线，双手推锯，锯条要保持与管的轴线垂直，推拉锯用力要均匀，锯口要锯到底，不准将未切完的管子扭断或折断，以防管口断面变形。

（5）钢管管子切口质量应符合下列规定：

切口表面应平整，无裂纹、重皮、毛刺、凸凹、缩口、熔渣、氧化物、铁屑等。切口端面倾斜偏差 Δ（图 1.30）不应大于管子外径的 1%，且不超过 3mm。

（6）钢塑复合管截管宜采用锯床，不得采用砂轮切割。当采用盘锯切割时，其转速不得大于 800r/min；当采用手工锯截管时，其锯面应垂直于管轴心。对铝塑复合管管道，公称外径 De 不大于 32mm 的管道，安装时应先将管卷展开、调直。截断管道应使用专用管剪或管子割刀。

图 1.30　切口断面示意图

（7）超薄壁不锈钢塑料复合管管道在安装前发现管材有纵向弯曲的管段时，应采用手工方法进行校直，不得锤击划伤。管道在施工中不得抛、摔、踏踩。超薄壁不锈钢塑料复合管 $DN \leqslant 50mm$ 的管材宜使用专用割刀手工断料，或专用机械切割机断料；$DN > 50mm$ 的管材宜使用专用机械切割机断料。手工割刀应有良好的同圆性。

（8）铜管切割。铜及铜合金管的切割可采用钢锯、砂轮锯，但不得采用氧-乙炔焰切割。铜及铜合金管坡口加工采用锉刀或坡口机，但不得采用氧-乙炔焰来切割加工。夹持铜管的台虎钳钳口两侧应垫以木板衬垫，以防夹伤管子。

1.3.2　管子调直与弯曲

管子在搬运和堆放过程中，常因碰撞而弯曲，加工和安装时也有可能使管子变形，但管道施工要求管子必须是横平竖直的，否则将影响管道的外形美观和管道的使用。因此，施工中要注意管子在切断前和加工后是否笔直，如有弯曲要进行调直。

1. 管子调直

管子调直一般采用冷调和热调两种方法。冷调直指在常温下直接调直，适用于公称直径 50mm 以下、弯曲不大的钢管。热调直是将钢管加热到一定温度，在热态下调直，一般在钢管弯曲较大或直径较大时采用。

（1）冷调直。管道在安装以前的冷调直的方法有两种：一种方法是用两把手锤，一把顶在管子弯曲处的短端作支点，另一把敲打背部。两把手锤不能对着打，应有一定的间距，敲击的力量要适度，直到管子平直为止（图 1.31）；另一种方法是采用调直器，将管子的弯曲部位放在调直器丝杠两边的凹槽中，使管子突出部位朝上，固定后，用力旋转丝杠，使丝杠下的压块迫使管子突出部位变直，调直器调直弯管质量较好，并可减轻劳动强度。

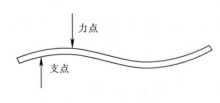

图 1.31　钢管冷调直

（2）热调直。公称直径在 $50 \sim 100mm$ 的弯曲钢管及弯曲度大于 $20°$ 的小管径钢管一般用热调直的方法。热调直时先将钢管弯曲部分加热到 $600 \sim 800℃$ 后，放在由 4 根以上管子组成的滚动平台上反复滚动，利用重力及钢材的塑性变形达到调直的目的。弯度大的管子加热后可将弯背向下使两头翘起，轻轻向下压直后再滚动，应边滚动边冷却，以保证管子不再弯曲。为加速冷却，可边滚动在加热部位均匀地涂些废机油。

对塑料管、紫铜管、铝管等材质较软、管径较小的管子，可用手工直接调直或用橡皮锤、木板轻敲调直；对管径较大的塑料管可用热风加热后调直；对管径较大的紫铜管和铝管应用喷枪或气焊炬加热后调直。

铜及铜合金管道的调直应先将管内充沙，然后用调直器进行调直；也可将充砂管放在平板或工作台上，并在其上铺放木垫板，再用橡皮锤、木锤或方木沿管身轻轻敲击，逐段调直。调直过程中注意用力不能过大，不得使管子表面产生锤痕、凹坑、划痕或粗糙的痕迹。调直后应将管内的残砂等清理干净。

2. 管子弯曲

施工中常常需要改变管路走向，将管子弯曲以达到设计规定的角度。管子弯曲制作方法可分为冷弯和热煨两种（图 1.32）。

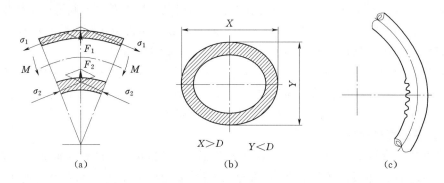

图 1.32　管子弯曲的横断面变形

（1）弯管下料计算。弯管下料计算是指计算弯管在弯曲前的展开长度（弯曲长度或煨弯长度）。

1）弯头的弯曲长度 L。

$$L = 2\pi R \frac{\alpha}{360} \tag{1.1}$$

式中　α——弯曲角度；

　　　R——弯曲半径。

2）乙字弯。一般可近似按两个 45°弯管计算。若两个 45°弯管之间还有一段直管段时，两个弯曲中心间的距离可近似的取为 $L_1 = 1.5B$。工字弯总弯曲长度近似公式为 $L = 1.5B + 2 - 3D$。

乙字弯总弯曲长度为两端直管段、中间直管段与两个弯头弯曲长度之和。

（2）弯曲方法。

1）冷弯。冷弯是在管子不加热的情况下，使用弯管工具对管子进行弯曲。冷弯操作简便，效率很高，但只适用于管径小、管壁薄的管子。

（a）手动弯管器。一般可以弯制公称直径 32mm 以下的管子。

（b）液压弯管器。液压弯管器利用液压原理通过靠模把管子弯曲。操作方法与手动弯管器基本相同。

（c）电动弯管机。电动弯管机是由电动机通过减速装置带动传动胎轮，在胎轮上设有管子夹持器，以夹紧管子固定在动胎轮上。弯制时，动胎轮和被夹紧的管子一起旋转至所需弯曲角度。

2）热弯。首先将管子一端用木塞堵上，灌入干燥砂，用榔头轻轻在管外壁上敲打，将管内的砂子震实，再将管子的另一端也用木塞堵上，然后根据尺寸要求划好线进行加热。当受热管段表面呈橙红色时（900～950℃）即可进行煨制。如管径较小（32mm 以下）或者弯曲的度数不大，可适当降低加热温度。

在整个弯管过程中，用力要均匀，速度不宜过快，但操作要连续，不可间断，当受热管表面呈暗红色时（700℃）应停止煨制。

3）铜管弯管。铜及铜合金管煨弯时尽量不用热煨，因热煨后管内填充物（如河沙、松香等）不易清除。一般管径在 100mm 以下者采用弯管机冷弯；管径在 100mm 以上者采用压制弯头或焊接弯头。铜弯管的直边长度不应小于管径，且不少于 30mm。

（a）热煨弯（一般用于黄铜管）。

a）先将管内充入无杂质的干细沙，并用木锤敲实，然后用木塞堵住两端口，再在管壁上划出加热长度的记号，应使弯管的直边长度不小于其管径，且不小于 30mm。

b）用木炭对管身的加热段进行加热，如采用焦炭加热，应在关闭炭炉吹风机的条件下进行，并不断转动管子，使加热均匀。

c）当加热至 400～500℃时，迅速取出管子放在胎具上弯制，在弯制过程中不得在管身上浇水冷却。

d）热煨弯后，管内不易清除的河沙可用浓度 15％～20％的氢氟酸在管内存留 3h 使其溶蚀，再用 10％～15％的碱中和，以干净的热水冲洗，再在 120～150℃温度下经 3～4h 烘干。

（b）冷煨弯（一般用于紫铜管）。

a）先将管内充入无杂质的干细沙，并用木锤敲实，然后用木塞堵住两端口，再在管壁上划出加热长度的记号，应使弯管的直边长度不小于其管径，且不小于 30mm。

b）对管身的加热段进行加热，如采用焦炭加热，应在关闭炭炉吹风机的条件下进行，并不断转动管子，使加热均匀。

c）当加热至 540℃时，迅速取出管子，并对其加热部分浇水骤冷，待其冷却后再在胎具上弯制。

（3）管子弯曲要求。

1）弯管宜采用壁厚为正公差的管子制作。

2）有缝钢管制作弯管时，焊缝应避开受拉（压）区。

3）弯制钢管，弯曲半径应符合下列规定：

（a）热弯。应不小于管道外径的 3.5 倍。

（b）冷弯。应不小于管道外径的 4 倍。

（c）焊接弯头。应不小于管道外径的 1.5 倍。

（d）冲压弯头。应不小于管道外径。

4）钢管应在其材料特性允许范围内冷弯或热弯。

5）加热制作弯管时，铜管加热温度范围为 500～600℃；铜合金管加热温度范围为 600～700℃。

6）弯管质量应符合下列规定：

（a）不得有裂纹（目测或依据设计文件规定）。

（b）不得存在过烧、分层等缺陷。

（c）不宜有皱纹。

（d）测量弯管任一截面上的最大外径与最小外径差，应符合表1.7规定。

（e）各类金属管道的弯管，管端中心偏差值 Δ 不得超过 3mm/m，当直管长度 L 大于 3m 时，其偏差不得超过 10mm。

表 1.7　弯管最大外径与最小外径之差

管子类别	最大外径与最小外径之差
钢管	为制作弯管前管子外径的 8%
铜管	为制作弯管前管子外径的 9%
铜合金管	为制作弯管前管子外径的 8%

7）钢塑复合管管径不大于 50mm 时可用弯管机冷弯，但其弯曲半径不得小于 8 倍管径，弯曲角度不得大于 10°。

8）管道转弯处宜采用管件连接。$DN \leqslant 32mm$ 的管材，当采用直管材折曲转弯时，其弯曲半径不应小于 $12DN$，且在弯曲时应套有相应口径的弹簧管。管道弯曲部位不得有凹陷和起皱现象。

9）铝塑复合管直接弯曲时，公称外径 $De \leqslant 25mm$ 的管道可采用在管内放置专用弹簧弯曲；公称外径 $De = 32mm$ 的管道宜采用专用弯管器弯管。

1.3.3　钢管套丝

管道中螺纹连接所用的螺纹称为管螺纹。管螺纹的加工习惯上称为套丝，是管道安装中最基本的、应用最多的操作技术之一。

钢管螺纹连接一般均采用圆锥螺纹与圆柱内螺纹连接，简称锥接柱。钢管套丝就是指对钢管末段进行外螺纹加工。加工方法有手工套丝和机械套丝两种。

1. 管螺纹

管螺纹有圆柱形螺纹和圆锥形螺纹两种。

一般情况下，管子和管子附件的外螺纹（外丝）用圆锥状螺纹，管子配件以及设备接口的内螺纹（内丝）用圆柱状螺纹。圆锥状螺纹和圆柱状螺纹齿形和尺寸相同，但和圆柱状螺纹锥度为零。圆锥状螺纹锥度角 ϕ 为 $1°47'24''$。常用管螺纹尺寸见表1.8。

表 1.8　管子螺纹长度尺寸表

项次	公称直径		普通丝头		长丝（连接设备用）		短丝（连接阀类用）	
	mm	in	长度(mm)	螺纹数	长度（mm）	螺纹数	长度（mm）	螺纹数
1	15	$\frac{1}{2}$	14	8	50	28	12.0	6.5
2	20	$\frac{3}{4}$	16	9	55	30	13.5	7.5
3	25	1	18	8	60	26	15.0	6.5
4	32	$1\frac{1}{4}$	20	9	65	28	17.0	7.5
5	40	$1\frac{1}{2}$	22	10	70	30	19.0	8.0
6	50	2	24	11	75	33	21.0	9.0
7	70	$2\frac{1}{2}$	27	12	85	37	23.5	10.0
8	80	3	30	13	100	44	26	11.0

注　螺纹长度均包括螺尾在内。

2. 管螺纹加工

（1）手工套丝。手动套丝板如图 1.33 所示。用手工套丝板套丝，先松开固定板机，把套丝板板盘退到零度，按顺序号装好板牙，把板盘对准所需刻度，拧紧固定板机，将管材放在压力案压力钳内，留出适当长度卡紧，将套丝板轻轻套入管材，使其松紧适度，而后两手推套丝板，拧紧 2～3 扣，再站到侧面扳转套丝板，用力要均匀，待丝扣即将套成时，轻轻松开板机，开机退板，保持丝扣应有锥度。

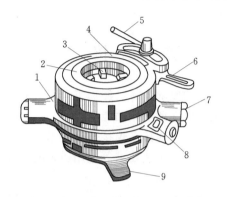

图 1.33 手动套丝板

1—铰板本体；2—固定盒；3—板牙；4—活动标盘；5—标盘固定把手；
6—板牙松紧把手；7—手柄；8—棘轮子；9—后卡爪手柄

（2）机械套丝。机械套丝是指用套丝机加工管螺纹。目前在安装现场已普遍使用套丝机来加工管螺纹。

套丝机按结构型式分为两类，一类是板牙架旋转，用卡具夹持管子纵向滑动，送入板牙内加工管螺纹；另一类是用卡具夹持管子夹持管子旋转，纵向滑动板牙架加工管螺纹。目前使用第二种的套丝机较多。这种套丝机由电动机、卡盘、割管刀、板牙架和润滑油系统等组成。电动机、减速箱、空心主轴、冷却循环泵均安装在同一箱体内，板牙架、割管刀、铣刀都装在托架上，电动套丝机如图 1.34 所示。

套丝机的使用步骤如下：

1）在板牙架上装好板牙。

2）将管子从后卡盘孔穿入到前卡盘，留出合适的套丝长度后卡紧。

3）放下板牙架，加机油后按开启按钮使机器运转，搬动进给把手，是扳牙对准管子端部，稍加一点压力，于是套丝机就开始工作。

4）板牙对管子很快就套出一段标准螺纹，然后关闭开关，松开板牙头，退出把手，拆下管子。

5）用管子割刀切断管子套丝后，应用铣刀铣去管内径缩口边缘部分。

图 1.34 电动套丝机

3. 管螺纹的质量要求

管螺纹的加工质量，是决定螺纹连接严密与否的关键环节。按质量要求加工的管螺纹，即使不加填料，也能保证连接的严密性；质量差的管螺纹，即使加较多的填料，也难保证连接的严密。为此，管螺纹应达到以下质量标准：

(1) 螺纹表面应光洁、无裂缝，可微有毛刺。

(2) 螺纹断缺总长度，不得超过表 1.8 中规定长度的 10%，各断缺处不得纵向连贯。

(3) 螺纹高度减低量，不得超过 15%。

(4) 螺纹工作长度可允许短 15%，但不应超长。

(5) 螺纹不得有偏丝、细丝、乱丝等缺陷。

学习单元 1.4　管　道　连　接

管道连接是指按照设计图纸和有关设计规范的要求，将已经加工预制好的管子与管子或管子与管件和阀门等连接成一个完整的系统，以保证使用功能正常。

管道连接的方法很多，常用的有螺纹连接、法兰连接、焊接连接、承插连接、卡套连接等，具体施工过程中，应根据管材、管径、壁厚、工艺要求等选用适合的连接方法。

1.4.1　管道螺纹连接

螺纹连接也称丝扣连接，是通过外螺纹和内螺纹之间的相互咬合来实现管道连接的。螺纹连接适用于焊接钢管管径 150mm 以下以及带螺纹的阀类和设备接管的连接，适宜于工作压力在 1.6 MPa 内的给水、热水、低压蒸汽、燃气等介质。

1. 管螺纹及其连接形式

用于管子连接的管螺纹为英制三角形右螺纹（正丝扣），有圆锥形和圆柱形两种。螺纹管件的内螺纹应采用管螺纹，有右螺纹（正丝扣）、左螺纹（反丝扣）两种。除连接散热器的堵头、补心有右、左两种螺纹规格外，常用管件均为右螺纹。管件的公称通径是按连接管子的公称通径标明的。

管螺纹的连接方式有如下 3 种，如图 1.35 所示：

(1) 圆柱形接圆柱形螺纹。管端外螺纹和管件内螺纹都是圆柱形螺纹的连接，如图 1.35 (a) 所示。这种连接在内外螺纹之间存在平行而均匀的间隙，这一间隙是靠填料和管螺纹尾部 1～2 扣拔有梢度的螺纹压紧而严密的。

(2) 圆锥形接圆柱形螺纹。管端为圆锥形外螺纹，管件为圆柱形内螺纹的连接，如图 1.35 (b) 所示。由于管外螺纹具有 1/16 的锥度，而管件的内螺纹工作长度和高度都是相等的，故这种连接能使内外螺纹在连接长度的 2/3 部分有较好的严密性，整个螺纹的连接间隙明显偏大，尤应注意以填料充填方可得到要求的严密度。

(3) 圆锥形接圆锥形螺纹。管子和管件的螺纹都是圆锥形螺纹的连接，如图 1.35 (c) 所示。这种连接内外螺纹面能密合接触，连接的严密性最高，甚至可不加填料，只需

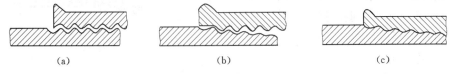

| (a) | (b) | (c) |

图 1.35　管螺纹连接

(a) 圆柱形接圆柱形螺纹；(b) 圆锥形接圆柱形螺纹；(c) 圆锥形接圆锥形螺纹

要在管螺纹上涂上铅油等润滑油即可拧紧。

2. 螺纹连接步骤

（1）断管。根据现场测绘草图，在选好的管材上画线，按线断管。

（2）套丝。将断好的管材，按管径尺寸分次套制丝扣，一般以管径 15～32mm 者套 2 次，40～50mm 者套 3 次，70mm 以上者套 3～4 次为宜。

（3）配装管件。根据现场测绘草图，将已套好丝扣的管材，配装管件。

1）配装管件时应将所需管件带入管丝扣，试试松紧度（一般用手带入 3 扣为宜）。在丝扣处涂铅油、缠麻后带入管件，然后用管钳将管件拧紧，使丝扣外露 2～3 扣，去掉麻头，擦净铅油，编号放到适当位置等待调直。

2）根据配装管件的管径的大小选用适当的管钳（表 1.9）。管钳的外形如图 1.36 所示。

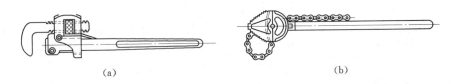

(a)　　　　　　　　　　　　　　(b)

图 1.36　管钳的外形
（a）管钳；（b）链钳

首先将要连接的两管接头丝头用麻丝按顺螺纹方向缠上少许，再涂抹白铅油，涂抹要均匀。如用聚四氟乙烯胶带更为方便。然后将一个管子用管钳夹紧，在丝头处安上活节，拧进 1/2 活节长，此时再将另一支管子用第二把管钳子夹紧，固定住第一把钳子，拧动第二把管钳子，将管拧进活节另 1/2，对突出的油麻，用麻绳往复磨断清扫干净。

表 1.9　管钳适用范围表

名称	规格	适用范围	
		公称直径（mm）	英制（in）
管钳	12″	15～20	$\frac{1}{2}～\frac{3}{4}$
	14″	20～25	3/4～1
	18″	32～50	$1\frac{1}{4}～2$
	24″	50～80	2～3
	36″	80～100	3～4

对于介质温度超过 1150℃的管路接口，可采用黑铅油和石棉绳。

（4）管段调直。将已装好管件的管段，在安装前进行调直。

1）在装好管件的管段丝扣处涂铅油，连接两段或数段，连接时不能只顾预留口方向而要照顾到管材的弯曲度，相互找正后再将预留口方向转到合适部位并保持正直。

2）管段连接后，调直前必须按设计图纸核对其管径、预留口方向、变径部位是否正确。

3）管段调直要放在调管架上或调管平台上，一般两人操作为宜，一人在管段端头目测，一人在弯曲处用手锤敲打，边敲打，边观测，直至调直管段无弯曲为止，并在两管段连接点处标明印记，卸下一段或数段，再接上另一段或数段直至调完为止。

4）对于管件连接点处的弯曲过死或直径较大的管道可采用烘炉或气焊加热到 600～800℃（火红色）时，放在管架上将管道不停地转动，利用管道自重使其平直，或用木板垫在加热处用锤轻击调直，调直后在冷却前要不停地转动，等温度降到适当时在加热处涂抹机油。

凡是经过加热调直的丝扣，必须标好印记，卸下来重新涂铅油缠麻，再将管段对准印记拧紧。

5）配装好阀门的管段，调直时应先将阀门盖卸下来，将阀门处垫实再敲打，以防震裂阀体。

6）镀锌碳素钢管不允许用加热法调直。

7）管段调直时不允许损坏管材。

1.4.2 法兰连接

法兰是管道之间、管道与设备之间的一种连接装置。在管道工程中，凡需要经常检修或定期清理的阀门、管路附属设备与管子的连接一般采用法兰连接。法兰包括上下法兰片、垫片和螺栓螺母 3 部分。管道法兰连接如图 1.37 所示。

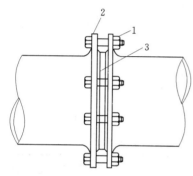

图 1.37　管道法兰连接
1—螺栓螺母；2—法兰片；3—垫片

1. 法兰的种类

管道法兰按与管子的连接方式可分为 5 种基本类型：平焊法兰、对焊法兰、螺纹法兰、承插焊法兰、松套法兰。法兰结构如图 1.38 所示。

法兰的密封面型式有多种，一般常用有凸面（RF）、凹面（FM）、凹凸面（MFM）、榫槽面（TG）、全平面（FF）、环连接面（RJ）。

（1）平焊钢法兰。适用于公称压力不超过 2.5MPa 的碳素钢管道连接。平焊法兰的密封面可以制成光滑式、凹凸式和榫槽式 3 种。光滑式平焊法兰的应用量最大，多用于介质条件比较缓和的情况下，如低压非净化压缩空气、低压循环水。它的优点是价格比较便宜。

（2）对焊钢法兰。用于法兰与管子的对口焊接，其结构合理，强度与刚度较大，经得

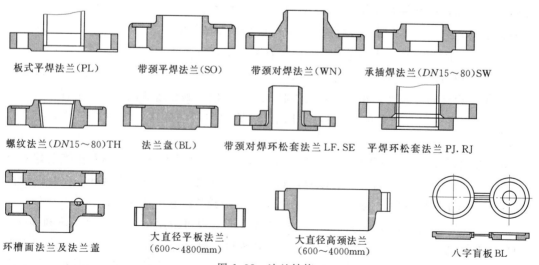

板式平焊法兰(PL)　　带颈平焊法兰(SO)　　带颈对焊法兰(WN)　　承插焊法兰(DN15～80)SW

螺纹法兰(DN15～80)TH　　法兰盘(BL)　　带颈对焊环松套法兰 LF.SE　　平焊环松套法兰 PJ.RJ

环槽面法兰及法兰盖　　大直径平板法兰（600～4800mm）　　大直径高颈法兰（600～4000mm）　　八字盲板 BL

图 1.38　法兰结构

起高温高压及反复弯曲和温度波动，密封性可靠。公称压力为 $0.25\sim2.5$MPa 的对焊法兰采用凹凸式密封面。

（3）承插焊法兰。常用于 $PN\leq10.0$MPa，$DN\leq40$ 的管道中。

（4）松套法兰。松套法兰俗称活套法兰、分焊环活套法兰、翻边活套法兰和对焊活套法兰。常用于介质温度和压力都不高而介质腐蚀性较强的情况。当介质腐蚀性较强时，法兰接触介质的部分（翻边短节）为耐腐蚀的高等级材料如不锈钢等材料，而外部则利用低等级材料如碳钢材料的法兰环夹紧它以实现密封。

（5）整体法兰。常常是将法兰与设备、管子、管件、阀门等做成一体，这种型式在设备和阀门上常用。

2. 衬垫

法兰衬垫根据输送介质选定，制垫时，将法兰放平，光滑密封面朝上，将垫片原材盖在密封面上，用水锤轻轻敲打，刻出轮廓印，用剪刀或凿刀裁制成形，注意留下安装把柄。加垫前，须将密封面刮干净，高出密封面的焊肉须挫平。法兰应垂直于管中心。加垫时应放正，不使垫圈突入管内，其外圆到法兰螺栓孔为宜，不妨碍螺栓穿入。禁止加双垫、偏垫，且按衬垫材质选定在其两侧涂抹的铅油等类涂料。

3. 法兰连接方法

法兰连接的过程一般分 3 步进行，首先将法兰装配或焊接在管端，然后将垫片置于法兰之间，最后用螺栓连接两个法兰并拧紧，使之达到连接和密封管路的目的。

法兰连接时，无论使用哪种方法，都必须在法兰盘与法兰盘之间垫适应输送介质的垫圈，而达到密封的目的。法兰垫圈应符合要求，不允许使用斜垫圈或双层垫圈。连接时，要注意两片法兰的螺栓孔对准，连接法兰的螺栓应使用同一规格，全部螺母应位于法兰的一侧。紧固螺栓时应按照图 1.39 所示次序进行，大口径法兰最好两人在对称位置同时进行。

（1）凡管段与管段采用法兰盘连接或管道与法兰阀门联接者，必须按照设计要求和工作压力选用标准法兰盘。

（2）法兰盘的连接螺栓直径、长度应符合规范要求，紧固法兰盘螺栓时要对称拧紧，紧固好的螺栓外露丝扣应为 $2\sim3$ 扣，不宜大于螺栓直径的 $1/2$。

（3）法兰盘连接衬垫，一般给水管（冷水）采用厚度为 3mm 的橡胶垫，供热、蒸汽、生活热水管道应采用厚度为 3mm 的石棉橡胶垫。垫片要与管径同心，不得放偏。

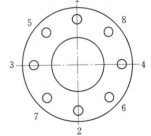
图 1.39　紧固法兰螺栓次序

（4）法兰装配。采用成品平焊法兰时，必须使管与法兰端面垂直，可用法兰弯尺或拐尺在管子圆周上最少 3 个点处检测垂直度，不允许超过 ±1mm，然后点焊定位，插入法兰的管子端部距法兰密封面应为管壁厚度的 $1.3\sim1.5$ 倍，如选用双面焊接管道法兰，法兰内侧的焊缝不得突出法兰密封面。

法兰装配施焊时，如管径较大，要对应分段施焊，防止热应力集中而变形。法兰装配完应再次检测接管垂直度，以确保两法兰的平行度。连接法兰前应将其密封面刮净，焊肉高出密封面应锉平，法兰应垂直于管子中心线，外沿平齐，其表面应互相平行。

（5）紧固螺栓。螺栓使用前刷好润滑油，螺栓以同一方向穿入法兰，穿入后随手戴上螺帽，直至用手拧不动为止。用活扳手加力时必须对称十字交叉进行，且分2～3次逐渐拧紧，最后螺杆露出长度不宜超过螺栓直径的1/2。活扳手的规格见表1.10。

表 1.10   **活 扳 手 的 规 格**   单位：mm

长度	100	150	200	250	300	375	450	600
最大开口宽度	14	19	24	30	36	46	55	65

法兰盘或螺栓处在狭窄空间、特殊位置及回旋空间极小时，可采用梅花扳手、手动套筒扳手、内六角扳手、增力扳手、棘轮扳手等。

1.4.3 焊接连接

焊接连接是管道工程中最重要且应用最广泛的连接方法。管子焊接是将管子接口处及焊条加热，达到金属熔化的状态，而使两个被焊件连接成一体。

焊接具有以下特点：

（1）接口牢固严密，焊缝强度一般达到管子强度的85%以上，甚至超过母材强度。

（2）焊接是管段间直接连接，构造简单，管路美观整齐，节省了大量定型管件。

（3）焊口严密，不用填料，减少维修工作。

（4）焊口不受管径限制，速度快。

（5）焊接接口是固定接口，连接拆卸困难，如须检修、清理管道则要将管道切断。

1. 焊接方法及选择

（1）焊接方法。焊接连接有焊条电弧焊、气焊、手工氩弧焊、埋弧自动焊等。在施工现场，手工电弧焊和气焊应用最为普遍。

焊条电弧焊通常又称为手工电弧焊，是应用最普遍的熔化焊焊接方法，它是利用电弧产生的高温、高热量进行焊接的。焊条电弧焊如图1.40所示。

气焊是利用可燃气体和氧气在焊枪中混合后，由焊嘴中喷出点火燃烧，燃烧产生热量来熔化焊件接头处和焊丝形成牢固的接头。如图1.41所示，气焊主要应用于薄钢板、有色金属、铸铁件、刀具的焊接以及硬质合金等材料的堆焊和磨损件的补焊。气焊所用的可燃气体主要有乙炔气、液化石油气、天然气及氢气等，目前常用的是乙炔气，因为乙炔在纯氧中燃烧时所放出的有效热量最多。

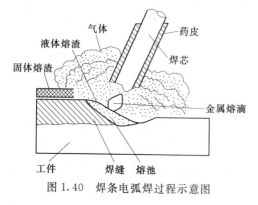

图 1.40 焊条电弧焊过程示意图   图 1.41 气焊示意图

（2）焊接方法的选择。手工电弧焊的优点是电弧温度高，穿透能力比气焊大，接口容易焊透，适用厚壁焊件。因此，电焊适合于焊接 4mm 以上的焊件，气焊适合于焊接 4mm 以下的薄焊件，在同样条件下电焊的焊缝强度高于气焊。

气焊的加热面积较大，加热时间较长，热影响区域大，焊件因此局部加热极易引起变形。而电弧焊加热面积狭小，焊件变形比气焊小得多。

气焊不但可以焊接，而且还可以进行切割、开孔、加热等多种作业，便于在管道施工过程中的焊接和加热。对于狭窄地方接口，气焊可用弯曲焊条的方法较方便地进行焊接作业。

在同等条件下，气焊消耗氧气、乙炔气、气焊条，电焊消耗电能和电焊条，相比之下气焊的成本高于电焊。

因此，就焊接而言，电焊优于气焊，故应优先选用电焊。具体采用哪种焊接方法，应根据管道焊接工作的条件、焊接结构特点、焊缝所处空间以及焊接设备和材料来选择使用。在一般情况下，气焊用于公称直径小于 50mm、管壁厚度小于 3.5m 的管道连接，电焊用于公称直径等于或大于 50mm 的管道连接。

2. 焊接设备及材料

（1）焊接设备。

1）手工电弧焊使用的机具是：焊机（直流电焊机、交流电焊机、整流式直流弧焊机等，以直流电焊机在工地上使用较多）、焊钳、面罩、连接导线、手把软线等。如图 1.42 所示。

2）气焊设备。气焊设备包括氧气瓶、乙炔发生器（或溶解乙炔瓶）以及回火防止器等；气焊工具包括焊炬、减压器以及胶管等。气焊设备组成如图 1.43 所示。

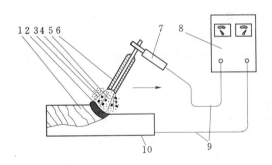

图 1.42　手工电弧焊设备组成
1—焊缝；2—熔池；3—保护气体；4—电弧；
5—熔滴；6—焊条；7—焊钳；8—焊机；
9—焊接电缆；10—焊件

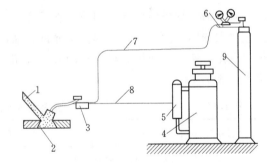

图 1.43　气焊设备组成
1—焊丝；2—焊件；3—焊炬；4—乙炔发生器；5—回火
防止器；6—氧气减压器；7—氧气橡皮管；
8—乙炔橡皮管；9—氧气瓶

氧气瓶是储存高压氧气的容器。乙炔瓶是储存乙炔的容器。减压器是将高压气体降为低压气体的调节装置。回火防止器是防止火焰进入喷嘴内沿乙炔管道回烧（即回火）的安全装置。焊炬是用于控制氧气与乙炔的混合比例，调节气体流量及火焰并进行焊接的工具。

焊炬按气体的混合方式分为射吸式焊炬和等压式焊炬两类；按火焰的数目分为单焰和

多焰两类；按可燃气体的种类分为乙炔用、氢用和汽油用等；按使用方法分为手工和机械两类。

射吸式焊炬也称为低压焊炬，它适用于低压及中压乙炔气（0.001～0.1MPa），目前国内应用较多，如图1.44所示。等压式焊炬仅适用于中压乙炔气。

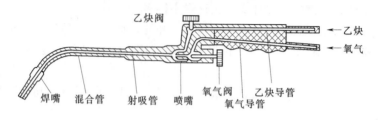

图 1.44 射吸式焊炬

（2）焊条。

1）焊条的种类。焊条分电焊条与气焊条两种。用于电焊的接口材料是电焊条，用于气焊的接口材料是气焊条（称为焊丝）。正确地选用焊条，对焊接的质量和速度都十分重要。

手工电弧焊的电焊条种类很多。管道焊接常用结构钢电焊条J422，是以2～6mm碳素钢芯、外涂钛钙药皮材料制成的，其规格见表1.11。管道焊接常采用3.2mm的焊条。

表 1.11　　　　　　　　　　　　电 焊 条 规 格　　　　　　　　　　　　单位：mm

焊芯直径	2	2.5	3.2	4	5	6
焊芯长度	250、350	300	350	350	400	450

常用的气焊条为低碳钢制成，直径2～4mm，长度有0.6m、1m两种，使用时应根据工艺要求选用焊丝、焊剂，焊丝不允许有油污和铁锈。对无要求的，可根据焊件的材质和板厚选用，使管材和气焊材质相同或接近相同，这对气焊的强度是十分重要的。焊丝直径可参考表1.12。

表 1.12　　　　　　　　　　焊丝直径与焊件厚度的关系

焊件厚度	1.0～2.0	2.0～3.0	3.0～4.0	5.0～10	10～20
焊丝直径	1.0～2.0 或不加焊丝	2.0～3.0	3.0～4.0	3.0～4.0	5.0～6.0

2）焊条的选择。

（a）焊逢金属与母材等强，化学成分接近，低碳钢一般用钛钙型结422、结502焊条。

（b）塑性、韧性、抗裂性能要求较高的重要结构选低氢型结427、结507焊条。

（c）焊逢表面要美观、光滑的薄板构件最好选钛型结421焊条（结422也可）。

（d）焊条使用前烘干管理。碱性低氢焊条在使用前需烘干，一般采用250～350℃，烘1～2h，不可将焊条往高温箱炉中突然放入，以免药皮开裂，应该徐徐加热，逐渐减温。酸性焊条要根据受潮的具体情况在70～150℃烘箱中烘干1h。过期与变质焊条使用前

表 1.13		焊条直径的选择		单位：mm	
焊件厚度	2	3	4～5	6～12	>12
焊条直径	2	3.2	3.2～4	4～5	4～6

应进行工艺性能试验。药皮无成块脱落，碱性焊条没有出现气孔，方可以使用。

（e）焊条的直径及使用电流见表 1.13、表 1.14。

3. 焊接操作步骤

焊接工艺流程为：钢管坡口→对口→点焊定位→施焊（电焊、气焊）→焊口清理→探伤→试压。

表 1.14　　　　　　　　　　各种直径电焊条使用电流

焊件直径（mm）	焊接电流（A）	焊件直径（mm）	焊接电流（A）
1.6	25～40	4	160～210
2.0	40～65	5	200～270
2.5	50～80	5.8	260～300
3.2	100～130		

（1）坡口加工。

1）坡口种类。根据设计或工艺需要，将焊件的待焊部位加工成一定几何形状的沟槽称为坡口。开坡口的目的是为了得到在焊件厚度上全部焊透的焊缝。

常用的坡口形式有 I 形坡口、Y 形坡口、带钝边 U 形坡口、双 Y 形坡口、带钝边单边 V 形坡口等，如图 1.45 所示。

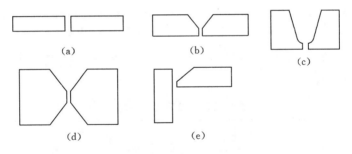

图 1.45　常用的坡口形式

（a）I 形坡口；（b）Y 形坡口；（c）U 形坡口；（d）双 Y 形坡口；（e）带钝边单边 V 形坡口

2）焊接坡口的加工。

（a）刨边。用刨边机对直边可加工任何形式的坡口。

（b）车削。无法移动的管子应采用可移式坡口机或手动砂轮加工坡口。

（c）铲削。用风铲铲坡口。

（d）氧气切割。是应用较广的焊件边缘坡口加工方法，有手工切割、半自动切割、自动切割 3 种。

（e）碳弧气刨。利用碳弧气刨枪加工坡口。

对加工好的坡口边缘尚须进行清洁工作，要把坡口上的油、锈、水垢等脏物清除干净，有利于获得质量合格的焊缝。清理时根据脏物种类及现场条件可选用钢丝刷、气焊火焰、铲刀、锉刀及除油剂清洗。

（2）对口。用焊接方法连接的接头称为焊接接头（简称为接头）。它由焊缝、熔合区、热影响区及其邻近的母材组成。在焊接结构中焊接接头起两方面的作用，第一是连接作用，即把两焊件连接成一个整体；第二是传力作用，即传递焊件所承受的载荷。

由于工件厚度及质量要求不同，其接头及坡口形式也不同，焊接接头可分为 10 种类型，即对接接头、T 形接头、十字接头、搭接接头、角接接头、端接接头、套管接头、斜对接接头、卷边接头和锁底接头，如图 1.46 所示。其中以对接接头和 T 形接头应用最为普遍。

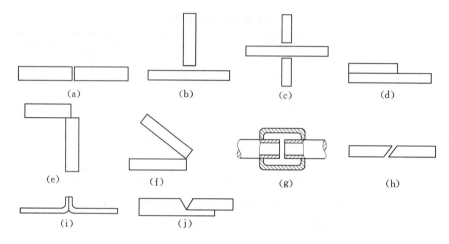

图 1.46　焊接接头

（a）对接接头；（b）T 形接头；（c）十字接头；（d）搭接接头；（e）角接接头；（f）端接接头；
（g）套管接头；（h）斜对接接头；（i）卷边接头；（j）锁底接头

一般管道的焊接为对口型式及组对，如设计无要求，电焊应符合表 1.15 的规定，气焊应符合表 1.16 的规定。

表 1.15　　　　　　　　　　　手工电弧焊对口型式及组对要求

接头名称	对口型式	接头尺寸			
		壁厚 δ（mm）	间隙 C（mm）	钝边 P（mm）	坡口角度 α（°）
管子对接 V 形坡口		5～8	1.5～2.5	1～1.5	60～70
		8～12	2～3	1～1.5	60～65

注　$\delta \leqslant 4mm$ 管子对接如能保证焊透可不开坡口。

表 1.16　　　　　　　　　　　氧-乙炔焊对口型式及相对要求

接头名称	对口型式	接头尺寸			
		厚度 δ（mm）	间隙 C（mm）	钝边 P（mm）	坡口角度 α（°）
对接不开坡口		＜3	1～2	—	—
对接 V 形坡口		3～6	2～3	0.5～1.5	70～90

水平固定管对口时，管子轴线必须对正，不得出现中心线偏斜。由于先焊管子下部，为了补偿这部分焊接所造成的收缩，除了按技术标准留出对口间隙外，还应将上部间隙稍放大 0.5～2.0mm。

为了保证根部第一层单面焊双面成型良好，对于薄壁小管无坡口的管子，对口间隙可为母材厚度的一半。带坡口的管子采用酸性焊条时，对口的间隙等于焊芯直径为宜。采用碱性焊条不灭弧焊法时，对口间隙应等于焊条芯直径的一半为宜。

（3）定位。对工件施焊前先定位，根据工件纵横向焊缝收缩引起的变形，应事先选用夹紧工具、拉紧工具、压紧工具等进行固定。不同管径所选择定位焊的数目、位置也不相同，如图 1.47 所示。

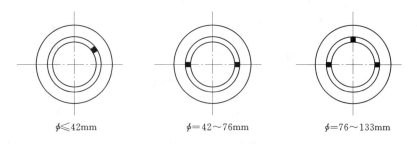

$\phi \leqslant 42mm$　　　　$\phi = 42～76mm$　　　　$\phi = 76～133mm$

图 1.47　水平固定管定位焊数目及位置

由于定位焊点容易产生缺陷，对于直径较大的管子尽量不在坡口根部定位焊，可利用钢筋焊到管子外壁起定位作用，临时固定管子对口。定位焊缝的参考尺寸见表 1.17。

（4）施焊。

1）电焊工艺。

（a）焊接中必须把握好引弧、运条、结尾三要素。无论何种位置的焊缝，在结尾操作时均以维持正常熔池温度，做无直线移动的横点焊动作，逐渐填满熔池，而后将电弧拉向一侧提起灭弧。

表 1.17　定位焊缝的参考尺寸　　单位：mm

焊件厚度	焊缝高度	焊缝长度	间　距
≤4	<4	5～10	50～100
4～12	3～6	10～20	100～200
>12	>6	15～30	100～300

（b）水平固定管子分半运条角度。为保证接头质量，在焊前半圈时，应在水平最高点过去 5～15mm 处熄弧，见后半圈的焊接，由于起焊时容易产生塌腰、未焊透、夹渣、气孔等缺陷，对于仰焊处接头，可将先焊的焊缝端头用电弧割去一部分（大于 10mm），这样既可除去可能存在的缺陷，又可以形成缓坡形割槽。水平管单面焊双面成型转动焊接技术如图 1.48 所示。

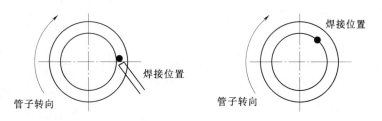

图 1.48　管子转动焊

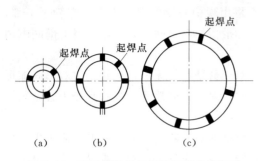

图 1.49 不同管径的点焊及起焊点示意图

(a) 直径小于 70mm 点固焊两处;

(b) 直径 100~300mm 固焊 3~5 处;

(c) 直径 300~500mm 点固焊 5~7 处

(c) 注意事项。根部及表面焊时,运条与固定管焊接相同。但焊条无向前运条的动作,而是管子向后运动。每层焊缝必须细致清理,以免造成层间夹渣、气孔等缺陷。焊接时,各段焊缝的接头应搭接好并相互错开,尤其是根部一层焊缝的起头和收尾更应注意。焊接时两侧慢、中间快使两侧坡口充分熔合。运条速度不宜过快,保证焊道层间熔合良好,对厚壁管子尤为重要。

2) 气焊工艺。

(a) 定位焊。工件及管子的点焊固定见图 1.49 及表 1.18、表 1.19 所示。

表 1.18	工件厚度与焊丝直径的关系				单位:mm
工件厚度	1.0~2.0	2.0~3.0	3.0~5.0	5.0~10	10~15
焊丝直径	1.0~2.0	2.0~3.0	3.0~4.0	3.0~5.0	4.0~6.0

表 1.19	工件厚度与焊嘴倾角的关系					
工件厚度（mm）	≤1	1.0~3.0	3.0~5.0	5.0~7.0	7.0~15	10~15	≥15
焊嘴倾角（°）	200	300	400	500	600	700	800

(b) 气焊操作。气焊操作分左焊法和右焊法两种。左焊法简单方便,容易掌握,适用焊接较薄和熔点较低的工件,是应用最普遍的气焊方法。右焊法较难掌握,焊接过程火焰始终笼罩着已焊的焊缝金属,使熔池冷却缓慢,有助改善焊缝金属组织,减少气孔夹渣的产生。

(c) 管子的几种气焊形式。

a) 可转动管的气焊。分为左向爬坡焊和右向爬坡焊,其焊接方向和管子转动方向都是相对而运行,如图 1.50 和图 1.51 所示。

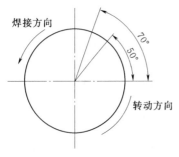

图 1.50 左向爬坡焊

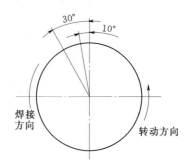

图 1.51 右向爬坡焊

b）垂直固定管的气焊。焊嘴、焊丝与管子的轴向夹角，与管子切线方向的夹角应保持不变。

c）水平固定管的气焊。水平固定管的焊接位置包括全方位，有平焊、立焊、仰焊、上爬焊及仰爬焊。

4．焊接连接的要求

（1）根据设计要求，工作压力在 0.1MPa 以上的蒸汽管道、一般管径在 32mm 以上的采暖管道以及高层建筑消防管道可采用电、气焊连接。

（2）管道焊接时应有防风、防雨雪措施。焊区环境温度低于−20℃，焊口应预热，预热温度为 100～200℃，预热长度为 200～250mm。

（3）焊接前要将两管轴线对中，先将两管端部点焊牢，管径在 100mm 以下可点焊 3 个点，管径在 150mm 以上以点焊 4 个点为宜。

（4）管材壁厚在 5mm 以上者应对管端焊口部位铲坡口，如用气焊加工管道坡口，必须除去坡口表面的氧化皮，并将影响焊接质量的凹凸不平处打磨平整。

（5）管材与法兰盘焊接，应先将管材插入法兰盘内，先点焊 2～3 个点再用角尺找正找平后方可焊接，法兰盘应两面焊接，其内侧焊缝不得凸出法兰盘密封面（图 1.52）。

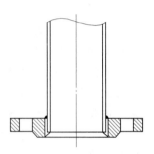

图 1.52 管子与法兰焊接

5．焊缝的外观缺陷及检验

在焊接过程中，焊接接头区域有时会产生不符合设计或工艺文件要求的各种焊接缺陷。焊接缺陷的存在，不但降低承载能力，更严重的是导致脆性断裂，影响焊接结构的使用安全。所以，焊接时应尽量避免焊接缺陷的产生，或将焊接缺陷控制在允许范围内。常见焊接缺陷如图 1.53 所示。

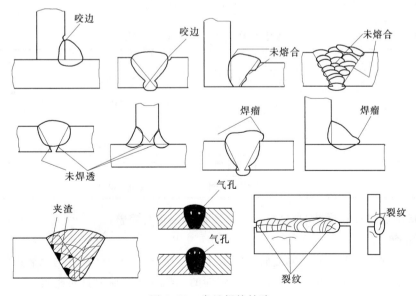

图 1.53 常见焊接缺陷

（1）咬边。即在焊缝边缘的母材上出现被电弧烧熔的凹槽。产生的原因主要是电流过大、电弧过长及焊条角度不当。

（2）未熔合。即焊条与母材之间没有熔合在一起，或焊层间未熔合在一起。产生的原因主要是电流过小、焊接速度过快、热量不够或焊条偏于坡口一侧，或母材破口处及底层表面有锈、氧化铁、熔渣等未清除干净。

（3）未焊透。主要是由于焊接电流小、运条速度快、对口不正确（坡口钝边厚，对口间隙小）、电弧偏吹及运条角度不当造成的。

（4）焊瘤。即在焊缝范围以外多余的焊条熔化金属。产生焊瘤的主要原因是熔池温度过高，液态金属凝固减慢，从而因自重下坠。管道焊接的焊瘤多存于管内，对介质的流动产生较明显的影响。

（5）夹渣。即熔池中的熔渣未浮出而存于焊缝中的缺陷。产生夹渣的主要原因是焊层间清理不净，焊接电流过小，运条方式不当使铁水和熔渣分离不清。

（6）气孔。即焊接熔池中的气体来不及逸出，而停留在焊缝中的孔眼。低碳钢焊缝中的气孔主要是氢或一氧化碳。产生气孔的主要原因是熔化金属冷却太快，焊条药皮太薄或受潮，电弧长度不当或焊缝污物清理不净。

（7）裂纹。裂纹是焊缝最严重的缺陷。可能发生在焊缝的不同部位，具有不同的裂纹形状和宽度，甚至细微到难以发现。产生裂纹的主要原因有焊条的化学成分与母材材质不符，熔化金属冷却过快，焊接次序不合理，焊缝交叉过多内应力过大等。

焊缝应表面平整，宽度和高度均匀一致，并无明显缺陷，这些都可以用肉眼进行外观检查。焊缝的检验方法还有水压、气压、渗油等密封性试验，以及射线探伤、超声波探伤或抗拉、抗弯曲、压扁试验等机械检验方法，可根据工程的不同情况来确定。本专业的管道安装工程常以外观检查及水压试验的方法，对管道焊缝进行检验。

管道焊接完毕必须进行外观检查，必要时辅助以放大镜仔细检查，允许偏差和检验方法见表 1.20。

表 1.20 钢管管道焊口允许偏差和检验方法

项 次	项 目			允许偏差	检验方法
1	焊口平直度	管壁厚 10mm 以内		管壁厚的 1/4	焊接检验尺和游标卡尺检查
2	焊缝加强面	高度		1mm	
		宽度			
3	咬边	深度		小于 0.5mm	直尺检查
		长度	连续长度	25mm	
			总长度（两侧）	小于焊缝长度的 10%	

外观缺陷超过规定标准的，应按表 1.21 的规定进行修整。

1.4.4 承插连接

在管道工程中，铸铁管、陶瓷管、混凝土管、塑料管等管材常采用承插连接。承插连接就是把管道的插口插入承口内，然后在四周的间隙内加满填料打实密封。主要适用于给水、排水、化工、燃气等工程。

表 1.21　　　　　　　　　　　管道焊缝缺陷允许程度及修整方法

缺陷种类	允许程度	修整方法
焊缝尺寸不符合规定	不允许	加强高度不足应补焊 加强高度过高过宽作修整
焊瘤	严重的不允许	铲除
咬边	深度不大于 0.5mm 连续长度不大于 25mm	清理后补焊
焊缝热影响区表面裂纹	不允许	铲除焊口重新焊接
焊缝表面弧坑夹渣、气孔	不允许	铲除焊口后补焊
管子中心线错开或弯折	超过规定的不允许	修整

承插连接是将管子或管件的插口（俗称"小头"）插入承口（俗称"喇叭口"），并在其插接的环形间隙内填入接口材料的连接。按接口材料不同，承插连接分为石棉水泥接口、水泥接口、自应力水泥砂浆接口、三合一水泥接口、青铅接口等。

承插接口的填料分两层，内层用油麻丝或胶圈，其作用是使承插口的间隙均匀，并使下一步的外层填料不致落入管腔，有一定的密封作用；外层填料主要起密封和增强的作用，可根据不同要求选择接口材料。

1. 铸铁管承插连接的操作方法

（1）管材检查及管口清理。铸铁管及管件在连接前必须进行检查，一是检查是否有砂眼；二是检查是否有裂纹，裂纹是由于铸铁管性脆，在运输及装卸中碰撞而形成的。

（2）管子对口。将承插管的插口插入承口内，使插口端部与承口内部底端保留 2～3mm 的对口间隙，并尽量使接口的环形缝隙保持均匀。

（3）填麻、打麻（或打橡胶圈）。将麻线拧成粗度大于接口环开缝隙的线股，用捻凿打入接口缝隙，打麻的深度一般应为承口深度的 1/3。当管径大于 300mm 时，可用橡胶圈代替麻绳，称为柔性接口。

（4）填接口材料，打灰口。麻打实后，将接口材料分层填入接口，并分层用捻凿和手捶加力打实至捶打时有回弹力。打实后，填料应与承口平齐。

（5）接口养护。在接口处绕上草绳或盖上草帘，在上面洒水对水泥材料的填料进行潮润性养护，养护时间一般不少于 48h。

2. 铸铁管承插连接接口材料

（1）水泥捻口。一般用于室内、外铸铁排水管道的承插口连接，如图 1.54 所示。

1）为了减少捻固定灰口，对部分管材与管件可预先捻好灰口，捻灰口前应检查管材管件有无裂纹、砂眼等缺陷，并将管材与管件进行预排，校对尺寸有无差错，承插口的灰口环形缝隙是否合格。

2）管材与管件连接时可在临时固定架上，管与管件按图纸要求将承口朝上、插口向下的方向插好，捻灰口。

3）捻灰口时，先用麻钎将拧紧的比承插口环形缝隙稍粗一些的青麻或扎绑绳打进承口内，一般打两圈为宜（约为承口深度的 1/3），

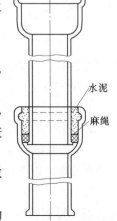

图 1.54　水泥捻口

（标注：水泥、麻绳）

青麻搭接处应大于 30mm 的长度，而后将麻打实，边打边找正、找直并将麻须捣平。

4）将麻打好后，即可把捻口灰（水与水泥重量比 1：9）分层填入承口环形缝隙内，先用薄捻凿，一手填灰，一手用捻凿捣实，然后分层用手锤、捻凿打实，直到将灰口填满，用厚薄与承口环形缝隙大小相适应的捻凿将灰口打实打平，直至捻凿打在灰口上有回弹的感觉即为合格。

5）拌合捻口灰，应随拌和随用，拌好的灰应控制在 1.5h 内用完为宜，同时要根据气候情况适当调整用水量。

6）预制加工两节管或两个以上管件时，应将先捻好灰口的管或管件排列在上部，再捻下部灰口，以减轻其震动。捻完最后一个灰口应检查其余灰口有无松动，如有松动应及时处理。

7）预制加工好的管段与管件应码放在平坦的场所，放平垫实，用湿麻绳缠好灰口，浇水养护，保持湿润，一般常温 48h 后方可移动运到现场安装。

8）冬季严寒季节捻灰口应采取有效的防冻措施，拌灰用水可加适量盐水，捻好的灰口严禁受冻，存放环境温度应保持在 5℃ 以上，有条件亦可采取蒸汽养护。

（2）石棉水泥接口。一般室内、外铸铁给水管道敷设均采用石棉水泥捻口，即在水泥内掺适量的石棉绒拌和。

（3）铅接口。一般用于工业厂房室内铸铁给水管敷设，设计有特殊要求或室外铸铁给水管紧急抢修，管道碰头急于通水的情况可采用铅接口。

（4）橡胶圈接口。一般用于室外铸铁给水管铺设、安装的管与管接口。管与管件仍需采用石棉水泥捻口。橡胶圈安装示意如图 1.55 所示。

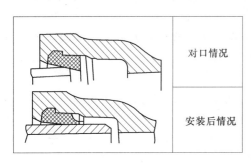

对口情况

安装后情况

图 1.55　橡胶圈安装示意图

1）胶圈应形体完整，表面光滑，粗细均匀，无气泡，无重皮。用手扭曲、拉、折表面和断面不得有裂纹、凹凸及海绵状等缺陷，尺寸偏差应小于 1mm，将承口工作面清理干净。

2）安放胶圈，胶圈擦拭干净，扭曲，然后放入承口内的圈槽里，使胶圈均匀严整地紧贴承口内壁，如有隆起或扭曲现象，必须调平。

3）画安装线。对于装入的合格管，清除内部及插口工作面的粘附物，根据要插入的深度，沿管子插口外表面画出安装线，安装面应与管轴相垂直。

4）涂润滑剂。向管子插口工作面和胶圈内表面刷水擦上肥皂。

5）将被安装的管子插口端锥面插入胶圈内，稍微顶紧后，找正将管子垫稳。

6）安装安管器。一般采用钢箍或钢丝绳，先捆住管子。安管器有电动、液压汽动，出力在 50kN 以下，最大不超过 100kN。

7）插入。管子经调整对正后，缓慢启动安管器，使管子沿圆周均匀地进入并随时检查胶圈不得被卷入，直至承口端与插口端的安装线齐平为止。

8）橡胶圈接口的管道，每个接口的最大偏转角不得超过如下规定：$DN \leqslant 200mm$ 时，允许偏转角度最大为5°；200＜DN≤350mm时，为4°；DN＝400mm，为3°。

9）检查接口。插入深度、胶圈位置（不得离位或扭曲）如有问题时，必须拔出重新安装。

10）采用橡胶圈接口的埋地给水管道，在土壤或地下水对橡胶有腐蚀的地段，在回填土前应用沥青胶泥、沥青麻丝或沥青锯末等材料封闭橡胶圈接口。

11）推进、压紧。根据管子规格和施工现场条件选择施工方法。小管可用撬棍直接撬入，也可用千斤顶顶入，用锤敲入（锤击时必须垫好管子防止砸坏）。中、大管一般通过钢丝绳用倒链拉入，或使用卷扬机、绞磨、吊车、推土机、挖沟机等拉入。

1.4.5　管道粘接连接

粘接连接是在需要连接的两管端结合处，涂以合适的胶黏剂，使其依靠胶黏剂的黏接力牢固而紧密地结合在一起的连接方法。黏接连接施工简便，价格低廉、自重轻以及兼有耐腐蚀、密封等优点，一般适用于塑料管、玻璃管等非金属管道上。

黏接连接方法有冷态黏接和热态黏接两种。

（1）管道粘接不宜在湿度很大的环境中进行，操作场所应远离火源，防止撞击，在－20℃以下的环境中不得操作。

（2）管子和管件在黏接前应采用清洁棉纱或干布将承插口的内侧和插口外侧擦拭干净，并保持黏接面洁净。若表面沾有油污，应采用棉纱蘸丙酮等清洁剂擦净。

（3）用油刷涂抹胶黏剂时，应先涂承口内侧，后涂插口外侧。涂抹承口时应顺轴向由里向外涂抹均匀、适量，不得漏涂或涂抹过厚。

（4）承插口涂刷胶黏剂后，宜在20s内对准轴线一次连续用力插入。管端插入承口深度应根据实测承口深度，在插入管端表面作出标记，插入后将管旋转90°。

（5）插接完毕，应即刻将接头外部挤出的胶黏剂擦拭干净。应避免受力，静置至接口固化为止，待接头牢固后方可继续安装。

（6）黏接接头不宜在环境温度0℃以下操作，应防止胶黏剂结冻。不得采用明火或电炉等设施加热胶黏剂。UPVC管粘接管端插入深度见表1.22。

表 1.22　　　　　　　　UPVC管粘接管端插入深度　　　　　　　　单位：mm

代号	管子外径	管端插入深度	代号	管子外径	管端插入深度
1	40	25	4	110	50
2	50	25	5	160	60
3	75	40			

1.4.6　管道的热熔连接

热熔连接是由相同热塑性塑料制作的管材与管件互相连接时，采用专用热熔机具将连接部位表面加热，连接接触面处的本体材料互相熔合，冷却后连接成为一个整体。热熔连接有对接式热熔连接、承插式热熔连接和电熔连接。管道热熔连接示意如图1.56所示。

电熔连接是由相同的热塑性塑料管道连接时，插入特制的电熔管件，由电熔连接机具对电熔管件通电，依靠电熔管件内部预先埋设的电阻丝产生所需要的热量进行熔接，冷却后管道与电熔管件连接成为一个整体。

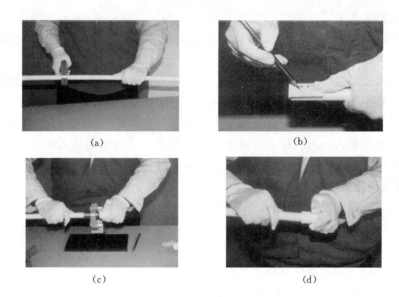

(a)   (b)

(c)   (d)

图1.56 管道热熔连接示意图

热熔连接多用于室内生活给水 PP－R 管、PB 管的安装。热熔连接后，管材与管件形成一个整体，连接部位强度高、可靠性强，施工速度快。热熔连接技术要求见表1.23。

表 1.23   热熔连接技术要求

公称直径（mm）	热熔深度（mm）	加热时间（s）	加工时间（s）	冷却时间（min）
20	14	5	4	3
25	16	7	4	3
32	20	8	4	4
40	21	12	6	4
50	22.5	18	6	5
63	24	24	6	6
75	26	30	10	8
90	32	40	10	8
110	38.5	50	15	10

注 1. 当操作环境温度低于5℃，加热时间延长50％。

2. 在上表规定的加工时间内，刚熔接好的接头还可校正，但严禁旋转。

（1）切割管材。必须使端面垂直管轴线。管材切割一般使用管子剪或管道切割机，必要时可使用锋利的钢锯，但切割后管材断面应去除毛边和毛刺。管材与管件连接端面必须清洁、干燥、无油污。

（2）测量。用专用标尺和适合的笔在管端测量并绘出熔接深度。熔接弯头或三通时，按设计图纸要求，应注意方向，在管件和管材的直线方向上，用辅助标志标出其位置。

（3）加热管材、管件。当热熔焊接器加热到260℃（指示灯亮以后），将管材和管件同时推进熔接器模头内，加热时间不可少于5s。

（4）连接。将已加热的管材与管件同时取下，迅速无旋转地直插到所标深度，使接头处形成均匀凸缘直至冷却，形成牢固而完美的结合。管材插入不能太浅或太深，否则会造成缩径或不牢固。

（5）检验与验收。管道安装结束后，必须进行水压试验，以确认其熔接状态是否良好，否则严禁进行管道隐蔽安装。

步骤如下：

1）将试压管道末端封堵，缓慢注水，同时将管道内气体排出。充满水后，进行水密封检查。

2）加压宜采用手动泵缓慢升压，升压时间不得小于 10min。

3）升至规定试验压力（一般为 1.0MPa 以上）后，停止加压。稳定 1h，观察接头部位是否有漏水现象。

4）稳压后，补压至规定的试验压力值，15min 内的压力下降不超过 0.05MPa 为合格。

学习单元 1.5 管道阀门的安装

1.5.1 阀门的分类

阀门是流体输送系统中的控制部件，具有截断、调节、导流、防止逆流、稳压、分流、溢流或泄压等多种功能。

阀门的用途广泛，种类繁多，分类方法也比较多。

（1）按用途。根据阀门的不同用途可分为：

1）开断用。用来接通或切断管路介质，如截止阀、闸阀、球阀、蝶阀等。

2）止回用。用来防止介质倒流，如止回阀。

3）调节用。用来调节介质的压力和流量，如调节阀、减压阀。

4）分配用。用来改变介质流向、分配介质，如三通旋塞、分配阀、滑阀等。

5）安全阀。在介质压力超过规定值时，用来排放多余的介质，保证管路系统及设备安全，如安全阀、事故阀。

6）其他特殊用途。如疏水阀、放空阀、排污阀等。

（2）按驱动方式。根据不同的驱动方式可分为：

1）手动。借助手轮、手柄、杠杆或链轮等，有人力驱动，传动较大力矩时，装有蜗轮、齿轮等减速装置。

2）电动。借助电机或其他电气装置来驱动。

3）液动。借助（水、油）来驱动。

4）气动。借助压缩空气来驱动。

（3）按压力。根据阀门的公称压力可分为：

1）真空阀。绝对压力<0.1MPa 即 760mm 汞柱高的阀门，通常用 mm 汞柱或 mm 水柱表示压力。

2）低压阀。公称压力 $PN \leqslant 1.6$MPa 的阀门（包括 $PN \leqslant 1.6$MPa 的钢阀）

3）中压阀。公称压力 PN 为 $2.5 \sim 6.4$MPa 的阀门。

4）高压阀。公称压力 PN 为 10.0～80.0MPa 的阀门。

5）超高压阀。公称压力 $PN \geq 100.0$MPa 的阀门。

1.5.2 阀门选择与设置

1. 阀门选择

给水管道上使用的阀门，一般按下列原则选择：

（1）管径不大于 50mm 时，宜采用截止阀，管径大于 50mm 时采用闸阀、蝶阀。

（2）需调节流量、水压时宜采用调节阀、截止阀。

（3）要求水流阻力小的部位（如水泵吸水管上），宜采用闸板阀。

（4）水流需双向流动的管段上应采用闸阀、蝶阀，不得使用截止阀。

（5）安装空间小的部位宜采用蝶阀、球阀。

（6）在经常启闭的管段上，宜采用截止阀。

（7）口径较大的水泵出水管上宜采用多功能阀。

2. 阀门设置

给水管道上的下列部位应设置阀门：

（1）居住小区给水管道从市政给水管道的引入管段上。

（2）居住小区室外环状管网的节点处，应按分隔要求设置。环状管段过长时，宜设置分段阀门。

（3）从居住小区给水干管上接出的支管起端或接户管起端。

（4）入户管、水表和各分支立管（立管底部、垂直环形管网立管的上、下端部）。

（5）环状管网的分干管、贯通枝状管网的连接管。

（6）室内给水管道向住户、公用卫生间等接出的配水管起端，配水支管上配水点在 3 个及 3 个以上时设置。

（7）水泵的出水管，自灌式水泵的吸水泵。

（8）水箱的进、出水管，泄水管。

（9）设备（如加热器、冷却塔等）的进水补水管。

（10）卫生器具（如大、小便器，洗脸盆、淋浴器等）的配水管。

（11）某些附件，如自动排气阀、泄压阀、水锤消除器、压力表、洒水栓等前、减压阀与倒流防止器的前后等。

（12）给水管网的最低处宜设置泄水阀。

1.5.3 阀门安装

1. 阀门安装前的检查

（1）安装前，应仔细检查核对型号与规格，是否符合设计要求。检查阀杆和阀盘是否灵活，有无卡阻和歪斜现象，阀盘必须关闭严密。

（2）解体检查的阀门质量应符合下列要求：

1）合金钢阀门的内部零件进行光谱分析，材质正确。

2）阀座与阀体结合牢固。

3）阀芯与阀座的结合良好，并无缺陷。

4）阀杆与阀芯的连接灵活、可靠。

5）阀杆无弯曲、锈蚀，阀杆与填料压盖配合适度，螺纹无缺陷。

　　6）阀盖与阀体结合良好；垫片、填料、螺栓等齐全，无缺。

　　（3）阀件检查工序如下：

　　1）拆卸阀门（阀芯不从阀杆上卸下）。

　　2）清洗、检查全部零件并润滑活动部。

　　3）组装阀门，包括装配垫片、密封填料及检查活动部件是否灵活好用。

　　4）修整在拆卸、装配时所发现的缺陷。

　　5）要求斜体阀门必须达到合金钢阀门的要求。

　　2．阀门的压力试验

　　阀门安装前，应做强度和严密性试验。试验应在每批（同牌号、同型号、同规格）数量中抽查10％，且不少于1个。对于安装在主干管上起切断作用的闭路阀门，应逐个作强度和严密性试验。

　　试验介质，一般是常温清水，重要阀门可使用煤油。安全阀定压试验，可使用氮气较稳定气体，也可用蒸汽或空气代替。对于隔膜阀，使用空气作试验。

　　阀门的强度和严密性试验，应符合以下规定：阀门的强度试验压力为公称压力的1.5倍；严密性试验压力为公称压力的1.1倍；试验压力在试验持续时间内保持不变，且壳体填料及阀瓣密封面无渗漏。阀门试压的试验持续时间应不少于表1.24的规定。

　　（1）阀门的强度试验。阀门的强度试验是在阀门开启状态下试验，检查阀门外表面的渗漏情况。公称压力0.4～32MPa，这些常用压力阀门，其强度试验压力为其1.5倍，试验时间不少于5min，壳体、填料无渗漏为合格；$PN>32MPa$ 以及 $PN<0.4MPa$ 的阀门，其试验压力见表1.25。

表 1.24　阀门试验持续时间

公称直径 DN（mm）	最短试验持续时间（s）		
	严密性试验		强度试验
	金属密封	非金属密封	
≤50	15	15	15
65～200	30	15	60
250～450	60	30	180

表 1.25　强度试验压力　　　　　　　　　　　　单位：MPa

公称压力 PN	强度试验压力 P_s	公称压力 PN	强度试验压力 P_s
0.1	0.2	16.0	24.0
0.25	0.4	20.0	30.0
0.4	0.6	25.0	38.0
0.6	0.9	32.0	48.0
1.0	1.5	40	56
1.6	2.4	50	70
2.5	3.8	64	90
4.0	6.0	80	110
6.4	9.6	100	130
10.0	15.0		

（2）阀门的严密性试验。阀门的严密性试验是在阀门完全关闭状态下进行的试验。检查阀门密封面是否有渗漏，其试验压力，除蝶阀、止回阀、底阀、节流阀外的阀门，一般应以公称压力进行，在能够确定工作压力时，也可用 1.25 倍的工作压力进行试验，以阀瓣密封面不漏为合格。

对焊阀门的严密性试验单独进行，强度试验一般可在系统试验时进行。严密性试验不合格的阀门，须解体检查并重作试验。合金钢阀门应逐个对壳体进行光谱分析，复查材质。合金钢及高压阀门每批取 10%，且不少于 1 个，解体检查阀门内部零件，如不合格则需逐个检查。

（3）试验方法。试压试漏，在试验台上进行。试验台上面有一压紧部件，下面有一条与试压泵相连通的管路。将阀压紧后，试压泵工作，从试压泵的压力表上，可以读出阀门承受压力的数字。试压阀门充水时，要将阀内空气排净。试验台上部压盘，有排气孔，用小阀门开闭。空气排净的标志是排气孔中出来的全部都是水。

关闭排气孔后，开始升压。升压过程要缓慢，不要急剧。达到规定压力后，保持 3min，压力不变为合格。

试压试漏程序可以分 3 步：

1）打开阀门通路，用水（或煤油）充满阀腔，并升压至强度试验要求压力，检查阀体，阀盖、垫片、填料有无渗漏。

2）关死阀路，在阀门一侧加压至公称压力，从另一侧检查有无渗漏。

3）将阀门颠倒过来，试验相反一侧。

试验合格的阀门，应及时排尽内部积水，密封面应涂防锈油（需脱脂的阀门除外），关闭阀门，封闭出入口。

3. 阀门安装的一般规定

阀门安装的质量，直接影响着使用，所以必须认真注意。

（1）方向和位置。许多阀门具有方向性，例如截止阀、节流阀、减压阀、止回阀等，如果装倒装反，就会影响使用效果与寿命（如节流阀），或者根本不起作用（如减压阀），甚至造成危险（如止回阀）。一般阀门，在阀体上有方向标志；万一没有，应根据阀门的工作原理，正确识别。

阀门安装的位置，必须方便于操作；即使安装暂时困难些，也要为操作人员的长期工作着想。最好阀门手轮与胸口取齐（一般离操作地平 1.2m），这样，开闭阀门比较省劲。落地阀门手轮要朝上，不要倾斜，以免操作别扭。靠墙靠设备的阀门，也要留出操作人员站立余地。要避免仰天操作，尤其是涉及酸碱、有毒介质时，否则很不安全。

水平管道上的阀门，阀杆宜垂直或向左右偏 45°，也可水平安装。但不宜向下；垂直管道上阀门阀杆必须顺着操作巡回线方向安装；阀门安装时应保持关闭状态，并注意阀门的特性及介质流向。阀门与管道连接时，不得强行拧紧法兰上的连接螺栓；对螺纹连接的阀门，其螺纹应完整无缺，拧紧时宜用扳手卡住阀门一端的六角体。

（2）施工作业。阀门堆放时，应按不同规格、不同型号分类堆放。安装施工必须小心，切忌撞击脆性材料制作的阀门。

安装前，应将阀门作一检查，核对规格型号，鉴定有无损坏，尤其对于阀杆，还要转动几下，看是否歪斜，因为运输过程中，最易撞歪阀杆。还要清除阀内的杂物，之后进行压力实验。

阀门吊装时，绳索应绑在阀体与阀盖的法兰连接处，且勿直接拴在手轮或阀杆上，以免损坏手轮或阀杆。对于阀门所连接的管路，一定要清扫干净。可用压缩空气吹去氧化铁屑、泥砂、焊渣和其他杂物。这些杂物，不但容易擦伤阀门的密封面，其中大颗粒杂物（如焊渣），还能堵死小阀门，使其失效。

安装螺口阀门时，应将密封填料（线麻加铅油或聚四氟乙烯生料带），包在管子螺纹上，不要弄到阀门里，以免阀内存积，影响介质流通。

安装法兰阀门时，要注意对称均匀地把紧螺栓。阀门法兰与管子法兰必须平行，间隙合理，以免阀门产生过大压力，甚至开裂。对于脆性材料和强度不高的阀门，尤其要注意。

（3）保护设施。有些阀门还须有外部保护，这就是保温和保冷。保温层内有时还要加伴热蒸汽管线。什么样的阀门应该保温或保冷，要根据生产要求而定。原则地说，凡阀内介质降低温度过多，会影响生产效率或冻坏阀门，就需要保温，甚至伴热；凡阀门裸露，对生产不利或引起结霜等不良现象时，就需要保冷。保温材料有石棉、矿渣棉、玻璃棉、珍珠岩，硅藻土、蛭石等；保冷材料有软木、珍珠岩、泡沫、塑料等。

长期不用的水、蒸汽阀门必须放掉积水。

（4）旁路和仪表。有的阀门，除了必要的保护设施外，还要有旁路和仪表。安装了旁路，便于疏水阀检修。其他阀门，也有安装旁路的。是否安装旁路，要看阀门状况、重要性和生产上的要求而定。

（5）填料更换。库存阀门，有的填料已不好使，有的与使用介质不符，这就需要更换填料。

阀门制造厂无法考虑使用单位千门万类的不同介质，填料涵内总是装填普通盘根，但使用时，必须让填料与介质相适应。

在更换填料时，要一圈一圈地压入。每圈接缝以45°为宜，圈与圈接缝错开180°。填料高度要考虑压盖继续压紧的余地，现时又要让压盖下部压填料室适当深度，此深度一般可为填料室总深度的10%～20%。

对于要求高的阀门，接缝角度为30°。圈与圈之间接缝错开120°。

除上述填料之处，还可根据具体情况，采用橡胶O形环（天然橡胶耐60℃以下弱碱，丁腈橡胶耐80℃以下油品，氟橡胶耐150℃以下多种腐蚀介质）、三件叠式聚四氟乙烯圈（耐200℃以下强腐蚀介质）、尼龙碗状圈（耐120℃以下氨、碱）等成形填料。在普通石棉盘根外面，包一层聚四氟乙烯生料带，能提高密封效果，减轻阀杆的电化学腐蚀。

在压紧填料时，要同时转动阀杆，以保持四周均匀，并防止太死，拧紧压盖要用力均匀，不可倾斜。

4. 阀门的安装要点

（1）安装螺纹阀门时，一般应在阀门的出口处加设一个活接头。

（2）对具有操作机构和传动装置的阀门，应在阀门安装好后，再安装操作机构和传动装置，且在安装前先对它们进行灌洗，安装完后还应将它们调整灵活，指示准确。

（3）截止阀安装时必须注意流体的流动方向。

（4）闸阀不宜倒装。闸门吊装时，绳索应拴在法兰上，切勿拴在手轮或阀件上，以防折断阀杆。明杆阀门不能装在地下，以防止阀杆锈蚀。

（5）止回阀有严格的方向性，安装时除注意阀体所标介质流动方向外，还须注意下列各点：

1）安装升降式止回阀时应水平安装，以保证阀盘升降灵活与工作可靠。

2）摇板式止回阀安装时，应注意介质的流动方向，只要保证摇板的旋转枢纽呈水平，可安在水平或垂直的管道上。

学习单元1.6 给水系统管道安装

在生活居住的房间或公用建筑内，为保证一定的舒适条件和工作条件，均装设有采暖系统、给水系统、排水系统与供煤气系统等，这些系统统称为暖卫系统。施工时应执行《建筑给水排水及采暖工程施工质量验收规范》（GB 50242）的规定。

室内生活给水、消防给水及热水供应管道安装的一般程序为：引入管安装→水表节点安装→水平干管安装→立管安装→横支管安装。

1.6.1 施工前的准备工作

管道安装应按图施工，因此施工前要熟悉施工图，领会设计意图，根据施工方案决定的施工方法和技术交底的具体措施做好准备工作。同时，参看有关专业设备图和建筑施工图，核对各种管道的位置、标高、管道排列所用空间是否合理。如发现设计不合理或需要修改的地方，与设计人员协商后进行修改。

根据施工图准备材料和设备等，并在施工前按设计要求检验规格、型号和质量，符合要求，方可使用。

给水管道必须采用与管材相适用的管件。生活给水系统材料必须达到饮用水卫生标准。室内给水管材及连接方式，见表1.26。

表 1.26　　　　　　　　　　　　　室内给水管材及连接方式

用途	管材类别	管材种类	连 接 方 式
生活给水	塑料管	三型聚丙烯PP-R	热（电）熔连接、螺纹连接、法兰连接
		聚乙烯PE	热（电）熔连接、卡套（环）连接、压力连接
		ABS管	黏接连接
		硬聚氯乙烯UPVC	黏接、橡胶圈连接
	复合管	铝塑复合管PAP	专用管件螺纹连接、压力连接
		钢塑复合管	螺纹连接、卡箍连接、法兰连接
		钢塑不锈钢复合管	螺纹连接、卡箍连接
		铜管	螺纹连接、压力连接、焊接
生产或消防给水	金属管	镀锌钢管	螺纹连接、法兰连接
		非镀锌钢管	螺纹连接、法兰连接、焊接
		给水铸铁管	承插连接（水泥捻口、橡胶圈接口）

管道的预制加工就是按设计图纸画出管道分支、变径、管径、预留管口、阀门位置等的施工草图，在实际安装的结构位置上做上标记，按标记分段量出实际安装的准确尺寸，记录在施工草图上，然后按草图测得的尺寸预制加工（断管、套丝、上零件、调直、校对），并按管段分组编号。

　　通过详细地阅读施工图，了解给排水管与室外管道的连接情况、穿越建筑物的位置及做法，了解室内给排水管的安装位置及要求等，以便管道穿越基础、墙壁和楼板时，配合土建留洞和预埋件等，预留尺寸如设计无要求时应按表 1.27 的规定执行。在土建浇筑混凝土过程中，安装单位要有专人监护，以防预埋件移位或损坏。

表 1.27　　　　　　　　　　　　　　预 留 孔 洞 尺 寸

项次	管 道 名 称	管 径 (mm)	明 管 留孔尺寸 长×宽 (mm×mm)	暗 管 墙槽尺寸 宽度×深度 (mm×mm)
1	采暖或给水立管	≤25	100×100	130×130
		32～50	150×150	150×130
		70～100	200×200	200×200
2	一根排水立管	≤50	150×150	200×130
		70～100	200×200	250×200
3	二根采暖或给水立管	≤32	150×100	200×130
4	一根给水立管和一根排水立管在一起	≤50	200×150	200×130
		70～100	250×200	250×200
5	二根给水立管和一根排水立管在一起	≤50	200×150	250×130
		70～100	350×200	380×200
6	给水支管或散热器支管	≤25	100×100	65×60
		32～40	150×130	150×100
7	排水支管	≤80	250×200	—
		100	300×250	
8	采暖或排水主干管	≤80	300×250	—
		100～125	350×300	
9	给水引入管	≤100	300×200	
10	排水排出管穿基础	≤80	300×300	—
		100～150	（管径＋300）× （管径＋200）	

注　1.给水引入管，管顶上部净空一般不小于100mm。
　　　2.排水排出管，管顶上部净空一般不小于150mm。

　　在准备工作就绪，正式安装前，总体上还应具备以下几个条件：

　　（1）地下管道必须在房心土回填夯实或挖到管底标高时敷设，且沿管线敷设位置应清理干净。

（2）管道穿墙时已预留的管洞或安装好的套管，其洞口尺寸和套管规格符合要求，位置、标高应正确。

（3）安装管道应在地沟未盖盖或吊顶未封闭前进行安装，其型钢支架均应安装完毕并符合要求。

（4）明装干管必须在安装层的楼板完成后进行，将沿管线安装位置的模板及杂物清理干净，托、吊架均应安装牢固，位置正确。

（5）立管安装应在主体结构完成后进行，支管安装应在墙体砌筑完毕，墙壁未装修前进行。

1.6.2 引入管安装

（1）给水引入管与排出管的水平净距不小于 1.0m；室内给水管与排水管平行敷设时，管间最小水平净距为 0.5m，交叉时垂直净距为 0.15m。给水管应铺设在排水管的上方。当地下管较多、敷设有困难时，可在给水管上加钢套管，其长度不应小于排水管径的 3 倍，且其净距不得小于 0.15m。

（2）引入管穿过承重墙或基础时，应配合土建预留孔洞。留洞尺寸见表 1.28，给水管道穿基础做法如图 1.57 所示。

表 1.28 给水引入管穿过基础预留孔洞尺寸规格

管径（mm）	<50	50~100	125~150
留洞尺寸（mm×mm）	200×200	300×300	400×400

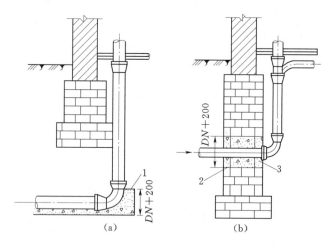

图 1.57 引入管进入建筑

（a）从浅基础下通过；（b）穿基础

1—C5.5 混凝土支座；2—黏土；3—M5 水泥砂浆封口

（3）引入管及其他管道穿越地下构筑物外墙时应采取防水措施，加设防水套管。

（4）引入管应有不小于 0.003 的坡度坡向室外给水管网，并在每条引入管上装设阀门，必要时还应装设泄水装置。

1.6.3　水表节点安装

水表节点的形式，有不设旁通管和设旁通管两种，如图 1.58、图 1.59 所示。安装水表时，在水表前后应有阀门及放水阀。阀门的作用是关闭管段，以便修理或拆换水表。放水阀主要用于检修室内管路时，将系统内的水放空与检验水表的灵敏度。水表与管道的连接方式，有螺纹连接和法兰连接两种。

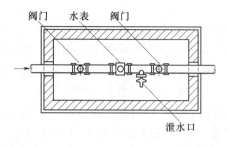

图 1.58　不设旁通管的水表节点安装

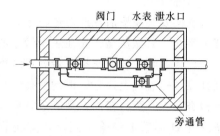

图 1.59　设旁通管的水表节点安装

水表应安装在便于检修、不受曝晒、污染和冻结的地方。安装螺翼式水表，表前与阀应有不小于 8 倍水表接口直径的直线管段。表外壳距墙表面净距为 10～30mm；水表进水口中心标高按设计要求，允许偏差为 ±10mm。

检验方法：观察和尺量检查。

1.6.4　干管安装

干管安装通常分为埋地式干管安装和上供架空式干管安装两种。对于上行下给式系统，干管可明装于顶层楼板下或暗装于屋顶、吊顶及技术层中；对于下行上给式系统，干管可敷设于底层地面上、地下室楼板下及地沟内。

管道安装应结合具体条件，合理安排顺序。一般先地下、后地上；先大管、后小管；先主管、后支管。当管道交叉中发生矛盾时，避让原则见表 1.29。

表 1.29　　　　　　　　　　　　　　管道交叉时避让原则

避让管	不让管	原　　因
小管	大管	小管绕弯容易，且造价低
压力流管	重力流管	重力流管改变坡度和流向对流动影响较大
冷水管	热水管	热水管绕弯要考虑排气、泄水等
给水管	排水管	排水管径大、且水中杂质多，受坡度限制严格
低压管	高压管	高压管造价高，且强度要求也高
气体管	水管	水流动的动力消耗大
阀件少的管	阀件多的管	考虑安装操作与维护等多种因素
金属管	非金属管	金属管易弯曲、切割和连接
一般管道	通风管	通风管体积大、绕弯困难

水平干管应铺设在支架上，安装时先装支架，然后安装管。

1. 支架安装

给水管道支架形式有钩钉、管卡、吊架、托架，管径不大于 32mm 的管子多用管卡或钩钉，管径大于32mm的管子采用吊架或托架。支架安装应牢固可靠，成排支架的安装应保证其支架台面处在同一直线上，且垂直于墙面。

支吊架安装的一般要求是：支架横梁应牢固地固定在墙、柱或其他结构物上，横梁长度方向应水平。顶面应与管中心线平行；固定支架必须严格地安装在设计规定位置，并使管子牢固地固定在支架上。

2. 干管安装

待支架安装完毕后，即可进行干管安装。给水干管安装前应先画出各给水立管的安装位置十字线。其做法是：先在主干管中心线上定出各分支干管的位置，标出主干管的中心线，然后将各管段长度测量记录并在地面进行预制和预组装，预制的同一方向的干管管头应保证在同一直线上，且管道的变径应在分出支管之后进行，组装好的管子，应在地面上进行检查，若有歪斜扭曲，则应进行调直。上管时，应将管道滚落在支架上，随即用预先准备好的U形管卡将管子固定，防止管道滚落。采用螺纹连接的管子，则吊上后即可上紧。

给水干管的安装坡度不宜小于0.003，以有利于管道冲洗及放空。给水干管的中部应设固定支架，以保证管道系统的整体稳定性。

干管安装后，还应进行最后的校正调直，保证整根管子水平和垂直面都在同一直线上并最后固定。并用水平尺在管段上复核，防止局部管段出现"塌腰"或"拱起"的现象。

当给水管道穿越建筑物的沉降缝时，有可能在墙体沉陷时折剪管道而发生漏水或断裂等，此时给水管道需做防剪切破坏处理。

管道穿过结构伸缩缝、抗震缝及沉降缝敷设时，应根据情况采取下列保护措施。

原则上管道应尽量避免通过沉降缝，当必须通过时，有以下几种处理方法。

（1）丝扣弯头法。在管道穿越沉降缝时，利用丝扣弯头把管道做成门形管，利用丝扣弯头的可移动性缓解墙体沉降不均的剪切力。这样，在建筑物沉降过程中，两边的沉降差就可由丝扣弯头的旋转来补偿。这种方法用于小管径的管道，如图1.60所示。

（2）橡胶软管法。用橡胶软管连接沉降缝两端的管道，这种做法只适用于冷水管道（$t \leqslant 20℃$）。如图1.61所示。

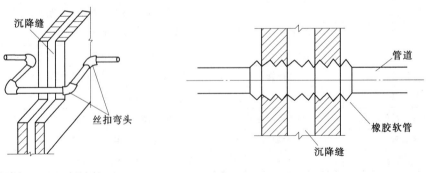

图1.60 丝扣弯头法   图1.61 橡胶软管法

（3）活动支架法。把沉降缝两侧的支架做成使管道能垂直位移而不能水平横向位移，如图1.62所示。

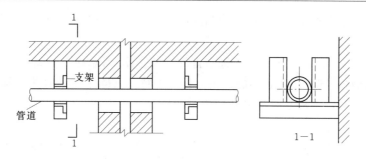

图 1.62　活动支架法

1.6.5　立管安装

1.6.5.1　立管安装方法

干管安装后即可安装立管。给水立管可分为明装和安装于管道竖井或墙槽内的安装。

（1）根据地下给水干管各立管甩头位置，应配合土建施工，按设计要求及时准确地逐层预留孔洞或埋设套管。

（2）用线垂吊挂在立管的位置上，用"粉囊"在墙面上弹出垂直线，立管就可以根据该线来安装。立管长度较长，如采用螺纹连接时，可按图纸上所确定的立管管件，量出实际尺寸记录在图纸上，先进行预组装。

（3）根据立管卡的高度，在垂直中心线上画横线确定管卡的安装位置并打洞埋好立管卡。

（4）将预组装好的立管进行组装连接，并用管卡固定。

1.6.5.2　立管安装规定

（1）管道穿过墙壁和楼板，应设置金属或塑料套管。安装在楼板内的套管，其顶部高出装饰地面 20mm；安装在卫生间及厨房内的套管，其顶部应高出装饰地面 50mm，底部应与楼板底面相平；安装在墙壁内的套管其两端与饰面相平。穿过楼板的套管与管道之间缝隙宜用阻燃密实材料填实，且端面应光滑。管道的接口不得设在套管内。

（2）给水立管和装有 3 个或 3 个以上配水点的支管始端，均应安装可拆卸的连接件。

1.6.6　支管安装

立管安装后，就可以安装支管，方法也是先在墙面上弹出位置线，但是必须在所接的设备安装定位后才可以连接，安装方法与立管相同。横支管管架的间距依要求而设，支管支架宜采用管卡做支架。支架安装时，宜有 0.002～0.005 的坡度，破向立管或配水点。

安装支管前，先按立管上预留的管口在墙面上画出（或弹出）水平支管安装位置的横线，并在横线上按图纸要求画出各分支线或给水配件的位置中心线，再根据横线中心线测出各支管的实际尺寸进行编号记录，根据记录尺寸进行预制和组装（组装长度以方便上管为宜），检查调直后进行安装。

1.6.7　室内给水管道试压

1. 管道的试验

埋地的引入管、水平干管必须在隐蔽前进行水压试验，试验合格并验收后方可隐蔽。

管道水压试验的步骤如下：

（1）首先检查整个管路中的所有控制阀门是否打开，与其他管网以及不能参与试压的设备是否隔开。

（2）将试压泵、阀门、压力表、进水管等按图1.63所示接在管路上，打开阀门1、2及3，向管中充水，同时，在管网的最高点排气，待排气阀中出水时关闭排气阀和进水阀3，打开阀门4，启动手动水泵或电动试压泵加压。

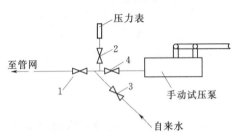

图 1.63　室内给水管试压装置图

（3）压力升高到一定数值时，应停下来对管道进行检查，无问题时再继续加压，一般分2～3次达到试验压力，当压力达到试验压力时，停止加压，关闭阀门4。管道在试验压力下保持10min，如管道未发现泄漏现象，压力表指针下降不超过0.02MPa，认为强度试验合格。

（4）把压力降至工作压力进行严密性试验。在工作压力下对管道进行全面检查，稳压24h后，如压力表指针无下降，管道的焊缝及法兰连接处未发现渗漏现象，即可认为严密性试验合格。

（5）试验过程中如发生泄漏，不得带压修理。缺陷消除后，应重新试验。

（6）系统试验合格后，填写《管道系统试验记录》。

室内给水管道的水压试验必须符合设计要求。当设计未注明时，各种材质的给水管道系统试验压力均为工作压力的1.5倍，但不得小于0.6MPa。

检验方法：金属及复合管给水管道在试验压力下观测10min，压力降不应大于0.02MPa，然后降到工作压力进行检查，应不渗不漏；塑料管给水系统应在试验压力下稳压1h，压力降不得超过0.05MPa，然后在工作压力的1.15倍状态下稳压2h，压力降不宜超过0.03MPa，同时检查各连接处不得渗漏。

2. 管道系统冲洗

为保证水质、使用安全，强调生活饮用水管道在竣工后或交付使用前必须进行吹洗，除去杂物，使管道清洁，并经有关部门取样化验，达到国家《生活饮用水标准》才能交付使用。

管道系统强度和严密性试验合格后，应分段进行冲洗。冲洗顺序一般应按主管、支管、疏排管依次进行，分段进行冲洗。

管道系统冲洗的操作规程如下：

（1）管道系统的冲洗应在管道试压合格后，调试、运行前进行。

（2）管道冲洗进水口及排水口应选择适当位置，并能保证将管道系统内的杂物冲洗干净为宜。排水管截面积不应小于被冲洗管道截面的60%，排水管应接至排水井或排水沟内。

（3）冲洗时，以系统内可能达到的最大压力和流量进行，直到出口处的水色和透明度与入口处目测一致为合格。

1.6.8　质量验收标准

1. 保证项目

（1）隐蔽管道和给水系统的水压试验结果必须符合设计要求和施工规范规定。

检验方法：检查系统或分区（段）试验记录。

（2）管道及管道支座（墩）严禁铺设在冻土和未经处理的松土上。

检查方法：观察或检查隐蔽工程记录。

（3）给水系统竣工后或交付使用前，必须进行吹洗。

检查方法：检查吹洗记录。

2. 基本项目

（1）管道坡度的正负偏差符合设计要求。

检验方法：用水准仪（水平尺）拉线和尺量检查或检查隐蔽工程记录。

（2）碳素钢管的螺纹加工精度符合国际《管螺纹》规定，螺纹清洁规整，无断丝或缺丝，连接牢固，管螺纹根部有外露螺纹，镀锌碳素钢管无焊接口，螺纹无断丝。镀锌碳素钢管和管件的镀锌层无破损，螺纹露出部分防腐蚀良好，接口处无外露油麻等缺陷。

检验方法：观察或解体检查。

（3）碳素钢管的法兰连接应对接平行、紧密，与管子中心线垂直。螺杆露出螺母长度一致，且不大于撑杆直径的 1/2，螺母在同侧，衬垫材质符合设计要求和施工规范规定。

检查方法：观察检查。

（4）非镀锌碳素钢管的焊接焊口平直，焊波均匀一致，焊缝表面无结瘤、夹渣和气孔。焊缝加强面符合施工规范规定。

检查方法：观察或用焊接检测尺检查。

（5）金属管道的承插和套箍接口结构及所有填料符合设计要求和施工规范规定，灰口密实饱满，胶圈接口平直无扭曲，对口间隙准确，环缝间隙均匀，灰口平整、光滑，养护良好，胶圈接口回弹间隙符合施工规范规定。

检查方法：观察和尺量检查。

（6）管道支（吊、托）架及管座（墩）的安装应构造正确，埋设平正牢固，排列整齐。支架与管道接触紧密。

检验方法：观察或用手扳检查。

（7）阀门安装。型号、规格、耐压和严密性试验符合设计要求和施工规范规定。位置、进出口方向正确，连接牢固、紧密，启闭灵活，朝向合理，表面洁净。

检查方法：手扳检查和检查出厂合格证、试验单。

（8）埋地管道的防腐层材质和结构符合设计要求和施工规范规定，卷材与管道以及各层卷材间粘贴牢固，表面平整，无皱折、空鼓、滑移和封口不严等缺陷。

检查方法：观察或切开防腐层检查。

（9）管道、箱类和金属支架的油漆种类和涂刷遍数符合设计要求，附着良好，无脱皮、起泡和漏涂，漆膜厚度均匀，色泽一致，无流淌及污染现象。

检验方法：观察检查。

3. 允许偏差项目

水平管道的纵、横方向的弯曲，立管垂直度，平行管道和成排阀门的安装应符合表 1.30 规定。

表 1.30　　　　　　　　　管道和阀门安装的允许偏差和检验方法

项次	项　目			允许偏差 （mm）	检验方法
1	水平管道纵横方向弯曲	钢管	每米	1	用水平尺 直尺拉线 和尺量检查
			全长 25m 以上	≤25	
		塑料管 复合管	每米	1.5	
			全长 25m 以上	≤25	
		铸铁管	每米	2	
			全长 25m 以上	≤25	
2	立管垂直度	钢管	每米	3	吊线 尺量检查
			5m 以上	≤8	
		塑料管 复合管	每米	2	
			5m 以上	≤8	
		铸铁管	每米	3	
			5m 以上	≤10	
3	成排管段和成排阀门	在同一平面上间距		3	尺量检查

1.6.9　给水设备安装质量标准

1.6.9.1　主控项目

（1）水泵就位前的基础混凝土强度、坐标、标高、尺寸和螺栓孔位置必须符合设计规定。

检验方法：对照图纸用仪器和尺量检查。

（2）水泵试运转的轴承温升必须符合设备说明书的规定。

检验方法：温度计实测检查。

（3）敞口水箱的满水试验和密闭水箱（罐）的水压试验必须符合设计与规范的规定。敞口水箱是无压的，作满水试验检验其是否渗漏即可。而密闭水箱（罐）是与系统连在一起的，其水压试验应与系统相一致，即以其工作压力的 1.5 倍作水压试验。

检验方法：满水试验静置 24h 观察，不渗不漏；水压试验在试验压力下 10min 压力不降，不渗不漏。

1.6.9.2　一般项目

（1）水箱支架或底座安装，其尺寸及位置应符合设计规定，埋设平整牢固。

检验方法：对照图纸，尺量检查。

（2）水箱溢流管和泄放管应设置在排水地点附近，但不得与排水管直接连接。水箱的溢流管和泄放管设置应引至排水地点附近以满足排水方便，不得与排水管直接连接，一定要断开是防止排水系统污物或细菌污染水箱水质。

检验方法：观察检查。

（3）立式水泵的减振装置不应采用弹簧减振器。因弹簧减振器不利于立式水泵运行时保持稳定，故规定立式水泵的减振装置不应采用弹簧减振器。

检验方法：观察检查。

（4）室内给水设备安装的允许偏差应符合表 1.31 的规定。

表 1.31　　　　　　室内给水设备安装的允许偏差和检验方法

项次	项　　目		允许偏差 （mm）	检验方法
1	静置设备	坐标	15	经纬仪或拉线、尺量
		坐标	+5	用水准仪、拉线和尺量检查
		垂直度（每米）	5	吊线和尺量检查
2	离心式水泵	立式泵体垂直度（每米）	0.1	水平尺和塞尺检查
		卧式泵体水平度（每米）	0.1	水平尺和塞尺检查
		联轴器 同心度　轴向倾斜（每米）	0.8	在联轴器互相垂直的 4 个位置上用水准仪、百分表或测微螺钉和塞尺检查
		径向位移	0.1	

复 习 思 考 题

1. 建筑给排水工程施工图主要包括哪些内容？

2. 建筑给排水工程施工图的识读方法是什么？

3. 常用的建筑给水工程管材有哪些？其连接方式是什么？

4. 管道支架的作用和种类？

5. 固定支架一般的设置位置如何确定？活动支架的设置位置如何确定？

6. 支架安装的方法有几种？制作与安装管道支架有哪些要求？

7. 简述室内给水系统安装顺序？

8. 管道通过沉降缝或伸缩缝时，如何进行特殊处理？

9. 给水管道安装的技术要求有哪些？

10. 简述给水系统试压方法和要求？

11. 室内给水管道采用水冲洗时，对水质、流速等有何要求？简述冲洗过程及要求？

学习情境 2 建筑消防系统管道施工

【学习目标】

（1）能完成消防系统管材及设备的进场验收工作。

（2）能够识读消防系统施工图。

（3）能编制消防系统施工材料计划。

（4）能编制消防系统施工准备计划。

（5）能合理选择管道的加工机具，编制加工机具、工具需求计划。

（6）能编制消防系统施工方案、组织加工并进行安装。

（7）能在施工过程中收集验收所需要的资料。

（8）能进行消防系统质量检查与验收。

学习单元 2.1 建筑消防系统施工图识读

2.1.1 室内消火栓灭火系统组成

室内消火栓灭火系统一般由消火栓设备（水枪、水龙带、消火栓，如图 2.1 所示）、消防管道、消防水池和水箱、水泵结合器、消防水泵、报警装置及消防泵启动按钮等组成。室内消火栓灭火系统常采用环状管网的形式，如图 2.2 所示。

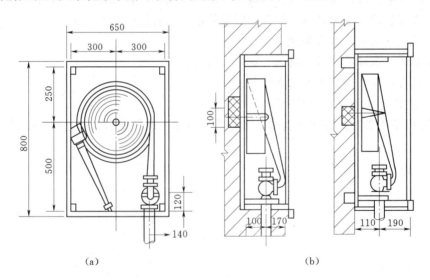

（a）   （b）

图 2.1 室内消火栓装置及安装方式（单位：mm）

（a）立面图；（b）暗装/明装侧面图

对于高层建筑通常采用竖向分区的方式，如图 2.3 所示。

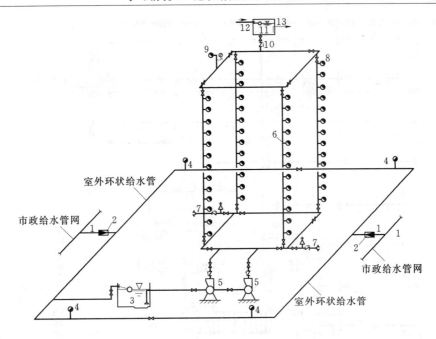

图 2.2　消火栓灭火系统

1—市政给水管网；2—水表；3—储水池；4—室外消火栓；5—水泵；6—消防立管；7—水泵接合器；
8—室内消火栓；9—屋顶消火栓；10—止回阀；11—屋顶水箱；12—进水管；13—出水管

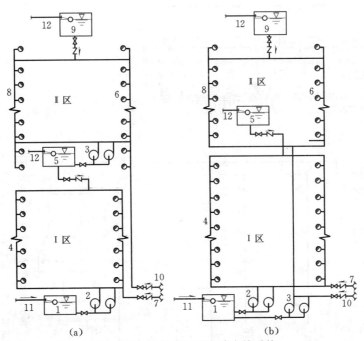

图 2.3　分区供水的室内消火栓系统

（a）并联分区供水方式；（b）串联分区供水方式

1—水池；2—Ⅰ区消防泵；3—Ⅱ区消防泵；4—Ⅰ区管网；5—Ⅰ区水箱；6—消火栓；7—Ⅰ区水泵接合器；
8—Ⅱ区管网；9—Ⅱ区水箱；10—Ⅱ区水泵接合器；11—水池进水管；12—水箱进水管

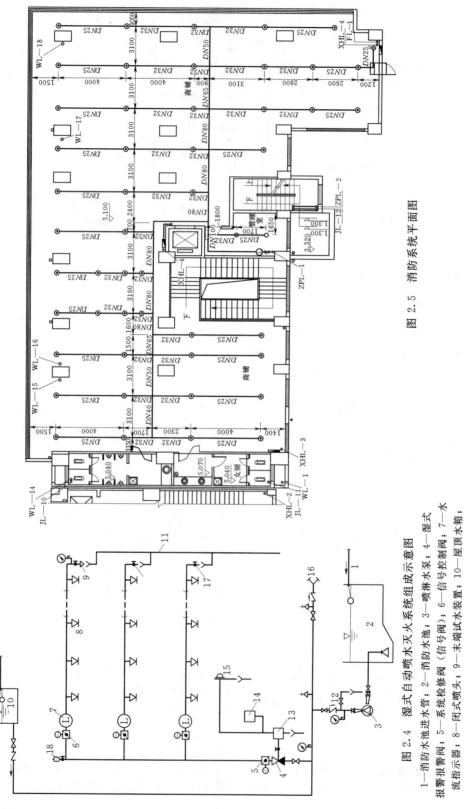

图 2.5　消防系统平面图

图 2.4　湿式自动喷水灭火系统组成示意图

1—消防水池进水管；2—消防水池；3—喷淋水泵；4—湿式报警器；5—系统检修阀；6—信号控制阀；7—水流指示器；8—闭式喷头；9—末端试水装置；10—屋顶水箱；11—试水排水管；12—试验放水阀；13—延迟器；14—压力开关；15—水力警铃；16—水泵接合器；17—试水阀；18—自动排气阀

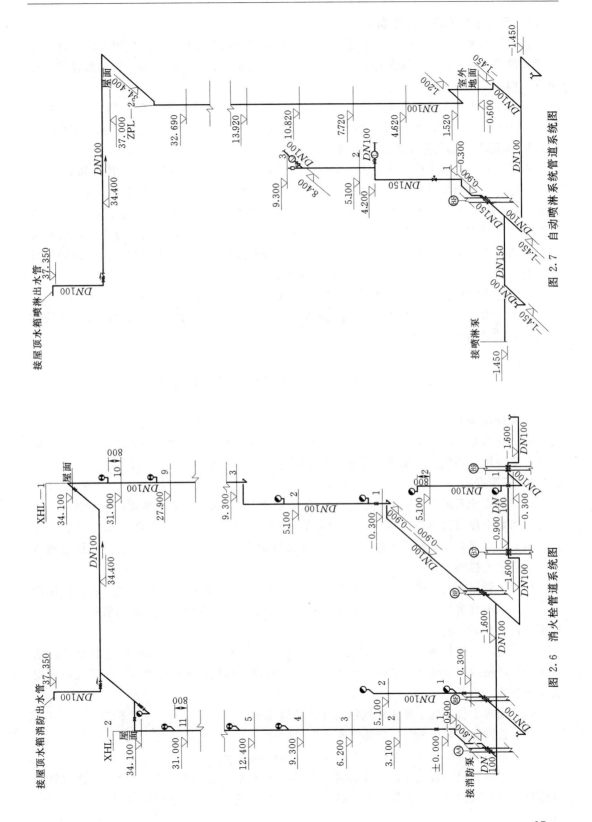

图 2.7　自动喷淋系统管道系统图

图 2.6　消火栓管道系统图

2.1.2 自动喷水灭火系统组成

自动喷水灭火系统是一种在发生火灾时能自动打开喷头喷水灭火并同时发出火警信号的消防设施。主要由火灾探测报警系统、喷头、管道系统、水流指示器、控制组件等部分组成，如图 2.4 所示。

自动喷水灭火系统按喷头的开启形式可分为闭式喷头系统和开式喷头系统。闭式喷头系统包括湿式、干式、预作用式系统；开式喷头系统包括雨淋喷水、水幕、水喷雾系统。

2.1.3 某商住楼消防系统施工图识读

本建筑物室内消火栓用水量为 20L/s，在水泵房内设消火栓泵 2 台，1 用 1 备；

一层、二层商场设自动喷水灭火系统，用水量 30L/s，水泵房内设喷淋泵 2 台，1 用 1 备。设消防水池，储存消防水量 252m³，屋顶设有消防水箱，储存消防水量 18m³。消火栓栓口直径 DN65，麻质水带 DN65 长 25m，水枪喷口 19mm，住宅部分各层均设双阀双出口消火栓 1 个。消火栓泵由消火栓箱内的消防按钮控制，亦可就地启停或由消防值班室控制。此外，三层以上每层设 2 个 MF2 手提式干粉灭火器。

消防管道采用热镀锌钢管，DN100 以下焊接 DN100 以上卡箍或法兰（二次镀锌）连接。

图 2.5 为消防系统平面图，图 2.6 为消火栓管道系统图，图 2.7 为自动喷淋系统管道系统图，试对其进行识读。

学习单元 2.2 消防栓灭火系统安装

消火栓系统安装工艺流程为：安装准备→干管安装→立管安装→消火栓（箱）及支管安装→消防水泵、高位水箱、水泵接合器安装→管道试压→管道冲洗→系统综合试压及冲洗→节流装置安装消火栓配件安装→管道试压。

2.2.1 干管安装

(1) 消火栓系统干管安装应根据设计要求使用管材，按压力要求选用碳素钢管或无缝钢管。当要求使用镀锌管件时（干管直径在 100mm 以上，无镀锌管件时采用焊法兰连接，试完压后做好标记拆下来进行镀锌），在镀锌前不得刷油和污染管道。需要拆装镀锌的管道应先安排施工。

(2) 干管用法兰连接每根配管长度不宜超过 6m，直管段可把几根连接一起，使用倒链安装，但不宜过长，也可调直后，编号依次顺序吊装，吊装时，应先吊起管道一端，待稳定后再吊起另一端。

(3) 管道连接紧固法兰时，检查法兰端面是否干净，采用 3～5mm 的橡胶垫片。法兰螺栓的规格应符合规定。紧固螺栓应先紧最不利点，然后依次对称紧固。法兰接口应安装在易拆装的位置。

(4) 配水干管、配水管应做红色或红色环圈标志。

(5) 管网在安装中断时，应将管道的敞口封闭。

(6) 管道在焊接前应清除接口处的浮锈、污垢及油脂。

(7) 不同管径的管道焊接，连接时如两管径相差不超过小管径的 15%，可将大管端部缩口与小管对焊。如果两管相差超过小管径 15%，应加工异径短管焊接。

（8）管道对口焊缝上不得开口焊接支管，焊口不得安装在支吊架位置上。

（9）管道穿墙处不得有接口（丝接或焊接）；管道穿过伸缩缝处应有防冻措施。

（10）碳素钢管开口焊接时要错开焊缝，并使焊缝朝向易观察和维修的方向上。

（11）管道焊接时先焊3点以上，然后检查预留口位置、方向、变径等无误后，找直、找正，再焊接，紧固卡件、拆掉临时固定件。

（12）管道的安装位置应符合设计要求。当设计无要求时，应符合表2.1的要求。

表2.1　　　　　　　　　管道的中心线与梁、柱、楼板等的最小距离　　　　　　　　　单位：mm

公称直径	50	70	80	100	125	150	200
距离	60	70	80	100	125	150	200

2.2.2　消火栓系统立管安装

（1）立管暗装在竖井内时，在管井预埋铁件上安装卡件固定，立管底部的支吊架要牢固，防止立管下坠。

（2）立管明装时每层楼板要预留孔洞，立管可随结构穿入，以减少立管接口。

2.2.3　消火栓及支管安装

（1）消火栓箱体要符合设计要求（其材质有木、铁和铝合金等），栓阀有单出口和双出口双控等。产品均应有消防部门的制造许可证及合格证方可使用。

（2）消火栓支管要以栓阀的坐标、标高定位甩口，核定后再稳固消火栓箱，箱体找正稳固后再把栓阀安装好，栓阀侧装在箱内时应在箱门开启的一侧，箱门开启应灵活。

（3）消火栓箱体安装在轻质隔墙上时，应有加固措施。

（4）箱式消火栓的安装应符合下列规定：

1）栓口应朝外，并不应安装在门轴侧，并平行于墙面。

2）栓口中心距地面为1.1m，允许偏差±20mm。

3）阀门中心距箱侧面为140mm，距箱后内表面为100mm，允许偏差±5mm。

4）消火栓箱体安装的垂直度允许偏差为3mm。

（5）安装消火栓水龙带，水龙带与水枪和快速接头绑扎好后，应根据箱内构造将水龙带挂放在箱内的挂钉、托盘或支架上。

（6）室内消火栓系统安装完成后应取屋顶层（或水箱间内）试验消火栓和首层取2处消火栓做试射试验，达到设计要求为合格。

2.2.4　阀门及其他附件安装

（1）节流装置应安装在公称直径不小于50mm的水平管段上；减压孔板安装在管道内水流转弯处下游一侧的直管上，且与转弯处的距离不应小于管子公称直径的2倍。

（2）水泵接合器的安装。消防水泵接合器的3种形式，适用安装于不同的场所。地上消防水泵接合器，栓身与接口高出地面，目标显著使用方便。地下消防水泵接合器安装在路面下，不占地方，特别适用于寒冷地区。墙壁式消防水泵接合器安装在建筑物墙根处，目标清晰、美观，使用方便。安装时，按图2.8各部位和尺寸进行安装（放水阀置于水平处开启方便处），使用消防水泵接合器的消防给水管路，应与生活用水管道分开，以防污染生活用水（如无条件分开，也应保证使用时断开）；各零部件的连接及与地下管道的连接均需密封，以防渗漏。安装好后，应保证管道水平，闸阀、放水阀等开启应灵活，并进行 1.6MPa 压力的水压试验；放水阀及安全阀溢水口要和下水道其他水道相通以便用完后放出余水。

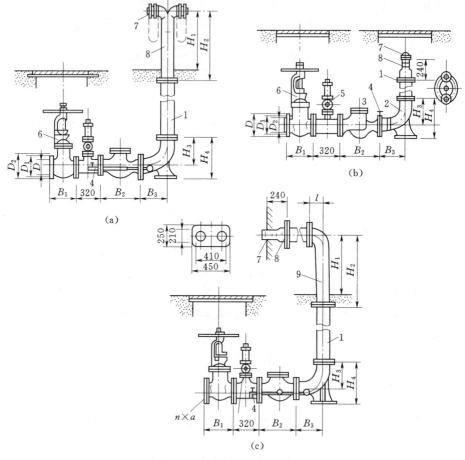

图 2.8　消防水泵接合器外形图
（a）SQ 型地上式；（b）SQ 型地下式；（c）SQ 型墙壁式
1—法兰接管；2—弯管；3—升降式单向阀；4—放水阀；5—安全阀；
6—楔式闸阀；7—进水用消防接口；8—本体；9—法兰弯管

学习单元 2.3　自动喷淋灭火系统安装

自动喷水灭火系统施工工艺流程为：安装准备→干管安装→报警阀安装→立管安装→喷洒分层干支管→水流指示器、消防水泵→管道试压→管道冲洗→喷洒头支管安装（系统综合试压及冲洗）→节流装置安装→报警阀配件、喷洒头安装→系统通水试压→管道冲洗。

2.3.1　固定支架安装

支吊架的位置以不妨碍喷头喷洒效果为原则。一般吊架距喷头应大于 300mm，对圆钢吊架可小到 70mm。

为防止喷头喷水时管道产生大幅度晃动，干管、立管均应加防晃固定支架。干管或分层干管可设在直管段中间，距立管及末端不宜超过 12m，单杆吊架长度小于 150mm 时，可不加防晃固定支架。

防晃固定支架应能承受管道、零件、阀门及管内水的总重量和 50% 水平方向推动力而不损坏或产生永久变形。立管要设两个方向的防晃固定支架。

吊架与喷头的距离，应不小于 300mm，距末端喷头的距离不大于 750mm。

吊架应设在相邻喷头间的管段上，当相邻喷头间距不大于 3.6m 时，可设一个；小于 1.8m 时，允许隔段设置。

2.3.2　干管、立管安装

喷洒管道一般要求使用镀锌管件（干管直径在 100mm 以上，无镀锌管件时采用焊接法兰连接，试完压后做好标记拆下来进行镀锌）。需要镀锌的管道应选用碳素钢管或无缝钢管，在镀锌前不允许刷油和污染管道。需要拆装镀锌的管道应先安排施工。

自动喷淋系统管网布置形式如图 2.9 所示。喷洒干管用法兰连接每根配管长度不宜超过 6m，直管段可把几根连接一起，使用倒链安装，但不宜过长。也可调直后，编号依次顺序吊装，吊装时，应先吊起管道一端，待稳定后再吊起另一端。

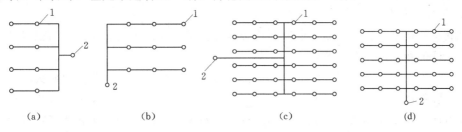

图 2.9　管网布置的形式

（a）侧边中心方式；（b）侧边末端方式；（c）中央中心方式；（d）中央末端方式

1—喷头支管；2—立管

管道连接紧固法兰时，检查法兰端面是否干净，采用 3～5mm 的橡胶垫片。法兰螺栓的规格应符合规定。紧固螺栓应先紧最不利点，然后依次对称紧固。法兰接口应安装在易拆装的位置。

自动喷洒和水幕消防系统的管道应有坡度。充水系统应不小于 0.002；充气系统和分支管应不小于 0.004。

立管暗装在竖井内时，在管井内预埋铁件上安装卡件固定，立管底部的支吊架要牢固，防止立管下坠。

立管明装时每层楼板要预留孔洞，立管可随结构穿入，以减少立管接口。

2.3.3　自动喷淋灭火系统附件安装

1. 报警阀安装

报警阀应设在明显、易于操作的位置，距地高度宜为 1m 左右。报警阀处地面应有排水措施，环境温度不应低 5℃。报警阀组装时应按产品说明书和设计要求，控制阀应有启闭指示装置，并使阀门工作处于常开状态。

报警阀配件安装应在交工前进行，延迟器安装在闭式喷头自动喷水灭火系统上，是防止误报警的设施。可按说明书及组装图安装，应装在报警阀与水力警铃之间的信号管道上。水力警铃安装在报警阀附近。与报警阀连接的管道应采用镀锌钢管。

2. 水流指示器安装

水流指示器一般安装在每层的水平分支干管或某区域的分支干管上。应水平立装，倾斜度不宜过大，保证叶片活动灵敏，水流指示器前后应保持有 5 倍安装管径长度的直管段，安装时注意水流方向与指示器的箭头一致。国内产品可直接安装在丝扣三通上，进口产品可在干管开口处用定型卡箍紧固。水流指示器适用于直径为 50～150mm 的管道上安装。

3. 喷洒头支管安装

喷洒头支管指吊顶型喷洒头的末端一段支管，这段管不能与分支干管同时顺序完成，要与吊顶装修同步进行。吊顶龙骨装完，根据吊顶材料厚度定出喷洒头的预留口标高，按吊顶装修图确定喷洒头的坐标，使支管预留口做到位置准确。支管管径一律为 25mm，末端用 25mm×15mm 的异径管箍口，管箍口与吊顶装修层平，拉线安装。支管末端的弯头处 100mm 以内应加卡件固定，防止喷头与吊顶接触不牢，上下错动。支管装完，预留口用丝堵拧紧。准备系统试压。

4. 喷洒头安装

喷洒头的规格、类型、动作温度要符合设计要求。喷洒头安装的保护面积、喷头间距及距墙、柱的距离应符合规范要求。

喷洒头的两翼方向应成排统一安装。护口盘要贴紧吊顶，走廊单排的喷头两翼应横向安装。安装喷洒头应使用特制专用扳手（灯叉型），填料宜采用聚四氟乙烯带，防止损坏和污染吊顶。水幕喷洒头安装应注意朝向被保护对象，在同一配水支管上应安装相同口径的水幕喷头。

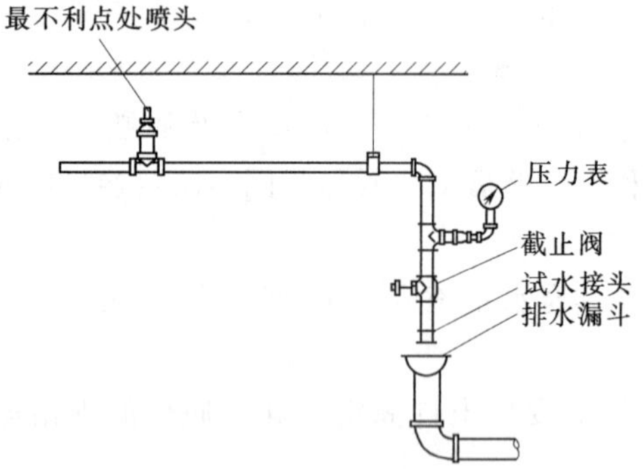

图 2.10　末端试水装置安装

5. 末端试水装置安装

末端试水装置由试水阀、压力表、试水接头及排水管组成。它设置于供水的最不利点，用于检测系统和设备的安全可靠性。末端试验装置的出水，应采取孔口出流的方式排入排水管道，如图 2.10 所示。

6. 高位水箱安装

高位水箱应在结构封顶前就位，并应做满水试验，消防用水与其他共用水箱时应确保消防用水不被它用，留有 10min 的消防总用水量。与生活水合用时应使水经常处于流动状态，防止水质变坏。消防出水管应加单向阀（防止消防加压时，水进入水箱）。所有水箱管口均应预制加工，如果现场开口焊接应在水箱上焊加强板。

7. 节流装置安装

在高层消防系统中，低层的喷洒头和消火栓流量过大，可采用减压孔板或节流管等装置均衡。减压孔板应设置在直径不小于 50mm 水平管段上，孔口直径不应小于安装管段直径的 50％，孔板应安装在水流转弯处下游一侧的直管段上，与弯管的距离不应小于设置管段直径的两倍。采用节流管时，其长度不宜小于 1m。节流管直径按表 2.2 选用。

表 2.2 节 流 管 直 径 单位：mm

管段直径	50	70	80	100	125	150	200
节流管直径	25	32	40	50	70	80	100

复 习 思 考 题

1. 室内消火栓给水系统的主要设备有哪些？它们的作用是什么？
2. 水泵接合器的作用是什么？有几种型式？简述其主要特点和适用场合。
3. 常用的闭式喷头有几种？简述其主要特点和适用场合。
4. 简述消火栓给水系统的安装流程。
5. 简述湿式闭式自动喷水灭火给水系统的安装流程。
6. 喷头安装应符合哪些要求？

学习情境 3　室内排水系统管道施工

【学习目标】

（1）能完成排水系统管材及设备的进场验收工作。

（2）能够识读排水系统施工图。

（3）能编制排水系统施工材料计划。

（4）能编制排水系统施工准备计划。

（5）能合理选择管道的加工机具，编制加工机具、工具需求计划。

（6）能编制排水系统施工方案、组织加工并进行安装。

（7）能在施工过程中收集验收所需要的资料。

（8）能进行排水系统质量检查与验收。

学习单元 3.1　室内排水系统管道施工

3.1.1　排水系统的组成和安装工艺

1. 建筑排水系统的分类和组成

按系统排除的污、废水种类的不同，可将室内排水系统分为：①粪便污水排水系统；②生活废水排水系统；③工业废水排水系统；④雨水排水系统。

室内排水系统的组成如图 3.1 所示。

2. 室内排水系统的安装的基本要求

（1）生活污水管道应使用塑料管、铸铁管或混凝土管（由成组洗脸盆或饮用喷水器到共用水封之间的排水管和连接卫生器具的排水短管，可使用钢管）。

雨水管道宜使用塑料管、铸铁、镀锌钢管或混凝土管等。

悬吊管道宜使用塑料管、铸铁管或塑料管。易受振动的雨水管道（如锻造车间等）应使用钢管。室内排水管材及连接方式见表 3.1。

（2）为了保证排水通畅，排水管道的横管与横管、横管与立管连接，应采用 45°三通（斜三通）或 45°四通或 90°斜三通（顺水三通）。排水管道穿墙、穿基础时，排出管与立管的连接宜采用两个 45°弯头或弯曲半径不小于 4 倍管径的 90°弯

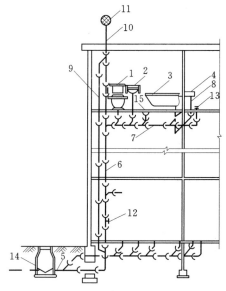

图 3.1　建筑内部排水系统的组成

1—大便器；2—洗脸盆；3—浴盆；4—洗涤盆；
5—排出管；6—排水立管；7—排水横支管；
8—排水支管；9—专用通气立管；10—伸顶
通气管；11—通气帽；12—检查口；
13—清扫口；14—检查井

头，否则管道容易堵塞。

（3）承插排水管道的接口，应以油麻丝填充，用水泥或石棉水泥打口，不得用一般水泥砂浆抹口，否则，使用时在接口处往往会漏水。

表 3.1　　　　　　　　　　　　　　室内排水管材及连接方式

系统类别	管　材	连接方式
生活污水	硬聚氯乙烯排水塑料管 UPVC	黏接、橡胶圈连接
	UPVC 芯层发泡复合管	黏接
	UPVC 螺旋消声管	橡胶圈连接
	柔性抗震排水铸铁管（WD 管）、铸铁排水管	承插式、法兰连接、橡胶圈不锈钢带连接
雨水	UPVC 雨水管	黏接
	给水铸铁管、稀土排水铸铁管	承插连接
	钢管	焊接、法兰

（4）严格控制排水管道的坡度，避免坡度过小或倒坡。

（5）排水管道不宜穿越建筑物沉降缝、伸缩缝以及烟道、风道和居室。如果必须穿越时，要有切实的保护措施。

（6）隐蔽或埋地的排水管道在隐蔽前必须做灌水试验，其灌水高度应不低于底层卫生器具的上边缘或底层地面高度。

安装室内排水管道一般均采取先地下后地上的施工方法。从工艺要求看，铺完管道后，经试验检查无质量问题，为保护管道不被砸碰和不影响土建及其他工序，必须进行回填。如果先隐蔽，待一层主管做完再补做灌水试验，一旦有问题，就不好查找是哪段管道或接口漏水。

3.1.2　铸铁排水管道安装

室内排水系统施工的工艺流程为：施工准备→埋地管安装→干管安装→立管安装→支管安装→器具支管安装→封口堵洞→灌水试验→通水通球试验。

1. 安装准备

根据施工图及技术交底，配合土建完成关段穿越基础、墙壁和楼板的预留孔洞，并检查、校核预留孔洞的位置和大小是否准确。

为了减少在安装中捻固定灰口，对部分管材与管件可预先按测绘的草图捻好灰口，并编号，码放在平坦的场地，管段下面用木方垫平垫实。捻好灰口的预制管段，对灰口要进行养护，一般可采用湿麻绳缠绕灰口，浇水养护，保持湿润。冬季要采取防冻措施，一般常温 24～48h 后方能移动，运到现场安装。

2. 排出管的安装

排水管道穿墙、穿基础时应按图 3.2 安装。排水管穿过承重墙或基础处应预留孔洞，使管顶上部净空不得小于建筑物的沉降量，一般不小于 0.15m。排出管道穿墙、穿基础预留孔洞尺寸见表 3.2。

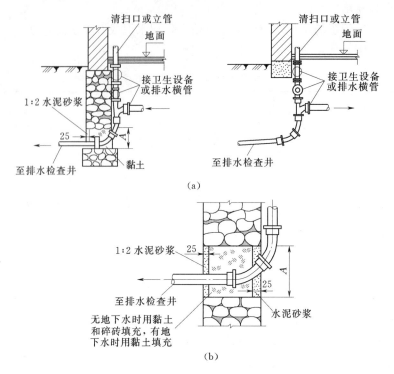

图 3.2 排出管的安装示意图

（a）排出管穿基础；（b）穿过地下室墙壁排出管

说明：用于有地下水地区时，基础面的防水措施与构筑物的墙面防水措施相同。

表 3.2   穿墙、穿基础时预留孔洞尺寸

排出管直径 DN（mm）	50～100	125～150	200～250
孔洞 A 穿基础（mm×mm）	300×300	400×400	500×500
孔洞 A 穿砖墙（mm×mm）	240×240	360×360	490×490

3. 污水干管安装

（1）管道铺设安装。在挖好的管沟或房心土回填到管底标高处铺设管道时，应将预制好的管段按照承口朝向来水方向，由出水口处向室内顺序排列。挖好捻灰口用的工作坑，将预制好的管段徐徐放入管沟内，封闭堵严总出水口，做好临时支撑，按施工图纸的坐标、标高找好位置和坡度，以及各预留管口的方向和中心线，将管段承插口相连。

在管沟内捻灰口前，先将管道调直、找正，用麻钎或薄捻凿将承插口缝隙找均匀，把麻打实，校直、校正，管道两侧用土培好，以防捻灰口时管道移位。

将水灰比为 1：9 的水泥捻口灰拌好后，装在灰盘内放在承插口下部，人跨在管道上，一手填灰，一手用捻凿捣实，先填下部，由下而上，边填边捣实，填满后用手锤打实，再填再打，将灰口打满打平为止。

捻好的灰口，用湿麻绳缠好养护或回填湿润细土掩盖养护。

管道铺设捻好灰口后，再将立管及首层卫生洁具的排水预留管口，按室内地平线、坐标位置及轴线找好尺寸，接至规定高度，将预留管口装上临时丝堵。

按照施工图对铺设好的管道坐标、标高及预留管口尺寸进行自检，确认准确无误后即可从预留管口处灌水做闭水试验，水满后观察水位不下降，各接口及管道无渗漏，经有关人员进行检查，并填写隐蔽工程验收记录，办理隐蔽工程验收手续。

管道系统经隐蔽验收合格后，临时封堵各预留管口，配合土建填堵孔、洞，按规定回填土。

（2）托、吊管道安装。安装在管道设备层内的铸铁排水干管可根据设计要求做托、吊或砌砖墩架设。

安装托、吊干管要先搭设架子，将托架按设计坡度栽好或栽好吊卡，量准吊棍尺寸，将预制好的管道托、吊牢固，并将立管预留口位置及首层卫生洁具的排水预留管口，按室内地平线、坐标位置及轴线找好尺寸，接至规定高度，将预留管口装上临时丝堵。

托、吊排水干管在吊顶内者，需做闭水试验，按隐蔽工程项目办理隐检手续。

金属排水管道上的吊钩或卡箍应固定在承重结构上。固定件间距：横管不大于 2m；立管不大于 3m。楼层高度不大于 4m，立管可安装 1 个固定件。立管底部的弯管处应设支墩或采取固定措施，防止立管下沉，造成管道接口断裂。

排水管道坡度过小或倒坡，均影响使用效果，各种管道坡度必须按设计要求找准。生活污水铸铁管道的坡度必须符合设计或表 3.3 的规定。

表 3.3 生活污水铸铁管道的坡度

项次	管径（mm）	标准坡度（‰）	最小坡度（‰）	项次	管径（mm）	标准坡度（‰）	最小坡度（‰）
1	50	35	25	4	125	15	10
2	75	25	15	5	150	10	7
3	100	20	12	6	200	8	5

4. 污水立管安装

根据施工图校对预留管洞尺寸有无差错，如系预制混凝土楼板则需剔凿楼板洞，应按位置画好标记，对准标记剔凿。如需断筋，必须征得土建施工队有关人员同意，按规定要求处理。

立管检查口设置按设计要求。如排水支管设在吊顶内，应在每层立管上均装立管检查口，以便作灌水试验。

在立管上应每隔一层设置一个检查口，但在最底层和有卫生器具的最高层必须设置。如为两层建筑时可仅在底层设置立管检查口；如有乙字弯管时，则在该层乙字弯管的上部设置检查口。检查口中心高度距操作地面一般为 1m，允许偏差 20mm；检查口的朝向应便于检修，暗装立管，在检查口处应安装检修门。

在连接 2 个及 2 个以上大便器或 3 个及 3 个以上卫生器具的污水横管上应设置清扫口。当污水管在楼板下悬吊敷设时，可将清扫口设在上一层楼地面上，污水管起点的清扫口与管道相垂直的墙面距离不得小于 200mm，若污水管起点设置堵头代替清扫口时，与墙面距离不得小于 400mm。

在转角小于 135°的污水横管上应设置检查口或清扫口。污水横管的直线管段，应按设计要求的距离设置检查口或清扫口。

安装立管应二人上下配合，一人在上一层楼板上，由管洞内投下一个绳头，下面一人将预制好的立管上半部拴牢，上拉下托将立管下部插口插入下层管承口内。

立管插入承口后，下层的人把甩口及立管检查口方向找正，上层的人用木楔将管在楼板洞处临时卡牢，打麻、吊直、捻灰。复查立管垂直度，将立管临时固定牢固。

立管安装完毕后，配合土建用不低于楼板标号的混凝土将洞灌满堵实，并拆除临时支架。如系高层建筑或管道井内，应按照设计要求用型钢做固定支架。

高层建筑考虑管道胀缩补偿，可采用法兰柔性管件（图3.3），但在承插口处要留出胀缩补偿余量。

高层建筑采用辅助透气管，可采用辅助透气异型管件连接（图3.4）。

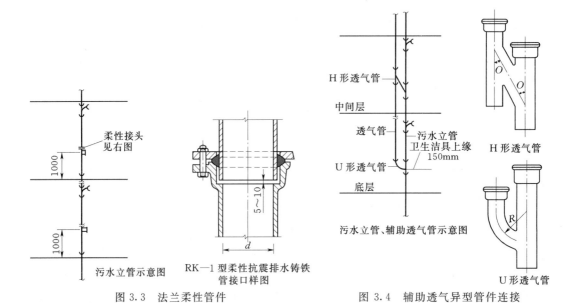

图3.3 法兰柔性管件　　　　　图3.4 辅助透气异型管件连接

排水通气管不得与风道或烟道连接，且应符合下列规定：

（1）通气管应高出屋面300mm，但必须大于最大积雪厚度。

（2）在通气管出口4m以内有门、窗时，通气管应高出门、窗顶600mm或引向无门、窗一侧。

（3）在经常有人停留的平屋顶上，通气管应高出屋面2m，并应根据防雷要求设置防雷装置。

（4）屋顶有隔热层从隔热层板面算起。

5. 污水支管安装

支管安装应先搭好架子，并将托架按坡度栽好，或栽好吊卡，量准吊棍尺寸，将预制好的管道托到架子上，再将支管插入立管预留口的承口内，将支管预留口尺寸找准，并固定好支管，然后打麻、捻灰口。

支管设在吊顶内，末端有清扫口者，应将管接至上层地面上，便于清掏。支管安装完后，可将卫生洁具或设备的预留管安装到位，找准尺寸并配合土建将楼板孔洞堵严，预留管口装上临时丝堵。

3.1.3　排水系统安装质量标准

1. 保证项目

(1) 隐蔽的排水管道灌水试验结果，必须符合设计要求和施工规范规定。

检验方法：检查区（段）灌水试验记录。

(2) 管道的坡度必须符合设计要求或施工规范规定。

检验方法：检查隐蔽工程记录或用水准仪（水平尺）、拉线和尺量检查。

(3) 管道及管道支座（墩）严禁铺设在冻土和未经处理的松土上。

检验方法：观察检查或检查隐蔽工程记录。

(4) 排水系统竣工后的通水试验结果，必须符合设计要求和施工规范规定。

检验方法：通水检查或检查通水试验记录。

2. 基本项目

(1) 金属管道的承插和管箍接口应符合以下规定：接口结构和所用填料符合设计要求和施工规范规定，捻口密实、饱满，环缝间隙均匀，灰口平整、光滑，养护良好。托吊架间距不得超过 2m。

检验方法：尺量和用锤轻击检查。

(2) 管道支（吊、托）架及管座（墩）的安装应符合以下规定：构造正确，埋设平正牢固，排列整齐，支架与管子接触紧密。

检验方法：观察和用手扳检查。

(3) 管道及金属支架涂漆应符合以下规定：油漆种类和涂刷遍数符合设计要求，附着良好，无脱皮、起泡和漏涂，漆膜厚度均匀，色泽一致，无流淌及污染现象。

检验方法：观察检查。

3. 允许偏差项目

室内排水管道安装的允许偏差和检验方法应符合表 3.4 的规定。

表 3.4　　　　　　　　　室内排水管道安装的允许偏差和检验方法

项次	项　目				允许偏差 （mm）	检验方法
1	坐　标				15	用水准仪（水平尺）、直尺、拉线和尺量检查
2	标　高				±15	
3	水平管道纵、横方向弯曲	铸铁管		每 1m	1	
				全长（25m 以上）	不大于 25	
		碳素钢管		每 1m	管径≤100mm	0.5	
					管径>100mm	1	
				全长（25m 以上）	管径≤100mm	不大于 13	
					管径>100mm	不大于 25	
4	立管垂直度	铸铁管		每 1m	3	吊线和尺量检查
				全长（5m 以上）	不大于 15	
		碳素钢管		每 1m	2	
				全长（5m 以上）	不大于 10	

3.1.4　U—PVC 排水管道施工

U—PVC 排水管道施工工艺流程为：安装准备→预制加工→干管安装→立管安装→支管安装→卡件固定→封口堵洞→闭水试验→通水试验。

1. 预制加工

根据图纸要求并结合实际情况，按预留口位置测量尺寸，绘制加工草图。根据草图量好管道尺寸，进行断管。断口要平齐，用专用的断管工具（剪刀、切割机），然后用铣刀或刮刀除掉断口内外飞刺，外棱铣出 15°角。黏接前应对承插口先插入试验，不得全部插入，一般为承口的 3/4 深度。试插合格后，用棉布将承插口需黏接部位的水分、灰尘擦拭干净。如有油污需用丙酮除掉。用毛刷涂抹黏接剂，先涂抹承口后涂抹插口，随即用力垂直插入，插入黏接时将插口中稍作转动，以利黏接剂分布均匀，约 30s～1min 即可黏接牢固。黏牢后立即将溢出的黏接剂擦拭干净。多口黏连时应注意预留口方向。

2. 干管安装

首先根据设计图纸要求的坐标、标高预留槽洞或预埋套管。埋入地下时，按设计坐标、标高、坡向、坡度开挖槽沟并夯实。采用托吊管安装时应按设计坐标、标高，现场拉线确定排水方向坡度做好托、吊架。

施工条件具备时，将预制加工好的管段，按编号运至安装部位进行安装。各管段黏连时也必须按黏接工艺依次进行。全部黏连后，管道要直，坡度均匀，各预留口位置准确。

立管和横管应按设计要求设置伸缩节。横管伸缩节应采用锁紧式橡胶圈管件；当管径大于或等于 160mm 时，横干管宜采用弹性橡胶密封圈连接形式。当设计对伸缩量无规定时，管端插入伸缩节处预留的间隙应为：夏季，5～10mm；冬季，15～20mm。

干管安装完后应做闭水试验，出口用充气橡胶堵封闭，达到不渗潜漏、水位不下降为合格。地下埋设管道应先用细砂回填至管上皮 100mm，上覆过筛土，夯实时勿碰损管道。托吊管粘牢后再按水流方向找坡度。最后将预留口封严和堵洞。

生活污水塑料管道的坡度必须符合设计要求或表 3.5 的规定。横管的坡度设计无要求时，坡度应为 0.026。立管管件承口外侧与墙饰面的距离宜为 20～50mm。

表 3.5　　　　　　　　　　　　　　　　生活污水塑料管道的坡度

项次	管径 （mm）	标准坡度 （‰）	最小坡度 （‰）	项次	管径 （mm）	标准坡度 （‰）	最小坡度 （‰）
1	50	25	12	4	125	10	5
2	75	15	8	5	160	7	4
3	110	12	6				

管道支承件的间距，立管管径为 50mm 的，不得大于 1.2m；管径大于或等于 75mm 的，不得大于 2m；横管直线管段支承件间距宜符合表 3.6 的规定。

表 3.6　　　　　　　　　　　　　　　　横管直线管段支承件的间距

管径（mm）	40	50	75	90	110	125	160
间距（m）	0.40	0.50	0.75	0.90	1.10	1.25	1.60

3. 立管安装

首先按设计坐标要求，将洞口预留或后剔，洞口尺寸不得过大，更不可损伤受力钢筋。安装前清理场地，根据需要支搭操作平台。立管安装前先从高处拉一根垂直线至首层，以确保垂直。

立管和横管应按设计要求设置伸缩节。如设计无要求时，伸缩节间距不得大于 4m。横管伸缩节应采用锁紧式橡胶圈管件；当管径大于或等于 160mm 时，横干管宜采用弹性橡胶密封圈连接形式。当设计对伸缩量无规定时，管端插入伸缩节处预留的间隙应为：夏季，5～10mm；冬季，15～20mm。伸缩节最大允许伸缩量见表 3.7 的规定，应符合下列规定：

(1) 当层高不大于 4m 时，污水立管和通气立管应每层设一伸缩节；当层高大于 4m 时，其数量应根据管道设计伸缩量和伸缩节允许伸缩量计算确定。

(2) 污水横支管、横干管、器具通气管、环形通气管和汇合通气管上无汇合管件的直线管段大于 2m 时，应设伸缩节，但伸缩节之间最大间距不得大于 4m。

(3) 管道设计伸缩量不应大于表 3.7 伸缩节的允许伸缩量。伸缩节设置位置如图 3.5 所示。

表 3.7　　　　　　　　　　　伸缩节最大允许伸缩量　　　　　　　　　　单位：mm

管　径	50	75	90	110	125	160
最大允许伸缩量	12	15	20	20	20	25

将已预制好的立管运到安装现场。首先清理已预留的伸缩节，将锁母拧下，取出 U 形橡胶圈，清理杂物。复查上层洞口是否合适。立管插入端应先划好插入长度标记，然后涂上肥皂液，套上锁母及 U 形橡胶圈。安装时先将立管上端伸入上一层洞口内，垂直用力插入至标记为止（一般预留胀缩量为 20～30mm）。合适后即用自制 U 形钢制抱卡紧固于伸缩节上沿。然后找正找直，并测量顶板距三通口中心是否符合要求。无误后即可堵洞，并将上层预留伸缩节封严。

为了使立管连接支管处位移最小，伸缩节应尽量设在靠近水流汇合管件处。为了控制管道的膨胀方向，两个伸缩节之间必须设置一个固定支架。

固定支撑每层设置一个，以控制立管膨胀方向，分层支撑管道的自重，当层高 H 小于 4m 时，层间设滑动支撑一个；若层高 H 大于 4m 时，层间设滑动支撑两个。

管道穿楼板或穿墙时，须预留孔洞，孔洞直径一般可比管道外径大包大 50mm。管道安装前，必须检查预留孔洞的位置和标高是否正确。安装施工应密切配合土建施工，做好预留洞或凿洞以及补洞工作。

立管穿楼板处应加装 PVC—U 或其他材料的止水翼环，用 C20 细石混凝土分层浇筑填补，第一次为楼板厚度的 2/3，待强度达 1.2MPa 以后，再进行第二次浇筑至与地面相平。

室内塑料排水管道安装的允许偏差和检验方法见表 3.8。

4. 清通设备安装

在生活污水管道上设置的检查口或清扫口，当设计无要求时应符合下列规定：

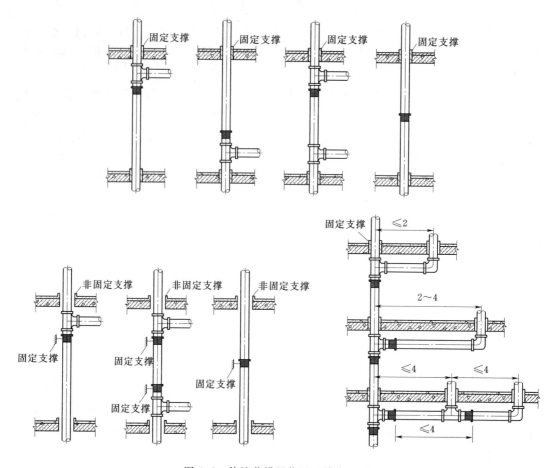

图 3.5　伸缩节设置位置（单位：m）

表 3.8　　　　　　　　　室内塑料排水管道安装的允许偏差和检验方法

项　　目		允许偏差（mm）	检查方法
水平管道纵、横方向弯曲	每 1m	1.5	用水准仪（水平尺）、直尺、拉线和尺量检查
	全长（25m 以上）	不大于 38	
立管垂直度	每 1m	3	吊线和尺量检查
	全长（5m 以上）	不大于 15	

（1）在立管上应每隔一层设置一个检查口，但在最底层和有卫生器具的最高层必须设置。如为两层建筑时，可仅在底层设置立管检查口；如有乙字弯管时，则在该层乙字弯管的上部设置检查口。检查口中心高度距操作地面一般为 1m，允许偏差±20mm；检查口的朝向应便于检修。暗装立管，在检查口处应安装检修门。

（2）在连接 2 个及 2 个以上大便器或 3 个及 3 个以上卫生器具的污水横管上应设置清扫口。当污水管在楼板下悬吊敷设时，可将清扫口设在上一层楼地面上，污水管起点的清扫口与管道相垂直的墙面距离不得小于 200mm；若污水管起点设置堵头代替清扫口时，与墙面距离不得小于 400mm。

（3）在转角小于135°的污水横管上，应设置检查口或清扫口。

（4）污水横管的直线管段，应按设计要求的距离设置检查口或清扫口。横管、排水管直线距离大于表3.9的规定值时，应设置检查口或清扫口。

表3.9　　　　　　　　　　检查口（清扫口）或检查井的最大距离

DN（mm）	50	75	90	110	125	160
距离（m）	10	12	12	15	20	20

（5）为便于检查清扫，埋在地下或地板下的排水管道的检查口，应设在检查井内。井底表面标高与检查口的法兰相平，井底表面应有5%坡度，坡向检查口。

5. 支管安装

首先剔出吊卡孔洞或复查预埋件是否合适。清理场地，按需要支搭操作平台。将预制好的支管按编号运至现场。清除各黏接部位的污物及水分。将支管水平初步吊起，涂抹黏接剂，用力推入预留管口。根据管段长度调整好坡度。合适后固定卡架，封闭各预留管口和堵洞。

6. 器具连接管安装

核查建筑物地面、墙面做法、厚度。找出预留口坐标、标高。然后按准确尺寸修整预留洞口。分部位实测尺寸做记录，并预制加工、编号。安装黏接时，必须将预留管口清理干净，再进行黏接。粘牢后找正、找直，封闭管口和堵洞打开下一层立管扫除口，用充气橡胶堵封闭上部，进行闭水试验。合格后，撤去橡胶堵，封好扫除口。

3.1.5　室内排水管道试验

1. 通球灌水试验

室内排水系统安装完后，要进行通球、灌水试验，通球用胶球按管道直径选用。

通球前，必须做通水试验，试验程序为由上而下进行以不堵为合格。胶球应从排水立管顶端投入，并注入一定水量于管内，使球能顺利流出为合格。

隐蔽或埋地的排水管道在隐蔽前必须做灌水试验，其灌水高度应不低于底层卫生器具的上边缘或底层地面高度。

检验方法：满水15min水面下降后，再灌满观察5min，液面不降、管道及接口无渗漏为合格。

隐蔽或埋地的排水管道在隐蔽前做灌水试验，主要是防止管道本身及管道接口渗漏。灌水高度不低于底层卫生器具的上边缘或底层地面高度，主要是按施工程序确定的，安装室内排水管道一般均采取先地下后地上的施工方法。从工艺要求看，铺完管道后，经试验检查无质量问题，为保护管道不被砸碰和不影响土建及其他工序，必须进行回填。如果先隐蔽，待一层主管做完再补做灌水试验，一旦有问题，就不好查找是哪段管道或接口漏水。

灌水试验时，先把各卫生器具的口堵塞，然后把排水管道灌满水，仔细检查各接口是否有渗漏现象。

2. 闭水试验

排水管道安装后，按规定要求必须进行闭水试验。凡属隐蔽暗装管道必须按分项工序进行。卫生洁具及设备安装后，必须进行通水通球试验。且应在油漆粉刷最后一道工序前进行。

地下埋设管道及出屋顶透气立管如不采用硬质聚氯乙烯排水管件而采用下水铸铁管件时，可采用水泥捻口。为防止渗漏，塑料管插接处用粗砂纸将塑料管横向打磨粗糙。

黏接剂易挥发，使用后应随时封盖。冬季施工进行黏接时，凝固时间为2～3min。黏接场所应通风良好，远离明火。

3.1.6 雨水管道及配件安装质量标准

1. 主控项目

(1) 安装在室内的雨水管道安装后应做灌水试验，灌水高度必须到每根立管上部的雨水斗。

检验方法：灌水试验持续1h，不渗不漏。

(2) 雨水管道如采用塑料管，其伸缩节安装应符合设计要求。

检验方法：对照图纸检查。

(3) 悬吊式雨水管道的敷设坡度不得小于5‰；埋地雨水管道的最小坡度，应符合表3.10的规定。

检验方法：水平尺、拉线尺量检查。

表 3.10　　地下埋设雨水排水管道的最小坡度

项　次	管径 (mm)	最小坡度 (‰)	项次	管径 (mm)	最小坡度 (‰)
1	50	20	4	125	6
2	75	15	5	150	5
3	100	8	6	200～400	4

2. 一般项目

(1) 雨水管道不得与生活污水管道相连接。主要防止雨水管道满水后倒灌到生活污水管，破坏水封造成污染并影响雨水排出。

检验方法：观察检查。

表 3.11　　悬吊管检查口间距

项次	悬吊直径（mm）	检查口间距（mm）
1	≤150	≤15
2	≥200	≤20

(2) 雨水斗管的连接应固定在屋面承重结构上。雨水斗边屋面连接处应严密不漏。连接管管径当设计无要求时，不得小于100mm。

检验方法：观察和尺量检查。

(3) 悬吊式雨水管道的检查口或带法兰堵口的三通的间距不得大于表3.11的规定。

检验方法：拉线、尺量检查。

(4) 雨水管道安装的允许偏差应符合规范的规定。

(5) 雨水钢管管道焊口允许偏差应符合表3.12的规定。

表 3.12　　　　　　　　　钢管管道焊口允许偏差和检验方法

项次	项 目		允许偏差	检验方法
1	焊口平直度	管壁厚 10mm 以内	管壁厚 1/4	焊接检验尺和游标卡尺检查
2	焊缝加强面	高　度	+1mm	
		宽　度		
3	咬边	深度	小于 0.5mm	直尺检查
		长度　连续长度	25mm	
		总长度（两侧）	小于焊缝长度的 10%	

学习单元 3.2　卫 生 洁 具 安 装

卫生器具是用于便溺、盥洗和洗涤的器具，又是室内排水系统的污（废）水收集设备，其品种繁多，造型各异，豪华程度差别悬殊，故安装中必须在订货的基础上，参照产品样本或实物确定安装方案。

3.2.1　安装前的质量检查

1. 质量检查的内容

卫生器具安装前的质量检验是安装工作的组成部分。质量检验包括：器具外形的端正与否、瓷质的细腻程度、色泽的一致性、有无损伤、各部分几何尺寸是否超过允许公差。

卫生洁具的规格、型号必须符合设计要求；并有出厂产品合格证。卫生洁具外观应规矩、造型周正、表面光滑、美观、无裂纹，边缘平滑，色调一致。

卫生洁具零件规格应标准，质量应可靠，外表光滑，电镀均匀，螺纹清晰，锁母松紧适度，无砂眼、裂纹等缺陷。

2. 质量检查的方法

（1）外观检查。表面是否有缺陷。

（2）敲击检查。轻轻敲打，声音实而清脆的是未受损伤的，声音沙裂是受损伤破裂的。

（3）尺量检查。用尺实测主要尺寸。

（4）通球检查。对圆形孔洞可做通球试验，检验用球直径为孔洞直径的 0.8 倍。

3.2.2　安装的基本技术要求

1. 卫生器具安装高度

卫生洁具安装高度如设计无要求时，应符合表 3.13 规定。

表 3.13　　　　　　　　　卫生器具的安装高度

项次	卫 生 器 具 名 称		卫生器具安装高度（mm）		备　注
			居住和公共建筑	幼儿园	
1	污水盆（池）	架空式	800	800	
		落地式	500	500	
2	洗涤盆（池）		800	800	
	洗脸盆和冲手盆				

项次	卫生器具名称		卫生器具安装高度（mm）		备 注
			居住和公共建筑	幼儿园	
3	（有塞、无塞）		800	500	自地面至器具上边缘
4	盆洗槽				
5	浴盆		800	500	
			520	—	
6	蹲式大便器	高水箱	1800	1800	自台阶面至高水箱底
		低水箱	900	900	自台阶面至低水箱底
7	坐式大便器	高水箱	1800	1800	自台阶面至高水箱底
	低水箱	外露排出管式虹吸喷射式	510	—	自地面至低水箱底
			470	370	
8	小便器	立 式	1000	—	自地面至上边缘
		挂 式	600	450	自地面至下边缘
9	小便槽		200	150	自地面至台阶面
10	大便槽冲洗水箱		不低于 2000	—	自台阶至水箱底
11	妇女卫生盆		360	—	自地面至器具上边缘
12	化验盆		800	—	自地面至器具上边缘

卫生器具给水配件的安装高度，如设计无要求时，应符合表 3.14 的规定。

表 3.14　　　　　　　卫生器具给水配件的安装高度　　　　　　　单位：mm

项次	给水配件名称		配件中心距地面高度	冷热水龙头距离
1	架空式污水盆（池）水龙头		1000	—
2	落地式污水盆（池）水龙头		800	
3	洗涤盆（池）水龙头		1000	150
4	住宅集中给水龙头		1000	
5	洗手盆水龙头		1000	
6	洗脸盆	水龙头（上配水）	1000	150
		水龙头（下配水）	800	150
		角阀（下配水）	450	—
7	盥洗槽	水龙头	1000	150
		冷热水管 其中热水龙头 上下并行	1100	150
8	浴盆	水龙头（上配水）	670	150
9	淋浴器	截止阀	1150	95
		混合阀	1150	
		淋浴喷头下沿	2100	—

续表

项次	给水配件名称		配件中心距地面高度	冷热水龙头距离
10	蹲式大便器 （台阶面算起）	高水箱角阀及截止阀	2040	
		低水箱角阀	250	—
		手动式自闭冲洗阀	600	—
		脚踏式自闭冲洗阀	150	—
		拉管式冲洗阀（从地面算起）	1600	—
		带防污助冲器阀门（从地面算起）	900	—
11	坐式大便器	高水箱角阀及截止阀	2040	—
		低水箱角阀	150	—
12	大便槽冲洗水箱截止阀（从台阶面算起）		≤2400	—
13	立式小便器角阀		1130	—
14	挂式小便器角阀及截止阀		1050	—
15	小便槽多孔冲洗管		1100	—
16	实验室化验水龙头		1000	—
17	妇女卫生盆混合阀		360	—

注　装设在幼儿园的洗手盆、洗脸盆和盥洗槽水嘴中心距地面安装高度应700mm，其他卫生器具给水配件的安装高度，应按卫生器具实际尺寸相应减少。

2. 操作工艺

工艺流程为：安装准备→卫生洁具及配件检验→卫生洁具安装→卫生洁具配件预装→卫生洁具稳装→卫生洁具与墙、地缝隙处理→卫生洁具外观检查→通水试验。

卫生洁具在稳装前应进行检查、清洗。配件与卫生洁具应配套。部分卫生洁具应先进行预制再安装。

3.2.3　大便器安装

1. 高水箱、蹲便器安装

（1）高水箱配件安装。

1）先将虹吸管、锁母、根母、下垫卸下，涂抹油灰后将虹吸管插入高水箱出水孔。将管下垫、眼圈套在管上。拧紧根母至松紧适度。将锁母拧在虹吸管上。虹吸管方向、位置视具体情况自行确定。

2）将漂球拧在漂杆上，并与浮球阀（漂子门）连接好，浮球阀安装与塞风安装略同。

3）拉把支架安装。将拉把上螺母眼圈卸下，再将拉把上螺栓插入水箱一侧的上沿（侧位方向视给水预留口情况而定）加垫圈紧固。调整挑杆距离（挑杆的提拉距离一般为40mm为宜）。挑杆另一端连接拉把（拉把也可交验前统一安装），将水箱备用上水眼用塑料胶盖堵死。

（2）蹲便器、高水箱稳装（图3.6）。

1）首先，将胶皮碗套在蹲便器进水口上，要套正、套实。用成品喉箍紧固（或用14号铜丝分别绑2道，但不允许压结在一条线上，铜丝拧紧要错位90°左右）。

2）将预留排水管口周围清扫干净，把临时管堵取下，同时检查管内有无杂物。找出

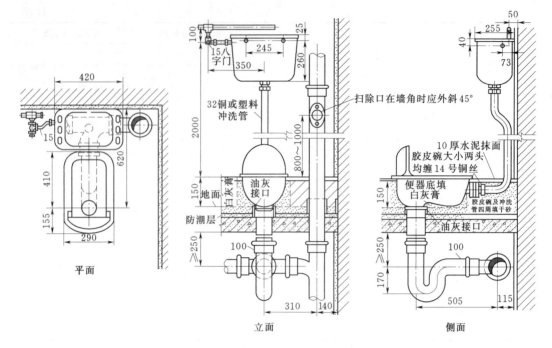

图 3.6　蹲便器、高水箱稳装

排水管口的中心线，并画在墙上。用水平尺（或线坠）找好竖线。

将下水管承口内抹上油灰，蹲便器位置下铺垫白灰膏，然后将蹲便器排水口插入排水管承口内稳好。同时用水平尺放在蹲便器上沿，纵横双向找平、找正。使蹲便器进水口对准墙上中心线。同时蹲便器二侧用砖砌好抹光，将蹲便器排水口与排水管承口接触处的油灰压实、抹光。最后将蹲便器排水口用临时堵封好。

3）稳装多联蹲便器时，应先检查排水管口标高、甩口距墙尺寸是否一致。找出标准地面标高，向上测量好蹲便器需要的高度，用小线找平，找好墙面距离，然后按上述方法逐个进行稳装。

4）高水箱稳装。应在蹲便器稳装之后进行。首先检查蹲便器的中心与墙面中心线是否一致，如有错位应及时进行调整，以蹲便器不扭斜为宜。确定水箱出水口中心位置，向上测量出规定高度（给水口距台阶面 2m）。同时结合高水箱固定孔与给水孔的距离找出固定螺栓高度位置，在墙上画好十字线，剔成 $\phi30mm \times 100mm$ 深的孔眼，用水冲净孔眼内杂物，将燕尾螺栓插入洞内用水泥捻牢。将装好配件的高水箱挂在固定螺栓上，加胶垫、眼圈，带好螺母拧至松紧适度。

5）多联高水箱应按上述做法先挂两端的水箱，然后挂线拉平、找直，再稳装中间水箱。

6）高水箱冲洗管的连接。先上好八字门，测量出高箱浮球阀距八字水门中口给水管尺寸，配好短节，装在八字水门上及给水管口内。将铜管或塑料管断好，需要灯叉弯者把弯煨好。然后将浮球阀和八字水门锁母卸下，背对背套在铜管或塑料管上，两头缠石棉绳或铅油麻线，分别插入浮球阀和八字水门进出品内拧紧锁母。

7）延时自闭冲洗阀的安装。冲洗阀的中心高度为 1100mm。根据冲洗阀至胶皮碗的距离，断好 90°弯的冲洗管，使两端合适。将冲洗阀锁母和胶圈卸下，分别套在冲洗管直管段上，将弯管的下端插入胶皮碗内 40～50mm，用喉箍卡牢。再将上端插入冲洗阀内，推上胶圈，调直找正，将锁母拧至松紧适度。

扳把式冲洗阀的扳手应朝向右侧。按钮式冲洗阀的按钮应朝向正面。

2. 背水箱坐便器安装（图 3.7）

（1）背水箱配件安装。

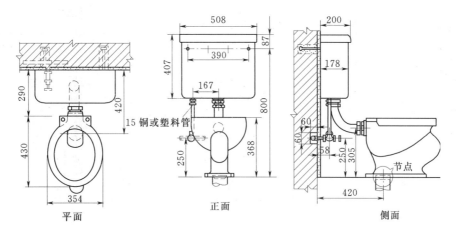

图 3.7　背水箱坐便器安装

1）背水箱中带溢水管的排水口安装与塞风安装相同。溢水管口应低于水箱固定螺孔 10～20mm。

2）背水箱浮球阀安装与高水箱相同，有补水管者把补水管上好后煨弯至溢水管口内。

3）安装扳手时，先将圆盘塞入背水箱左上角方孔内，把圆盘上入方螺母内用管钳拧至松紧适度，把挑杆煨好勺弯，将扳手轴插入圆盘孔内，套上挑杆拧紧顶丝。

4）安装背水箱翻板式排水时，将挑杆与翻板车用尼龙线连接好。扳动扳手使挑杆上翻板活动自如。

（2）背水箱、坐便器稳装。

1）将坐便器预留排水管口周围清理干净，取下临时管堵，检查管内有无杂物。

2）将坐便器出水口对准预留排水口放平找正，在坐便器两侧固定螺栓眼处画好印记后，移开坐便器，将印记做好十字线。

3）在十字线中心处剔 $\phi 20mm \times 60mm$ 的孔洞，把 $\phi 10mm$ 螺栓插入孔洞内用水泥栽牢，将坐便器试稳，使固定螺栓与坐便器吻合，移开坐便器。将坐便器排水口及排水管口周围抹上油灰后将便器对准螺栓放平、找正，螺栓上套好胶皮垫、眼圈上螺母拧至松紧适度。

4）对准坐便器尾部中心，在墙上画好垂直线，在距地平 800cm 高度画水平线。根据水箱背面固定孔眼的距离，在水平线上画好十字线。在十字线中心处剔 $\phi 30mm \times 70mm$ 深的孔洞，把带有燕尾的镀锌螺栓（规格 $\phi 10mm \times 100mm$）插入孔洞内，用水泥栽牢。将背水箱挂在螺栓上放平、找正。与坐便器中心对正，螺栓上套好胶皮垫，带上眼圈、螺母拧至松紧适度。

坐便器无进水锁母的可采用胶皮碗的连接方法。

上水八字水门的连接方法与高水箱相同。

3.2.4 洗脸盆安装（图 3.8）

1. 方形洗脸盆的安装

（1）洗脸盆零件安装。

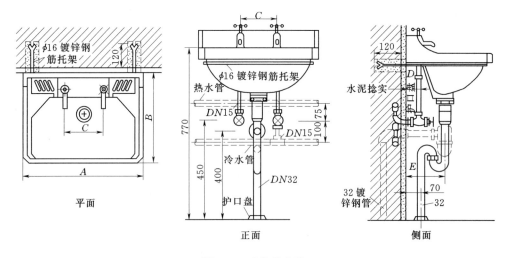

图 3.8 洗脸盆安装

1）安装脸盆下水口。先将下水口根母、眼圈、胶垫卸下，将上垫垫好油灰后插入脸盆排水口孔内，下水口中的溢水口要对准脸盆排水口中的溢水口眼。外面加上垫好油灰的胶垫，套上眼圈，带上根母，再用自制扳手卡住排水口十字筋，用平口扳手上根母至松紧适度。

2）安装脸盆水嘴。先将水嘴根母、锁母卸下，在水嘴根部垫好油灰，插入脸盆给水孔眼，下面再套上胶垫眼圈，带上根母后左手按住水嘴，右手用自制八字死扳手将锁母紧至松紧适度。

（2）洗脸盆稳装。

1）洗脸盆支架安装。应按照排水管口中心在墙上画出竖线，由地面向上量出规定的高度，画出水平线，根据盆宽在水平线上画出支架位置的十字线。按印记剔成 $\phi30\text{mm}\times120\text{mm}$ 孔洞。将脸盆支架找平栽牢。再将脸盆置于支架上找平、找正。将架钩钩在盆下固定孔内，拧紧盆架的固定螺栓，找平正。

2）铸铁架洗脸盆安装。按上述方法找好十字线，按印记剔成 $\phi15\text{mm}\times70\text{mm}$ 的孔洞栽好铅皮卷，采用 $2\frac{1}{2}''$ 螺丝将盆架固定于墙上。将活动架的固定螺栓松开，拉出活动架将架钩钩在盆下固定孔内，拧紧盆架的固定螺栓，找平、找正。

（3）洗脸盆排水管连接。

1）S 形存水弯的连接：应在脸盆排水口丝扣下端涂铅油，缠少许麻丝。将存水弯上节拧在排水口上，松紧适度。再将存水弯下节的下端缠油盘根绳插在排水管口内，将胶垫放在存水弯的连接处，把锁母用手拧紧后调直找正。再用扳手拧至松紧适度。用油灰将下水管口塞严、抹平。

2）P 形存水弯的连接：应在脸盆排水口丝扣下端涂铅油，缠少许麻丝。将存水弯立节拧在排水口上，松紧适度。再将存水弯横节按需要长度配好。把锁母和护口盘背靠背套在横节上，在端头缠好油盘根绳，试安高度是否合适，如不合适可用立节调整，然后把胶垫放在锁口内，将锁母拧至松紧适度。把护口盘内填满油灰后向墙面找平、按实。将外溢油灰除掉，擦净墙面。将下水口处外露麻丝清理干净。

（4）洗脸盆给水管连接。

首先量好尺寸，配好短管。装上八字水门。再将短管另一端丝扣处涂油、缠麻，拧在预留给水管口（如果是暗装管道，带护口盘，要先将护口盘套在短节上，管子上完后，将护口盘内填满油灰，向墙面找平、按实，清理外溢油灰）至松紧适度。将铜管（或塑料管）按尺寸断好，需煨灯叉弯者把弯煨好。将八字水门与水嘴的锁母卸下，背靠背套在铜管（或塑料管）上，分别缠好油盘根绳或铅油麻线，上端插入水嘴根部，下端插入八字水门中口，分别拧好上、下锁母至松紧适度。找直、找正，并将外露麻丝清理干净。

2. PT 型支柱式洗脸盆安装

（1）PT 型支柱式洗脸盆配件安装。

1）混合水嘴的安装：将混合水嘴的根部加 1mm 厚的胶垫、油灰。插入脸盆上洞中间孔眼内，下端加胶垫和眼圈，扶正水嘴，拧紧根母至松紧适度，带好给水锁母。

2）将冷、热水阀门上盖卸下，退下锁母，将阀门自下而上的插入脸盆冷、热水孔眼内。阀门锁母和胶圈套入四通横管，再将阀门上根母加油灰及 1mm 厚的胶垫，将根母拧紧与丝扣平。盖好阀门盖，拧紧门盖螺丝。

3）脸盆排水口加 1mm 厚的胶垫、油灰。插入脸盆上沿中间孔眼内，下端加胶垫和眼圈，扶正水嘴，拧紧根母至松紧适度，带好给水锁母。

4）将冷、热水阀门上盖卸下，退下锁母，将阀门自下而上的插入脸盆冷、热水孔眼内。阀门锁母的胶圈套入四通横管，再将阀门上根母加油灰及 1mm 厚的胶垫，将根母拧紧与丝扣平。盖好阀门盖，拧紧门盖螺丝。

5）脸盆排水口加 1mm 厚胶垫、油灰，插入脸盆排水孔眼内，外面加胶垫和眼圈，丝扣处涂油、缠麻。用自制扳手卡住下水口十字筋，拧入下水三通口，使中口向后，溢水口要对准脸盆溢水眼。

6）将手提拉杆和弹簧万向珠装入三通中心，将锁母拧至松紧适度。再将立杆穿过混合水嘴空腹管至四通下口，四通和立杆接口处缠油盘根绳，拧紧压紧螺母。

（2）PT 型支柱式洗脸盆稳装。

1）按照排水管口中心画出竖线，将支柱立好，将脸盆转放在立柱上，使脸盆中心对准竖线，找平后画好脸盆固定孔眼位置。同时将支柱在地面位置做好印记。按墙上印记剔成 $\phi 10mm \times 80mm$ 的孔洞，栽好固定螺栓。将地面支柱印记内放好白灰膏，稳好支柱及脸盆，将固定螺栓加胶皮垫、眼圈、带上螺母拧至松紧适度。再次将脸盆面找平，支柱找直。将支柱与脸盆接触处及支柱与地面接触处用白水泥勾缝抹光。

2）PT 型支柱式洗脸盆给排水管连接方法参照洗脸盆给排水管道安装。

3.2.5 净身盆安装（图3.9）

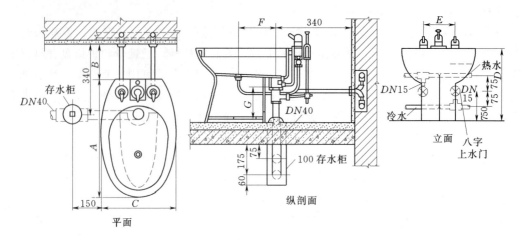

图 3.9 净身盆安装

1. 净身盆配件安装

（1）将混合阀门及冷、热水阀门的门盖卸下，下根母调整适当，以3个阀门装好后上根母与阀门颈丝扣基本相平为宜。将预装好的喷嘴转心阀门装在混合开关的四通下口。

将冷、热水阀门的出口锁母套在混合阀门四通横管处，加胶圈或缠油盘根装在一起，拧紧锁母。将3个阀门门颈处加胶垫，同时由净身盆自下而上穿过孔眼。3个阀门上加胶垫、眼圈带好根母。混合阀门上加角型胶垫及少许油灰，扣上长方形镀铬护口盘，带好根母。然后将空心螺栓穿过护口盘及净身盆。盆下加胶垫眼圈和根母，拧紧根母至松紧适度。

将混合阀门上根母拧紧，其根母应与转心阀门颈丝扣平为宜。将阀门盖放入阀门挺旋转，能使转心阀门盖转动30°即可。再将冷、热水阀门的上根母对称拧紧。分别装好3个阀门门盖，拧紧冷、热水阀门门盖上的固定螺丝。

（2）喷嘴安装。将喷嘴靠瓷面处加1mm厚的胶垫，抹少许油灰，将定型铜管一端与喷嘴连接，另一端与混合阀门四通下转心阀门连接。拧紧锁母，转心阀门门挺须朝向与四通平行一侧，以免影响手提拉杆的安装。

（3）排水口安装。将排水口加胶垫，穿入净身盆排水孔眼。拧入排水三通上口。同时检查排水口与净身盆排水孔眼的凹面是否紧密，如有松动及不严密现象，可将排水口锯掉一部分，尺寸合适后，将排水口圆盘下加抹油灰，外面加胶垫、眼圈，用自制叉扳手卡入排水口内十字筋，使溢水口对准净身盆溢水孔眼，拧入排水三通上口。

（4）手提拉杆安装。将挑杆弹簧珠装入排水三通中口，拧紧锁母至松紧适度。然后将手提拉杆插入空心螺栓，用卡具与横挑杆连接，调整定位，使手提拉杆活动自如。

（5）净身盆配件装完以后，应接通临时水试验无渗漏后方可进行稳装。

2. 净身盆稳装

（1）将排水预留管口周围清理干净，将临时管堵取下，检查有无杂物。将净身盆排水三通下口铜管装好。

（2）将净身盆排水管插入预留排水管口内，将净身盆稳平找正。净身盆尾部距墙尺寸一致。将净身盆固定螺栓孔及底座画好印记，移开净身盆。

（3）将固定螺栓孔印记画好十字线，剔成 $\phi20\text{mm}\times60\text{mm}$ 孔眼，将螺栓插入洞内栽好。再将净身盆孔眼对准螺栓放好，与原印记吻合后再将净身盆下垫好白灰膏，排水铜管套上护口盘。净身盆稳牢、找平、找正。固定螺栓上加胶垫、眼圈，拧紧螺母。清除余灰，擦拭干净。将护口盘内加满油灰与地面按实。净身盆底座与地面有缝隙之处，嵌入白水泥浆补齐、抹光。

3.2.6　小便器安装（图 3.10）

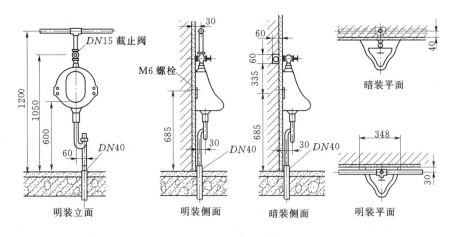

图 3.10　小便器安装

1. 平面小便器安装

（1）首先，对准给水管中心画一条垂线，由地平向上量出规定的高度画一水平线。根据产品规格尺寸，由中心向两侧固定孔眼的距离，在横线上画好十字线，再画出上、下孔眼的位置。

（2）将孔眼位置剔成 $\phi10\text{mm}\times60\text{mm}$ 的孔眼，栽入 $\phi6\text{mm}$ 螺栓。托起小便器挂在螺栓上。把胶垫、眼圈套入螺栓，将螺母拧至松紧适度。将小便器与墙面的缝隙嵌入白水泥浆补齐、抹光。其他安装方法同上。

2. 立式小便器安装

（1）立式小便器安装前应检查给、排水预留管口是否在一条垂线上，间距是否一致。符合要求后按照管口找出中心线。将下水管周围清理干净，取下临时管堵，抹好油灰，在立式小便器下铺垫水泥、白灰膏的混合灰（比例为 1:5）。将立式小便器稳装找平、找正。立式小便器与墙面、地面缝隙嵌入白水泥浆抹平、抹光。

（2）将八字水门丝扣抹铅油、缠麻、带入给水口，用扳子上至松紧适度。其护口盘应与墙面靠严。八字水门出口对准鸭嘴锁口，量出尺寸，断好铜管，套上锁母及扣碗，分别插入鸭嘴和八字水门出水口内。缠油盘根绳拧紧锁母拧至松紧适度。然后将扣碗加油灰按平。

3.2.7　洗涤盆安装（图 3.11）

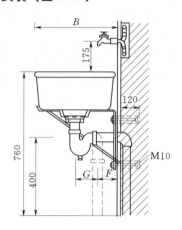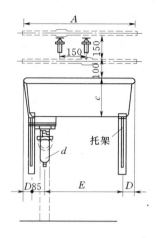

图 3.11　洗涤盆安装

（1）栽架前应将盆架与洗涤盆试一下是否相符。将冷、热水预留管口之间画一条平分垂线（只有冷水时，洗涤盆中心应对准给水管口）。由地面向上量出规定的高度，画出水平线，按照洗涤盆架的宽度由中心线左右画好十字线，剔成 $\phi50mm \times 120mm$ 的孔眼，用水冲净孔眼内杂物，将盆架找平、找正。用水泥栽牢。将洗涤盆放于架上纵横找平，找正。洗涤盆靠墙一侧缝隙处嵌入白水泥浆勾缝抹光。

（2）排水管的连接。先将排水口根母松开卸下，放在洗涤盆排水孔眼内，测量出距排水预留管口的尺寸。将短管一端套好丝扣，涂油、缠麻。将存水弯拧至外露丝 2～3 扣，按量好的尺寸将短管断好，插入排水管口的一端应做扳边处理。将排水口圆盘下加工工业 1mm 厚的胶垫、抹油灰，插入洗涤盆排水孔眼，外面再套上胶垫、眼圈，带上根母。在排水口的丝扣处抹油、缠麻，用自制扳手卡住排水口内十字筋，使排水口溢水眼对准洗涤盆溢水孔眼，用自制扳手拧紧根母至松紧适度。吊直找正。接口处捻灰，环缝要均匀。

（3）水嘴安装。将水嘴丝扣处涂油缠麻，装在给水管口内，找平、找正、拧紧。除净外露麻丝。

（4）堵链安装。在瓷盆上方 50mm 并对准排水口中心处剔成 $\phi10mm \times 50mm$ 孔眼，用水泥浆将螺栓注牢。

3.2.8　浴盆安装（图 3.12）

（1）浴盆稳装。浴盆稳装前应将浴盆内表面擦拭干净，同时检查瓷面是否完好。带腿的浴盆先将腿部的螺丝卸下，将拔销母插入浴盆底卧槽内，把腿扣在浴盆上带好螺母拧紧找平。浴盆如砌砖腿时，应配合土建施工把砖腿按标高砌好。将浴盆稳于砖台上，找平、找正。浴盆与砖腿缝隙外用 1∶3 水泥砂浆填充抹平。

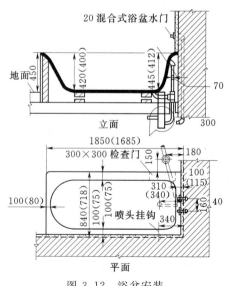

图 3.12　浴盆安装

（2）浴盆排水安装。将浴盆排水三通套在排水横管上，缠好油盘根绳，插入三通中口，拧紧锁母。三通下口装好铜管，插入排水预留管口内（铜管下端板边）。将排水口圆盘下加胶垫、油灰，插入浴盆排水孔眼，外面再套胶垫、眼圈，丝扣处涂铅油、缠麻。用自制叉扳手卡住排水口十字筋，上入弯头内。

将溢水立管下端套上锁母，缠上油盘根绳，插入三通上口对准浴盆溢水孔，带上锁母。溢水管弯头处加 1mm 厚的胶垫、油灰，将浴盆堵螺栓穿过溢水孔花盘，上入弯头一字丝扣上，无松动即可。再将三通上口锁母拧至松紧适度。

浴盆排水三通出口和排水管接口处缠绕油盘根绳捻实，再用油灰封闭。

（3）混合水嘴安装。将冷、热水管口找平、找正。把混合水嘴转向对丝抹铅油，缠麻丝，带好护口盘，用自制扳手（俗称钥匙）插入转向对丝内，分别拧入冷、热水预留管口，校好尺寸，找平、找正。使护口盘紧贴墙面。然后将混合水嘴对正转向对丝，加垫后拧紧锁母找平、找正。用扳手拧至松紧适度。

（4）水嘴安装。先将冷、热水预留管口用短管找平、找正。如暗装管道进墙较深者，应先量出短管尺寸，套好短管，使冷、热水嘴安完后距墙一致。将水嘴拧紧找正，除净外露麻丝。

3.2.9　淋浴器安装（图 3.13）

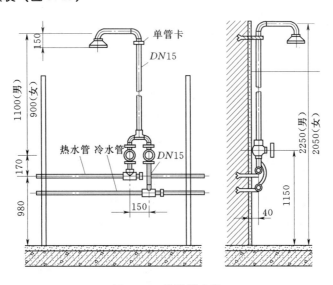

图 3.13　淋浴器安装

（1）镀铬淋浴器安装。暗装管道先将冷、热水预留管口加试管找平、找正。量好短管尺寸，断管、套丝、涂铅油、缠麻，将弯头上好。明装管道按规定标高煨好"Ω"弯（俗称元宝弯），上好管箍。

淋浴器锁母外丝丝头处抹油、缠麻。用自制扳手卡住内筋，上入弯头或管箍内。再将淋浴器对准锁母外丝，将锁母拧紧。将固定圆盘上的孔眼找平、找正。画出标记，卸下淋浴器，将印记剔成 $\phi 10mm \times 40mm$ 的孔眼，栽好铅皮卷。再将锁母外丝口加垫抹油，将淋浴器对准锁母外丝口，用扳手拧至松紧适度。再将锁母外丝口加垫抹油，将淋浴器对准锁母外丝口，用扳手拧至松紧适度。再将固定圆盘与墙面靠严，孔眼平正，用木螺丝固定在墙上。

将淋浴器上部铜管预装在三通口上，使立管垂直，固定圆盘与墙面贴实，孔眼平正，画出孔眼标记，栽入铅皮卷，锁母外加垫抹油，将锁母拧至松紧适度。上固定圆盘采用木螺丝固定在墙面上。

（2）铁管淋浴器的组装。铁管淋浴器的组装必须采用镀锌管及管件，皮钱阀门、各部尺寸必须符合规范规定。

由地面向上量出 1150mm，画一条水平线，为阀门中心标高。再将冷、热阀门中心位置画出，测量尺寸，配管上零件。阀门上应加活接头。

根据组数预制短管，按顺序组装，立管栽固定立管卡，将喷头卡住。立管应吊直，喷头找正。安装时应注意男、女浴室喷头的高度。

3.2.10 质量标准

3.2.10.1 卫生器具安装

1. 保证项目

（1）排水栓和地漏的安装应平正、牢固，低于排水表面，周边无渗漏。地漏水封高度不得小于 50mm。

检验方法：试水观察检查。

（2）卫生器具交工前应做满水和通水试验。

检验方法：满水后各连接件不渗不漏；能通水试验给、排水畅通。

（3）卫生洁具的排水管径和最小坡度，必须符合设计要求和施工规范规定。

检验方法：观察或尺量检查。

（4）有饰面的浴盆，应留有通向浴盆排水口的检修门。

检验方法：观察检查。

（5）小便槽冲洗管，应采用镀锌钢管或硬质塑料管。冲洗孔应斜向下方安装，冲洗水流向同墙面成45°角。镀锌钢管钻孔后应进行二次镀锌。

检验方法：观察检查。

（6）卫生器具的支、托架必须防腐良好，安装平整、牢固，与器具接触紧密、平稳。

检验方法：观察和手扳检查。

2. 基本项目

支托架防腐良好，埋设平整牢固，洁具放置平稳、洁净。支架与洁具接触紧密。

检查方法：观察和手扳检查。

3. 允许偏差和检验方法

卫生洁具安装的允许偏差和检验方法见表 3.15。

表 3.15 卫生洁具安装的允许偏差和检验方法

项 目		允许偏差（mm）	检 验 方 法
坐标	单独器具	10	拉线、吊线和尺量检查
	成排器具	5	
标高	单独器具	±15	
	成排器具	±20	
器具水平度		2	用水平尺和尺量检查
器具垂直度		3	用吊线和尺量检查

3.2.10.2 卫生器具给水配件安装

（1）卫生器具给水配件应完好无损伤，接口严密，启闭部分灵活。对卫生器具给水配件质量进行控制，主要是保证外观质量和使用功能。

检验方法：观察及手扳检查。

（2）卫生器具给水配件安装标高的允许偏差符合表 3.16 的规定。

表 3.16　　　　　卫生器具给水配件安装标高的允许偏差和检验方法

项次	项　目	允许偏差（mm）	检验方法
1	大便器高、低水箱角阀及截止阀	±10	尺量检查
2	水嘴	±10	
3	淋浴器喷头下沿	±15	
4	浴盆软管淋浴器挂钩	±20	

（3）浴盆软管淋浴器挂钩的设计，如设计无要求，应距地面 1.8m。

检验方法：尺量检查。

（4）与排水横管连接的各卫生器具的受水口和立管均应采取妥善可靠的固定措施；管道与楼板的接合部位应采取牢固可靠的防渗、防漏措施。

检验方法：观察和手扳检查。

（5）卫生器具排水管道安装的允许偏差应符合表 3.17 的规定。

表 3.17　　　　　卫生器具排水管道安装的允许偏差及检验方法

项次	检　查　项　目		允许偏差（mm）	检验方法
1	横管弯曲度	每 1m 长	2	用水平尺量检查
		横管长度≤10m，全长	<8	
		横管长度>10m，全长	10	
2	卫生器具的排水管口及横支管的纵横坐标	单独器具	10	用尺量检查
		成排器具	5	
3	卫生器具的接口标高	单独器具	±10	用水平尺和尺量检查
		成排器具	±5	

（6）连接卫生器具的排水管径和最小坡度，如设计无要求时，应符合表 3.18 的规定。

表 3.18　　　　　连接卫生器具的排水管道管径和最小坡度

项次	卫生器具名称		排水管管径（mm）	管道的最小坡度（‰）
1	污水盆（池）		50	25
2	单、双格洗涤盆（池）		50	25
3	洗手盆、洗脸盆		32~50	20
4	浴盆		50	20
5	淋浴器		50	20
6	大便器	高低水箱	100	12
		自闭式冲洗阀	100	12
		拉管式冲洗阀	100	12

续表

项次	卫生器具名称		排水管管径 （mm）	管道的最小坡度 （‰）
7	小便器	手动、自闭式冲洗阀	40～50	20
		自动冲洗水箱	40～50	20
8	化验盆（无塞）		40～50	25
9	净身器		40～50	20
10	饮水器		20～50	10～20
11	家用洗衣机		50（软管为30）	

检验方法：用水平尺和尺量检查。

复 习 思 考 题

1. 常用的建筑排水工程管材有哪些？其连接方式是什么？
2. 简述室内排水系统安装顺序。
3. 排水管道在转弯、合流处对弯头、三通、四通等管件的选用有何要求？为什么？
4. 常用的卫生器具有哪些？哪些卫生器具需要加设存水弯？
5. 常用的清通设备有哪些？其安装有何要求？
6. 简述室内排水铸铁管水泥接口的全过程。

学习情境 4　室内采暖系统管道施工

【学习目标】

（1）能完成室内采暖系统管材及设备的进场验收工作。

（2）能够识读室内采暖系统施工图。

（3）能编制室内采暖系统施工材料计划。

（4）能编制室内采暖系统施工准备计划。

（5）能合理选择管道的加工机具，编制加工机具、工具需求计划。

（6）能编制室内采暖系统施工方案、组织加工并进行安装。

（7）能在施工过程中收集验收所需要的资料。

（8）能进行室内采暖系统质量检查与验收。

学习单元 4.1　采暖管道施工图识读

4.1.1　采暖施工图的组成内容

采暖系统施工图一般由设计说明、平面图、采暖系统图、详图、主要设备材料表等部分组成。施工图是设计结果的具体体现，它表示出建筑物的整个采暖工程。

4.1.1.1　设计说明

设计图纸无法表达的问题一般用设计说明来表达。设计说明是设计图的重要补充，其主要内容有：

（1）建筑物的采暖面积、热源的种类、热媒参数、系统总热负荷。

（2）采用散热器的型号及安装方式、系统形式。

（3）安装和调整运转时应遵循的标准和规范。

（4）在施工图上无法表达的内容，如管道保温、油漆等。

（5）管道连接方式，所采用的管道材料。

（6）在施工图上未作表示的管道附件安装情况，如在散热器支管与立管上是否安装阀门等。

（7）采暖图例，如表 4.1 所示。

4.1.1.2　采暖平面图

采暖平面图是利用正投影原理，采用水平全剖的方法，表示建筑物各层采暖管道及设备的平面布置。内容包括：

（1）标准层平面图：应标明立管位置及立管编号，散热器的安装位置、类型、片数及安装方式。

（2）顶层平面图：除了有与标准层平面图相同的内容外，还应表明总立管、水平干管的位置、走向、立管编号及干管上阀门、固定支架的安装位置及型号；膨胀水箱、集气罐等设备的安装位置、型号及其与管道的连接情况。

表 4.1　　　　　　　　　　　　**供暖常用图例**

序号	名　称	图　例	序号	名　称	图　例
1	热水给水管	—— RJ —— 或 ————	15	集气罐	
2	热水回水管	—— RH —— 或 - - - - -	16	柱式散热器	
3	蒸汽管	— Z —	17	活接头	
4	凝结水管	— N —	18	法兰	
5	管道固定支架		19	法兰盖	
6	补偿器		20	丝堵	或
7	套管伸缩器		21	水泵	
8	方形伸缩器		22	散热器跑风门	
9	闸阀		23	泄水阀	
10	球阀		24	自动排气阀	
11	止回阀		25	除污器（过滤器）	立式　卧式
12	截止阀、阀门（通用）		26	疏水阀	
13	膨胀管	— PZ —	27	温度计	T 或
14	绝热管		28	压力表	

（3）底层平面图：除了有标准层平面图相同的内容外，还应表明与引入口的位置、供、回管的走向、位置及采用的标准图号（或详图号），回水干管的位置，室内管沟（包括过门地沟）的位置及主要尺寸，活动盖板和管道支架的设置位置。

平面图常用的比例有 1∶50、1∶100、1∶200 等。

4.1.1.3　采暖系统图

系统图又称流程图，也叫系统轴测图，与平面图配合，表明了整个采暖系统的全貌。

系统图包括水平方向和垂直方向的布置情况，比例与平面图相同。采暖系统图主要包括以下内容：

（1）采暖管道的走向、空间位置、坡度、管径及变径的位置，管道与管道之间连接方式。

（2）散热器与管道的连接方式，散热器、管道及其附件（阀门、疏水器）均在图上表示出来。

（3）管路系统中阀门的位置、规格，集气罐的规格、安装形式（立式或卧式）。

（4）各立管编号、各段管径、水平干管的坡度、散热器片数（长度）、干管的标高。

（5）疏水器、减压阀的位置，其规格及类型。

4.1.1.4　详图

详图表示供暖系统节点与设备的详细构造及安装尺寸要求。平面图和系统图中表示不清，又无法用文字说明的地方，如引入口装置、膨胀水箱的构造与管、管沟断面、保温结构等可用详图表示。如果选用的是国家标准图集，可给出标准图号，不出详图。它包括节点图、大样图和标准图，一般用局部放大比例来绘制，常用比例为 1：10、1：20、1：50。

（1）节点图。能清楚地表示某一部分采暖管道的详细结构和尺寸，但管道仍然用单线条表示，只是将比例放大，使人能看清楚。图 4.1 为典型采暖管道入口装置图。

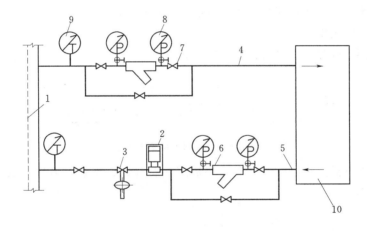

图 4.1　典型采暖管道入口装置图示

1—室外管网；2—热量表；3—压差或流量控制装置；4—室内供水管；5—室内回水管；
6—过滤器；7—阀门；8—压力表；9—温度计；10—室内系统

（2）大样图。管道及设备用双线图表示，看上去有真实感。图 4.2 为散热器安装详图。

（3）标准图。它是具有通用性质的详图，一般由国家或有关部委出版标准图案，作为国家标准或部标准的一部分颁发。

4.1.1.5　主要设备材料表

为了便于施工备料，保证安装质量和避免浪费，使施工单位能按设计要求选用设备和材料，一般的施工图均应附有设备及主要材料表，简单项目的设备材料表可列在主要图纸内。设备材料表的主要内容有编号、名称、型号、规格、单位、数量、质量、附注等。

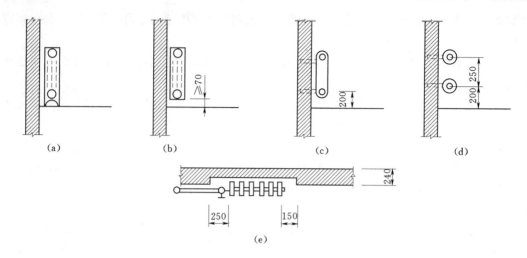

图 4.2　散热器安装详图

（a）四柱有足；（b）四柱悬挂；（c）大 60 悬挂；（d）圆翼型；（e）散热器安装在墙龛内

4.1.2　阅读采暖施工图的方法

4.1.2.1　室内采暖施工图绘制

1. 平面图绘制

（1）采暖平面图上的建筑物轮廓应与建筑专业图一致。

（2）管线系统用单线绘制。

（3）平面图上散热器用图例表示，画法如图 4.3 所示。

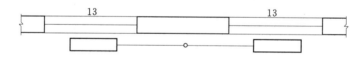

图 4.3　平面图上散热器画法

柱式散热器只标注片数，圆翼形散热器应注明根数、排数，串片式散热器应注明长度、排数（图 4.4）。

图 4.4　圆翼形、串片式散热器标注

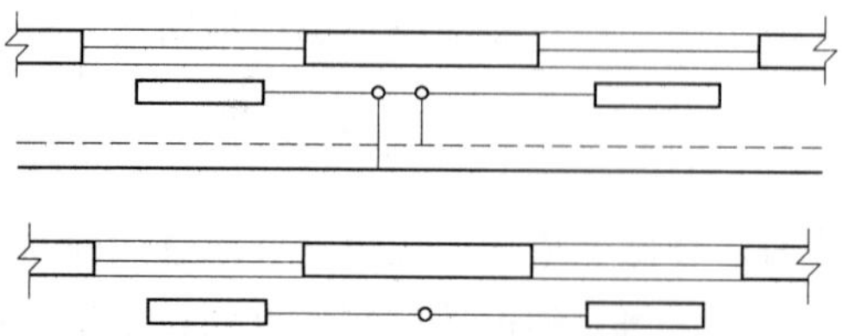

图 4.5　散热器的供回水管道画法

（4）散热器的供回水管道画法如图 4.5 所示。

2. 系统图绘制

采暖管道系统图通常 45°通常正斜面轴测投影法绘制，布图方法应与平面图一致，并采用与之对应的平面图相同的比例绘制。系统图上散热器的画法及标注如图 4.6 所示。

（1）系统中的重叠、密集处可断开引入绘制。相应的新断开处宜用相同的小写拉丁字母注明。

（2）柱形、圆翼形等散热器的数量应标注在散热器内，串片、光面管等散热器的数量、规格应标注在散热器上方。

3. 标高与坡度

采暖管道在需要限定高度时，应标注相对标高。管道的相对标高以建筑物底层室内地坪（±0.00）为界，低于地坪的为负值，高于地坪的为正值。

（1）管道标高一般为管中心标高，标注在管段的始端或末端。

（2）散热器宜标注底标高，同一层、同标高的散热器只标注右端的一组。

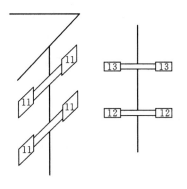

图 4.6　系统图上散热器的画法及标注

（3）管道的坡度用单面箭头表示，坡度符号用"i"表示。箭头指向低处，箭尾指向高处。

4. 管径与尺寸的标注

（1）焊接钢管用公称直径 DN 表示管径规格。如 $DN15$、$DN40$。

（2）无缝钢管用外径和壁厚表示，如 $D219 \times 7$。

（3）管径标注位置如图 4.7 所示，应标注在变径处。水平管道应标注在管道上方，斜管道应标注在管道斜上方，竖管道应标注在管道左侧。当管道规格无法按上述位置标注时，可另找适当位置标注，但应用引出线示意。同一种管径的管道较多时，可不在图上标注，但需用文字说明。

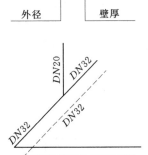

图 4.7　管径标注法

（4）管道施工图中注有详细的尺寸，以此作为安装制作的主要依据。尺寸符号由尺寸界线、尺寸线、箭头和尺寸数字组成。一般以"mm"为单位，当取其他单位时必须加以注明。

如果有些尺寸线在施工图中注明的不完整，施工、预算时可根据比例，用比例尺量出。

4.1.2.2　采暖系统施工图识读方法

采暖系统施工图识读时应首先熟悉采暖系统施工图的特点、图例、系统方式及组成，然后按照采暖施工图识读方法进行识读。识图中应重点关注系统形式、管道布置的位置和要求、管道安装的要求。

识读施工图时，应将平面图、系统图对照起来。首先看标题栏，了解该工程的名称、图号、比例等，并通过指北针确定建筑物的朝向、建筑层数、楼梯、分间及出入口等情况。然后进一步了解管道、设备的设置情况。

（1）查明入口的位置、管道的走向及连接，各管段管径的大小要顺热媒流向看，例如，供水，由大到小；回水，由小到大。

（2）了解管道的坡向、坡度，水平管道与设备的标高，以及立管的位置、编号等。

（3）掌握散热设备的类型、规格、数量、安装方式及要求等。

（4）要看清图纸上的图样和数据。节点符号、详图等要由大到小、由粗到细认真识读。

4.1.3 采暖施工图实例

图 4.8～图 4.11 为某三层办公楼采暖施工图。该采暖施工图包括一层采暖平面图，二、三层采暖平面图和采暖系统图。比例均为 1：100。该系统采用机械循环上供下回双管热水采暖系统，供回水温度 95℃/70℃。看图时，平面图与系统图要对照来看，从供水管入口开始，沿水流方向，按供水干管、立管、支管顺序到散热器，再由散热器开始，按回水支管、立管、干管顺序到出口。

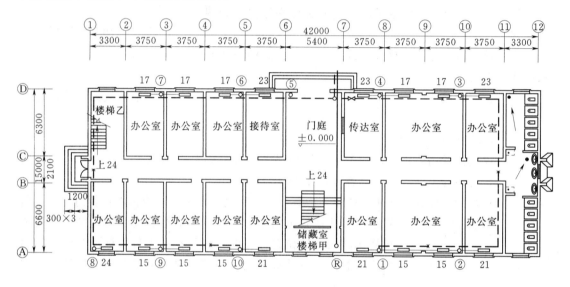

图 4.8　一层采暖平面图

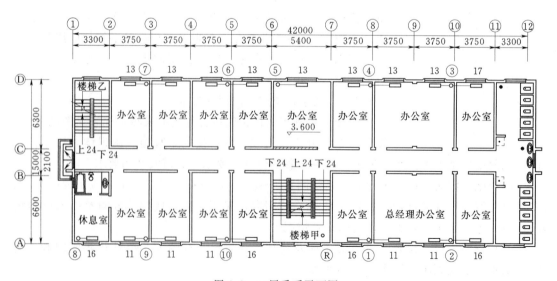

图 4.9　二层采暖平面图

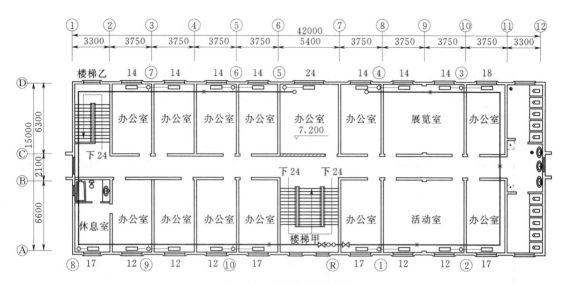

图 4.10　三层采暖平面图

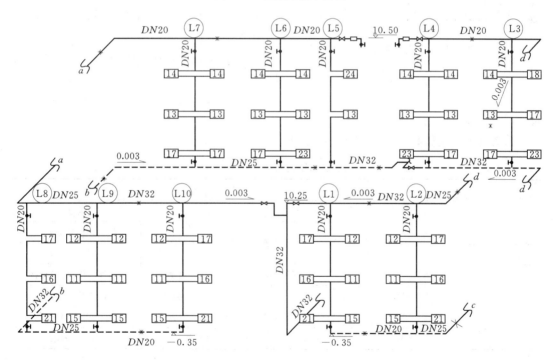

图 4.11　采暖系统图

采暖引入口设与该办公楼北侧管沟内,供水干管沿管沟进入楼梯间甲(管沟尺寸为 1.0m×1.2m),向上升至 10.25m 高度处,分成左右两个环路,布置在顶层楼板下面,末端各设一个集气罐。整个系统布置成同程式,热媒沿各立管通过散热器散热,流入位于管沟内的回水干管,最后汇集在一起,通过引出管流出。

系统每个立管上、下端各安装一个闸阀,每组散热器入口装一个截止阀。散热器采用 M—132 型,片数标注在各层平面图中窗户外侧和系统图中,明装。

学习单元 4.2 室内供暖系统管道施工

室内供暖系统包括供暖管路、散热设备及附属器具等。不同供暖方式的施工方法及所用的材料也有所不同。施工时应执行《建筑给水排水及采暖工程施工质量验收规范》（GB 50242）的规定。

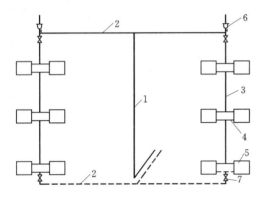

图 4.12 室内采暖系统
1—主立管；2—水平干管；3—支立管；4—散热器支管；5—散热器；6—自动排气阀；7—阀门

室内采暖系统一般是指由入口装置以内的管道、散热器、排气装置等设施所组成的供热系统，如图 4.12 所示。

（1）主立管。从引入口至水平干管的竖直管段。

（2）水平干管。连接主立管和各支管立管的水平管段。一般有供水水平干管和回水水平干管。

（3）支立管。连接各楼层散热器横支管，位于供回水水平干管之间的竖直管段。

（4）散热器横支管。连接支立管和散热器的水平管段。

（5）系统附件。系统管路上的自动排气阀、调节阀或关断阀等。

采暖管道所用管材及连接方式，见表 4.2。

表 4.2 采暖管道所用管材及连接方式

采暖	系统类别	管材			
		工作压力	温度	材 质	连接方式
室内	热水	<1.0MPa	<150℃	宜采用普通焊接钢管或无缝钢管	$DN \leqslant 32$ 螺纹连接
					$DN > 32$ 焊接
室外	蒸汽	<0.8MPa		宜采用普通焊接钢管或无缝钢管	$P \leqslant 0.2$MPa 螺纹连接
		>0.8MPa		宜采用无缝钢管或镀锌无缝钢管	$P > 0.2$MPa 焊接
	热水	<1.0MPa	≤150℃	宜采用普通焊接钢管或无缝钢管	$DN \leqslant 32$ 螺纹连接
		>1.0MPa	>150℃	宜采用镀锌无缝钢管	$DN > 32$ 焊接

4.2.1 室内供暖管道施工方法和要求

1. 室内供暖管道施工方法

施工程序有两种：一种是先安装散热器，再安装干管，配立管、支管；另一种是先安装干管、配立管，再安装散热器、配支管。也可以采用散热器和干管同时安装方法，施工进度要与土建进度配合。不管采用哪种方案，首先要选择基准，基准选择准确，配管才能准确。室内管道安装时所用的基准线是水平线、水平面和垂直线等。确定水平面的高度除了可借助于土建结构，如地面标高、窗台标高外，还要用钢卷尺和水平尺，要求较高时用水平仪。测量角度时可用直角尺，要求较高时用经纬仪，定垂直线时一般用细线绳及重锤吊线，放水平线时用细白线绳拉直。安装时应搞清管道、散热器与建筑物墙、地面的距离以及竣工后的地面标高等，保证竣工时这些尺寸全面符合质量要求。

室内供暖管道系统现场安装时，分顺序安装法和平行安装法。顺序安装法是在建筑物主体结构完成，墙面抹灰后开始安装管道，这种方法可以迅速将安装工程全面铺开。平行安装法是使管道安装与土建工程齐头并进，例如供暖立管安装到 5 层，土建工程也进行到5 层，省去了预留孔洞的麻烦。但与土建交叉作业，工人调配较复杂，容易出现窝工，所以一般多采用顺序施工法。

2. 室内供暖管道安装的一般要求

（1）焊接钢管的连接管径不大于 32mm，应采用螺纹连接；管径大于 32mm，采用焊接，如采用冲压弯头焊接时，弯头外径必须与管外径相匹配。焊接钢管管径大于 32mm 的管道转弯，在作为自然补偿时应使用煨弯。塑料管及复合管除必须使用直角弯头的场合外应使用管道直接弯曲转弯。

（2）管径不大于 100mm 的镀锌钢管应采用螺纹连接，套丝扣时破坏的镀锌层表面及外露螺纹部分应做防腐处理；管径大于 100mm 的镀锌钢管应采用法兰或卡套式专用管件连接，镀锌钢管与法兰的焊接处应二次镀锌。

（3）水平干管应按排气要求采用偏心变径。热水水平干管应采用管顶平（即上平）变径；蒸汽供汽管应采用管底平（即下平）变径。立管变径采用同心变径。如图 4.13 所示。管径大于或等于 70mm，变径管长度为 300mm；管径不大于 50mm，变径管长度为 200mm。

（4）当采暖热媒为 110～130℃ 的高温水时，管道可拆卸件应使用法兰，不得使用长丝和活接头。法兰垫料应使用耐热橡胶板。

（5）气、水同向流动的热水采暖管道和汽、水同向流动的蒸汽管道及凝结水管道，坡度应为 3‰，不得小于 2‰。气、水逆向流动的热水采暖管道和汽、水逆向流动的蒸汽管道，坡度不应小于 5‰。

（6）管道的对口焊缝处及弯曲部位严禁焊接支管，接口焊缝距起弯点、支、吊架的边缘必须大于 50mm。

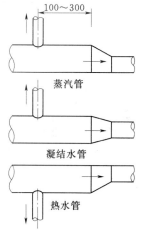

图 4.13　干管变径

4.2.2　室内供暖管道的安装

室内供暖管道施工工艺流程为：安装准备→预制加工→卡架安装→干管安装→立管安装→支管安装→试压冲洗→防腐保温→调试。

1. 安装准备

认真熟悉图纸，配合土建施工进度，预留孔洞及安装预埋件。按设计图纸画出管路的位置、管径、变径、预留口、坡向、阀门及卡架位置等施工草图，包括干管起点、末端和拐弯、节点、预留口、坐标位置等。

室内采暖管道施工条件如下：

（1）干管安装。位于地沟内的干管，一般情况下，在已砌筑完成和清理好的地沟、未盖沟盖板前进行安装、试压和隐蔽；位于顶层的干管，在结构封顶后安装；位于楼板上的干管，须在楼板安装后，方可安装；位于天棚内的干管，应在封闭前安装、试压和隐蔽。

（2）立管安装。一般应在抹灰后和散热器安装完后进行，如需在抹地面前安装时，要求土建的地面标高线必须准确。

（3）支管安装。必须在抹完墙面和散热器安装完后进行。

2．预制加工

按施工草图，进行管段的加工预制，包括断管、套丝、上零件、调直、核对好尺寸并按安装顺序编号存放。

3．卡架安装

安装卡架，按设计要求或规定间距安装，在设有 DN65 以上阀门的地方，应单独设支吊架。吊卡安装时，先把吊棍按坡向、顺序依次穿在型钢上，吊环按间距位置套在管上，再把管抬起穿上螺栓拧上螺母，将管固定。安装托架上的管道时，先把管就位在托架上，把第一节管装好 U 形卡，然后安装第二节管，以后各节管均照此进行，紧固好螺栓。

4．干管安装

（1）干管安装应从进户或分支路开始，装管前要检查管腔并清理干净。在丝头处涂好铅油缠好麻，一人在末端扶平管道，一人在接口处把管相对固定对准丝扣，慢慢转动入扣，用一把管钳咬住前节管件，用另一把管钳转动管至松紧适度，对准调直时的标记，要求丝扣外露 2～3 扣，并清掉麻头，依此方法装完为止（管道穿过伸缩缝或过沟处，必须先穿好钢套管）。

（2）制作羊角弯时，应煨两个 75°左右的弯头，在连接处锯出坡口，主管锯成鸭嘴形，拼好后即应点焊，找平、找正、找直后，再施焊。羊角弯接合部位的口径必须与主管径相等，其弯曲半径应为管径的 2.5 倍左右。干管过墙安装分路做法如图 4.14 所示。

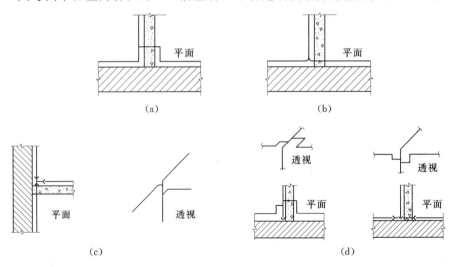

图 4.14 干管过墙安装图

(a) 分两路有固定卡时；(b) 分两路无固定卡时；(c) 分三路无固定卡时；(d) 分三路有固定卡时

（3）分路阀门离分路点不宜过远。如分路处是系统的最低点，必须在分路阀门前加泄水丝堵。集气罐的进出水口，应开在偏下约为罐高的 1/3 处。丝接应与管道连接调直后安装。其放风管应稳固，如不稳可装两个卡子，集气罐位于系统末端时，应装托、吊卡。

（4）采用钢管焊接，先把管子选好调直，清理好管膛，将管运到安装地点，安装程序从第一节开始，把管就位找正，对准管口使预留口方向准确，找直后用点焊固定，校正、调直后施焊，焊完后保证管道正直，除净焊渣及药皮，刷防锈漆一道。

（5）遇有伸缩器，应在预制时按规范要求做好预拉伸，并做好纪录。按位置固定，与管道连接好。

波纹伸缩器应按要求位置安装好导向支架和固定支架。

（6）管道安装完，检查坐标、标高、预留口位置和管道变径等是否正确，然后找直，用水平尺校对复核坡度，调整合格后，再调整吊卡螺栓 U 形卡，使其松紧适度，平正一致，最后焊牢固定卡处的止动板。

（7）摆正或安装好管道穿结构处的套管，填堵管洞，预留口处应加好临时管堵。立管与干管连接如图 4.15 所示。

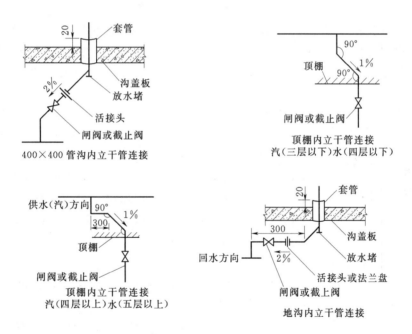

图 4.15　立管与干管连接图

5. 立管安装

室内采暖立管有单管、立管两种型式；立管的安装有明装、暗装两种安装型式；立管与散热器支管的连接又分为单侧连接和双侧连接两种型式。因此，安装前均应对照图纸予以明确。

采暖立管安装的关键是垂直度和量尺下料的准确性，否则，难以保证散热器支管的坡度。采暖立管宜在各楼层地坪施工完毕或散热器挂装后进行，这样便于立管的预制和量尺下料。

（1）核对各层预留孔洞位置是否正确，将预制好的管道按编号顺序运到安装地点。采暖立管安装位置的确定如图 4.16 所示。

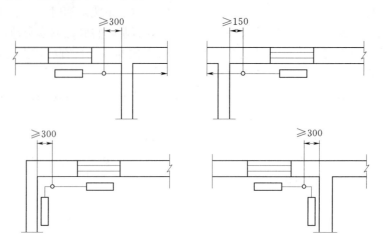

图 4.16 采暖立管安装位置

（2）安装前先卸下阀门盖，有钢套管的先穿到管上，按编号从第一节开始安装。涂铅油缠麻将立管对准接口转动入扣，一把管钳咬住管件，一把管钳拧管，拧到松紧适度，对准调直时的标记要求，丝扣外露 2～3 扣，预留口平正，并清净麻头，将写下的阀门盖复位。

（3）检查立管的每个预留口标高、方向、半圆弯等是否准确、平正。将事先栽好的管卡子松开，把管旋入卡内拧紧螺栓，用吊杆、线坠从第一节管开始找好垂直度，扶正钢套管，套管应高出地面 20mm，卫生间和厨房应高出地面 50mm，底面应于楼板平齐，最后填堵孔洞，使管道居于套管中，预留口必须加好临时丝堵。采暖立管与顶部干管的连接如图 4.17 所示。

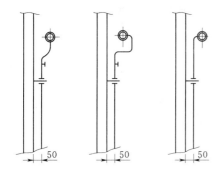

图 4.17 采暖立管与顶部干管的连接

6. 支管安装

（1）检查散热器安装位置及立管预留口是否准确。量出支管尺寸和灯叉弯的大小尺寸。

（2）配支管。按量出支管的尺寸，减去灯叉弯的量，然后断管、套丝、煨灯叉弯和调直，煨弯时焊管的焊缝应与管道水平面成 45° 夹角。将灯叉弯头抹铅油缠麻，装好活接头，连接散热器，把麻头清净。散热器支管长度超过 1.5m 时，应在支管上安装管卡。

（3）暗装或半暗装的散热器灯叉弯必须与炉片槽墙角相适应，达到美观。

（4）检查支管坡度和平行距墙尺寸，以及立管垂直度和散热器的位置是否符合规定要求。散热器支管的坡度应不小于 1%，坡向应利于排气和泄水。按设计或规定压力进行系统试压及冲洗，合格后办理验收手续，并将水泄净。

（5）立、支管变径，不得使用铸铁补心，应使用变径管箍或焊接法。

4.2.3　采暖管道质量验收标准

（1）热量表、疏水器、除污器、过滤器及阀门的型号、规格、公称压力及安装位置应符合设计要求。

检验方法：对照图纸查验产品合格证。

（2）集中采暖建筑物热力入口及分户热计量户内系统入户装置，具有过滤、调节、计量及关断等多种功能，为保证正常运转及方便检修、查验，应按设计要求施工和验收。

检验方法：现场观察。

（3）在管道干管上焊接垂直或水平分支管道时，干管开孔所产生的钢渣及管壁等废弃物不得残留管内，且分支管道在焊接时不得插入干管内。

检验方法：观察检查。

（4）当采暖热媒为110～130℃的高温水时，管道可拆卸件应使用法兰，不得使用长丝和接头。法兰垫料应使用耐热橡胶板。

检验方法：观察和查验进料单。

（5）焊接钢管管径大于32mm的管道转弯，在作为自然补偿时应使用煨弯。塑料管入复合管除必须使用直角弯头的场合外应使用管道直接弯曲转弯。

检验方法：现场观察。

（6）管道、金属支架和设备的防腐和涂漆应附着良好，无脱皮、起泡、流淌和漏涂缺陷。

检验方法：现场观察检查。

（7）采暖管道安装的允许偏差应符合表4.3的规定。

表 4.3　　　　　　　　　　　采暖管道安装的允许偏差

项次	项　目			允许偏差	检验方法
1	横管道纵、横方向弯曲（mm）	每1m	管径≤100mm	1	用水平尺、直尺、拉线和尺量检查
			管径>100mm	1.5	
		全长（25m以上）	管径≤100mm	≤13	
			管径>100mm	≤25	
2	立管垂直度（mm）	每1m		2	吊线和尺量检查
		全长（5m以上）		≤10	
3	弯管	椭圆率 $\dfrac{D_{\max}-D_{\min}}{D_{\max}}$	管径≤100mm	10%	用外卡钳和尺量检查
			管径>100mm	8%	
		折皱不平度（mm）	管径≤100mm	4	
			管径>100mm	5	

注　$D_{\max}$、$D_{\min}$分别为管子最大外径及最小外径。

4.2.4　附属设备的安装

为了使室内供暖系统运行正常，调节修理方便，还必须设置一些附属器具。如膨胀水箱、集气装置、阀门、除污器、疏水器等。

1. 膨胀水箱安装

在热水供暖系统中膨胀水箱有调节水量、稳定压力及排除空气（自然循环系统中使用）3 个作用。其形状分方形和圆形，一般多为方形。用厚 3mm 的钢板制作。膨胀水箱安装如图 4.10 所示。其中膨胀管、循环管上不允许安装阀门。

膨胀水箱上一般有以下配管。

（1）膨胀管。在机械循环系统中，与系统回水干管相连接，是水膨胀进入水箱和从膨胀水箱补充的管道。

（2）循环管。为防止膨胀水箱冻结而设置的。它的作用是与膨胀管相配合，使膨胀水箱中的水在两管内产生微弱的循环，防止膨胀水箱冻结。在系统中一般把它与膨胀管连接电前 3.0cm 左右处。

（3）检查管，也叫信号管，通常是引起锅炉洗涤盆等容易观察及操作的地方，末端装置有阀门，可以随时打开检查系统中的充水情况。

（4）溢流管。当膨胀水箱流量过多时，通过溢流管排出，溢流管也可以用来排除系统中的空气。

（5）排污管。检修或清洗膨胀水箱时使用，通常设在水箱最下部。

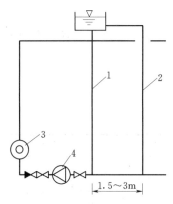

图 4.18　膨胀水箱膨胀管与
循环管的安装
1—膨胀管；2—循环管；
3—锅炉；4—循环水泵

膨胀水箱用钢板焊接而成，有圆形和矩形两种。膨胀水箱应设在统一供暖系统中最高建筑物的顶部，通常放在闷顶内；要将膨胀水箱置于承重墙或楼板梁上；为了防冻，在膨胀水箱外应有一保温小室。一室的大小应便于对膨胀水箱进行拆卸维修工作。另外，直接利用城市热网或区域供暖管网的工程，各系统可不另设膨胀水箱；小区锅炉房已有膨胀水箱的外网，单体建筑也不必另设膨胀水箱。设在非采暖房间内的膨胀管、循环管及检查管均应保温。膨胀管、溢流管、循环管上均不得装阀。图 4.18 为膨胀水箱及其配管与系统的连接示意图。

2. 集气装置安装

集气装置设置在系统割断管道的最高点，用于排除空气，以保证系统的正常工作。集气装置有两种，一种是手动集气罐，它是靠人工开启放气管上的阀门进行排气；另一种是自动排气阀，它是靠其本体内的自动机构使系统的空气自动排出系统外。

手动集气罐分为立式和卧式两种，如图 4.19 所示。

自动排气阀是靠阀体内的启动机构自动排除空气的装置。它安装方便，体积小巧，且避免了人工操作管理的麻烦，在热水暖系统中被广泛采用。

目前国内生产的自动排气阀，大多采用浮球启用结构。当阀内充满水时，浮球升起，排气口自动关闭；阀内空气量增加，水位降低，浮球依靠自重下垂，排气口打开排气。自动排气阀常会因水中污物堵塞而失灵，需要拆下清洗或更换。因此，排气阀前应安装一个截止阀，此阀常年打开，只在排气阀失灵需检修时，才临时关闭。图 4.20 所示为 ZPT—C 型自动排气阀。

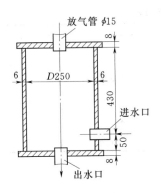

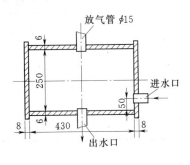

图 4.19　手动集气罐

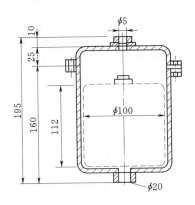

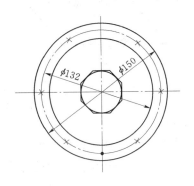

图 4.20　ZPT—C 型自动排气罐

3. 阀门安装

室内供暖系统的阀门起启闭、调节、控制流向和压力等作用。常用闸阀起启闭、调节作用，用止回阀控制流向，用安全阀控制安全压力，在蒸汽系统中还用减压阀减压。管道螺纹连接时采用螺纹阀门，焊接时采用法兰阀门。在散热器支管上，当管径不大于 32mm 时多选用截止阀。

4. 除污器安装

在热水供暖系统中，为了除去供暖管路在安装和运行过程中的污物，防止管路各设备堵塞，常在用户引入口或循环水泵进口处设除污器。除污器上部设排气阀，下部设排污丝堵。立式除污器如图 4.21 所示。

常用除污器规格见表 4.4。

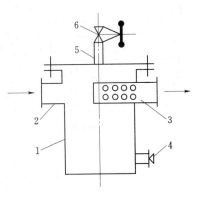

图 4.21　立式直通除污器
1—筒体；2—底板；3—出水管；4—排污丝堵；5—排气管；6—阀门

除污器可根据标准图自制，安装时注意方向。除污器的安装形式如图 4.22 所示，安装时除污器应有单独支架（支座）支承。使用到非采暖期时要定期清理内部污物，除污器一般用法兰与管路连接。进出口管道上应装阀门，前后还应安装压力表和设旁通管。

表4.4   常 用 除 污 器 规 格

类型	规格 DN（mm）	连接方式	工作压力（MPa）
立式直通除污器	40～200	法兰连接	0.6～1.2
卧式直通除污器	150～450		
卧式角通除污器	150～450		
QG 型水汽过滤器	15～50	螺纹连接	1.6
SG 型水汽过滤器	15～450	法兰连接	

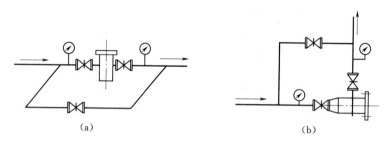

图 4.22 除污器的安装
（a）直通式；（b）角通式

5. 疏水器安装

（1）疏水器应安装在便于检修的地方，并应尽量靠近用热设备凝结水排出口下。蒸汽管道疏水时，疏水器应安装在低于管道的位置。蒸汽管末管疏水器安装如图 4.23 所示。

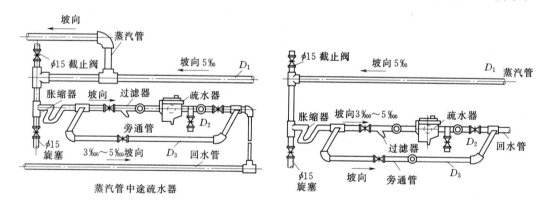

图 4.23 蒸汽管末管疏水器安装
说明：1. 疏水器安装距离：高压 50～60m；低压 30～40m。
      2. 高压管道时，活接头改用法兰盘。

（2）安装应按设计设置好旁通管、冲洗管、检查管、止回阀和除污器等的位置。用汽设备应分别安装疏水器，几个用汽设备不能合用一个疏水器。

（3）疏水器的进出口位置要保持水平，不可倾斜安装。疏水器阀体上的箭头应与凝结水的流向一致，疏水器的排水管径不能小于进口管径。

（4）旁通管是安装疏水器的一个组成部分。在检修疏水器时，可暂时通过旁通管运行。

学习单元 4.3　散 热 器 安 装

散热器安装工艺流程为：准备工作→散热器组对→散热器单组水压试验→散热器安装。

4.3.1　安装前的准备工作

散热器片安装前要进行质量检查以及除锈、刷油工序。

1. 散热器片的质量检查

散热器片在组对前应检查散热器的型号、规格、使用压力是否符合设计要求，并有出厂合格证；散热器不得有砂眼、对口面凹凸不平、偏口、裂缝和上下口中心距不一致等现象。翼型散热器翼片完好。钢串片的翼片不得松动、卷曲、碰损。钢制散热器应造型美观，丝扣端正，松紧适宜，油漆完好，整组炉片不翘楞。

长翼型，顶部掉翼不超过 1 个，长度不大于 50mm，侧面不超过 2 个，累计长度不大于 200mm；圆翼型，每根掉翼数不超过 2 个、累计长度不大于一个翼片周长的 1/2，掉翼面应向下或朝墙安装，表面洁净，尽量达到外露面无掉翼。

2. 散热器片的除锈、刷油

在检查的同时，应清除散热器内外表面的污垢和锈层。外表面除锈一般用钢丝刷，接口内螺纹和接口端点的清理常用砂布。

对除完锈的散热器片应及时刷一层防锈漆，晾干后再刷一道面漆。刷完漆的散热器片应按内螺纹的正、反扣和上下端有秩序地放好，以便组对。

散热器组对前应按施工图分段分层分规格统计出散热器的组数、每组片数，列成表以便组对和安装时使用。统计时还应统计组对所需对丝、垫片的数量，在计算补心和丝堵的时候，应注意左右螺纹的区别。

4.3.2　散热器组对

散热器组对时使用的材料如下：

（1）散热片。应按设计图纸中的要求准备片数（n）。对于柱型散热器挂装时，均为中片组对；如果立地安装，每组至少用两个足片；超过 14 片的应用 3 个足片，且第三个足片应置于散热器组中间。

（2）对丝。散热器片的组对连接件叫对丝，其数量为 $2(n-1)$ 个（n 为设计片数）。对丝的规格为 $DN40$。对丝如图 4.24 所示。

（3）垫片。为保证接口的严密性，对丝的中部（正反螺纹的分界处）应套上 2mm 厚的石棉橡胶垫片（或耐热橡胶垫片），其数量为 $2(n+1)$ 个。

图 4.24　对丝

（4）散热器补心。散热器组与接管的连接件叫散热器补心，其规格为 $DN40 \times 32mm$、$DN40 \times 25mm$、$DN40 \times 20mm$、$DN40 \times 15mm$ 共 4 种，并有正丝（右螺纹）补心和反丝（左螺纹）补心两种。每组散热器用 2 个补心，当支管与散热器组同侧连接时，均用正口补心 2 个，异侧连接时，用正、反扣补心各 1 个。

（5）散热器丝堵。散热器组不接管的接口处所用的管件叫散热器堵头。其规格为 $DN40$，也分正、反螺纹。堵头上钻孔攻内螺纹，安装手动放风阀的，称为放风堵头。每组散热器用 2 个堵头，当支管与散热器组同侧连接时，用反堵头 2 个，异侧连接时，用正、反堵头各 1 个。

图 4.25　组对散热器钥匙

散热器的组对，常在特制的组对架或平台上进行。散热器组对用的工具，称为散热器钥匙，如图 4.25 所示。

组对前要备有散热器组对架子或根据散热器规格用 100mm×100mm 木方平放在地上，楔 4 个铁桩用铅丝将木方绑牢加固，做成临时组对架。组对密封垫采用石棉橡胶垫片，其厚度不超过 1.5mm，用机油随用随浸。将散热器内部污物倒净，用钢刷子除净对口及内丝处的铁锈，正扣朝上，依次码放。

按统计表的数量规格进行组对，组对散热器片前，做好丝扣的选试。组对时应两人一组摆好第一片，拧上对丝一扣，套上石棉橡胶垫，将第二片反扣对准对丝，找正后两人各用一手扶住炉片，另一手将对丝钥匙插入对丝内径，先向回徐徐倒退，然后再顺转，使两端入扣，同时缓缓均衡拧紧，照此逐片组对至所需的片数为止。将组成的散热器慢慢立起，用人工或车运至集中地点。

4.3.3　散热器水压试验

将散热器抬到试压台上，用管钳子上好临时炉堵和临时补心，上好放气嘴，连接试压泵；各种成组散热器可直接连接试压泵。试压时打开进水截门，往散热器内充水，同时打开放气嘴，排净空气，待水满后关闭放气嘴。加压到规定的压力值时，关闭进水截门，持续 5min，观察每个接口是否有渗漏，不渗漏为合格。散热器单组试压装置如图 4.26 所示。

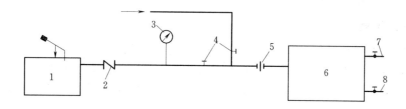

图 4.26　散热器单组试压装置

1—手压泵；2—止回阀；3—压力表；4—截止阀；5—活接头；
6—散热器组；7—放气管；8—放水管

如有渗漏，用铅笔做出记号，将水放尽，卸下丝堵或补心，用长杆钥匙从散热器外部比试，量到漏水接口的长度，在钥匙杆上做标记，将钥匙从散热器对丝孔中伸入至标记处，按丝扣旋紧的方向拧动钥匙，使接口继续上紧或卸下换垫，如有坏片需换片。钢制散热器如有砂眼渗漏可补焊，返修好后再进行水压试验，直到合格。不能用的坏片要做明显标记（或用手锤将坏片砸一个明显的孔洞单独存放），防止再次混入好片中误组对。

打开泄水阀门，拆掉临时丝堵和临时补心，泄净水后将散热器运到集中地点，补焊处要补刷2道防锈漆。

按设计要求，将需要打冷风门眼的丝堵放在台钻上打 ϕ8.4mm 的孔，在台虎钳上用 1/8″丝锥攻丝。将丝堵抹好铅油，加好石棉橡胶垫，在散热器上用管钳子上紧。在冷风门丝扣上抹铅油，缠少许麻丝，拧在丝堵上，用扳子上到松紧适度，放风孔向外斜45°（宜在综合试压前安装）。

钢制串片式散热器、扁管板式散热器按设计要求统计需打冷风门的散热器数量。

钢板板式散热器的放风门采用专用放风门水口堵头。圆翼型散热器放风门安装，按设计要求在法兰上打冷风门眼，作法同丝堵上装冷风门。

4.3.4 散热器安装

1. 散热器位置确定

散热器的安装位置根据设计要求确定。有外墙的房间，一般将散热器垂直安装在房间外墙下，以抵挡冷风渗透引起的冷空气直接进入室内，而影响人的热舒适。

通常散热器底部距地面不应小于100mm，顶端距窗台板地面不小于50mm。散热器中心线应与窗台中心线重合，正面水平，侧面垂直。散热器中心与墙表面的距离应符合表4.5规定。

表4.5　　　　散热器中心与墙表面的距离　　　　单位：mm

散热器型号	60型	M132型	四柱型	圆翼型	扁管、板式（外沿）	串片型 平放	串片型 竖放
中心距墙	280（200）	80	57（53）	1000	—	—	—
表面距墙	115	115	130	115	30	95	60

2. 托钩和固定卡安装

（1）柱型带腿散热器固定卡安装。

从地面到散热器总高的3/4画水平线，与散热器中心线交点画印记，此为15片以下的双数片散热器的固定卡位置。单数片向一侧错过半片。16片以上者应栽两个固定卡，高度仍在散热器3/4高度的水平线上，从散热器两端各进去4~6片的地方栽入。各种柱形散热器外形尺寸如图4.27所示。

（2）挂装柱形散热器。

托钩高度应按设计要求并从散热器的距地高度上返45mm画水平线。托钩水平位置采用画线尺来确定，画线尺横担上刻有散热片的刻度。画线时应根据片数及托钩数量分布的相应位置，画出托钩安装位置的中心线，挂装散热器的固定卡高度从托钩中心上返散热器总高的3/4画水平线，其位置与安装数量同带腿片安装。挂装柱形散热器外形尺寸如图4.28所示（括号内尺寸）。

用錾子或冲击钻等在墙上按画出的位置打孔洞。固定卡孔洞的深度不少于80mm，托钩孔洞的深度不少于120mm，现浇混凝土墙的深度为100mm（使用膨胀螺栓应按膨胀螺栓的要求深度）。用水冲净洞内杂物，填入M20水泥砂浆到洞深的一半时，将固卡、托钩插入洞内，塞紧，用画线尺或 $\phi70mm$ 管放在托钩上，用水平尺找平找正，填满砂浆抹平。

柱形散热器的固定卡及托钩按图 4.29 加工。托钩及固定卡的数量和位置按图 4.30 安装（方格代表散热器片）。

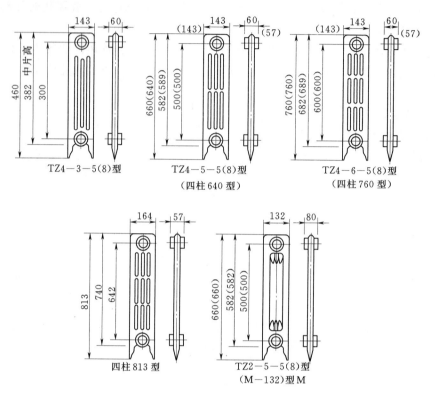

图 4.27 柱形带腿散热器

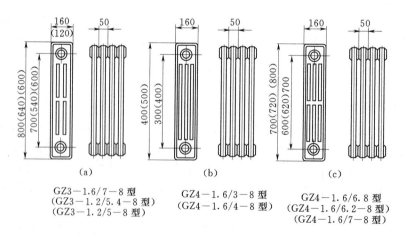

图 4.28 挂装柱形散热器

(a) 钢制三柱形散热器（带横水道）；(b) 钢制四柱形散热器（无横水道）；
(c) 钢制四柱形散热器（带横水道）

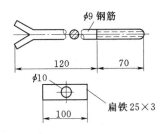

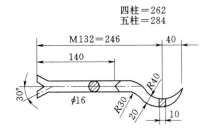

图 4.29　柱形散热器的固定卡及托钩

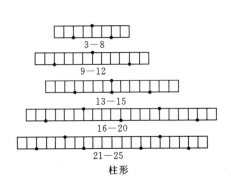

图 4.30　托钩及固定卡的数量和位置

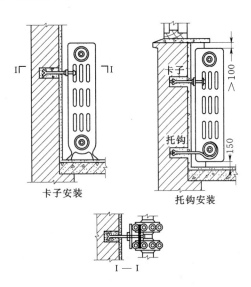

图 4.31　柱形散热器卡子托钩安装

说明：1. MI32 型及柱形上部为卡子，下部为托钩。

　　　2. 散热器离墙净距 25～40mm。

柱形散热器卡子托钩安装如图 4.31 所示。

用上述同样的方法将各组散热器全部卡子托钩栽好；成排托钩卡子需将两端钩、卡栽好，定点拉线，然后再将中间钩、卡按线依次栽好。

圆翼形、长翼形及辐射对流散热器（FDS-Ⅰ型～Ⅲ型）托钩都按图 4.32 加工，翼型铸铁散热器安装时全部使用上述托钩。圆翼形每根用 2 个；托钩位置应为法兰外口往里返 50mm 处。长翼形托钩位置和数量按图 4.33 安装。辐射对流散热器的安装方法同柱形散热器。固定卡尺寸见图 4.34。固定卡的高度为散热器上缺口中心。翼形散热器尺寸如图 4.35 所示，安装方法同柱形散热器。

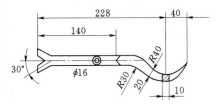

图 4.32　圆翼形、长翼形及辐射对流散热器托钩

每组钢制闭式串片形散热器及钢制板式散热器的四角上焊带孔的钢板支架，而后将散热器固定在墙上的固定支架上。固定支架按图 4.36 加工。固定支架的位置按设计高度和

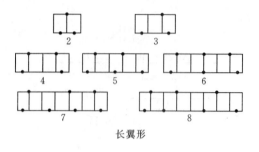

图 4.33 长翼形托钩位置和数量

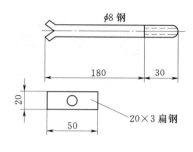

图 4.34 固定卡尺寸

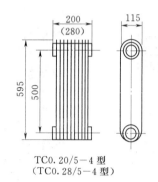

TC0.20/5—4 型
(TC0.28/5—4 型)

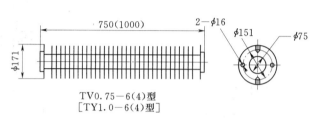

TV0.75—6(4)型
[TY1.0—6(4)型]

图 4.35 翼形散热器尺寸

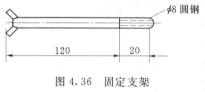

图 4.36 固定支架

各种钢制串片及板式散热器的具体尺寸分别确定。安装方法同柱形散热器（另一种作法是按厂家带来的托钩进行安装）。在混凝土预制墙板上可以先下埋件，再焊托钩与固定架；在轻质板墙上，钩卡应用穿通螺栓加垫圈固定在墙上。

散热器支架、托架安装，位置应准确，埋设牢固。散热器支架、托架数量，应符合设计或产品说明书要求。如设计未注时，则应符合表 4.6 的规定。

3. 散热器安装

散热器安装应着重强调稳固性。

圆翼形散热器掉翼面安装时应向下或朝墙安装，以免影响美观；组对时中心及偏心法兰不要用错，保证水或凝结水能顺利流出散热器。

将柱形散热器（包括铸铁和钢制）和辐射对流散热器的炉堵和炉补心抹油，加石棉橡胶垫后拧紧。

带腿散热器安装时，炉补心正扣一侧朝着立管方向，将固定卡里边螺母上至距离符合要求的位置，套上两块夹板，固定在里柱上，带上外螺母，把散热器推到固定的位置，再把固定卡的两块夹板横过来放平正，用自制管扳子拧紧螺母到一定程度后，将散热器找直、找正，垫牢后上紧螺母。

将挂装柱形散热器和辐射对流散热器轻轻抬起放在托钩上立直，将固定卡摆正拧紧。

圆翼形散热器安装时，将组装好的散热器抬起，轻放在托钩上找直找正。多排串联时，先将法兰临时上好，然后量出尺寸，配管连接。

表 4.6　　　　　　　　　　　　支 托 架 安 装 数 量 表

项次	散热器形式	安装方式	每组片数	上部托钩或卡架数	下部托钩或卡架数	合计
1	长翼形	挂墙	2～4	1	2	3
			5	2	2	4
			6	2	3	5
			7	2	4	6
2	柱形柱翼形	挂墙	3～8	1	2	3
			9～12	1	3	4
			13～16	2	4	6
			17～20	2	5	7
			21～25	2	6	8
3	柱形柱翼形	带足落地	3～8	1	—	1
			8～12	1	—	1
			13～16	2	—	2
			17～20	2	—	2
			21～25	2	—	2

注　钢制闭式散热器也可以按厂家每组配套的托架安装。

钢制闭式串片型散热器和钢制板式散热器抬起挂在固定支架上，带上垫圈和螺母，紧到一定程度后找平找正，再拧紧到位。

落地安装的柱型散热器腿片，14 片及以下的安装两个腿片，15～24 片的应安装 3 个腿片，25 片及以上的安装 4 个腿片，腿片分布均匀。

4.3.5　散热器安装质量验收标准

（1）散热器组后，以及整组出厂的散热器在安装之前应做水压试验。试验压力如设计无要求时应为工作压力的 1.5 倍，但不小于 0.6MPa。

检验方法：试验时间为 2～3min，压力不降且不渗不漏。

（2）组对散热器的垫片应符合下列规定：

1）组对散热器垫片应使用成品，组对后垫片外露不应大于 1mm。

2）散热器垫片材质当设计无要求时，应采用耐热橡胶。

检验方法：观察和尺量检查。

（3）散热器背面与装饰后的墙内表面安装距离，应符合设计或产品说明书要求。如设计未注明，应为 30mm。

检验方法：尺量检查。

（4）铸铁或钢制散热器表面的防腐及面漆应附着良好，色泽均匀，无脱落、起泡、流淌和漏涂缺陷。保证涂漆质量，以利防锈和美观。

检验方法：现场观察。

（5）散热器安装应保证垂直和位置准确，散热器组对应保证平直紧密，散热器安装坐标、标高等允许偏差和检验方法见表 4.7。

表 4.7　　　　　　　　　散热器安装的允许偏差和检验方法　　　　　　　单位：mm

项　　目				允许偏差	检验方法
坐标		内表面与墙面距离 与窗口中心线		6 20	用水准仪（水平尺）、 直尺、拉线和尺量检查
标高		底部距地面		±15	
散热器	全长内的弯曲		中心线垂直度 侧面倾斜度	3 3	用吊线和尺量检查
		灰铸铁	长翼形 (60)(38)	2~4 片 5~7 片	4 6	用水准仪（水平尺）、 直尺、拉线和尺量检查
			圆翼形	2m 以内 3~4m	3 4	
			M132 柱形对 流辐射散热器	3~14 片 15~24 片	4 6	
		钢制	串片形	2 节以内 3~4 节	3 4	
			板形	$L<1m$ $L>1m$	4 6	
			扁管形	$L<1m$ $L>1m$	3 5	
			柱形	3~12 片 13~20 片	4 6	

学习单元 4.4　低温热水地板辐射采暖管道施工

4.4.1　低温热水地板辐射采暖系统简介

低温热水地板辐射采暖是一种利用建筑物内部地面进行采暖的系统。将塑料管敷设在楼面现浇混凝土层内，热水温度不超过 55℃，工作压力不大于 0.4MPa 的地板辐射供暖系统。该系统以整个地面作为散热面，地板在通过对流换热加热周围空气的同时，还与人体、家具及四周的维护结构进行辐射换热，从而使其表面温度提高，其辐射换热量约占总换热量的 50% 以上，是一种理想的采暖系统，可以有效地解决散热器采暖存在的问题。

低温热水地板辐射采暖系统结构及各部分作用如图 4.37 所示。编号名称说明见表 4.8。

敷设于地面填充层内的加热管，应根据适用年限、热水温度和工作压力、系统水质、材料供应条件、施工技术和投资费用等因素，选择采用以下管材。

（1）交联聚乙烯管。以密度不小于 0.94g/cm³ 的聚乙烯或乙烯共聚物，添加适量助剂，通过化学或物理的方法，使其线性的大分子交联成三维网状的分子结构，由此种材料制成的管材，通常以 PE—X 标记。

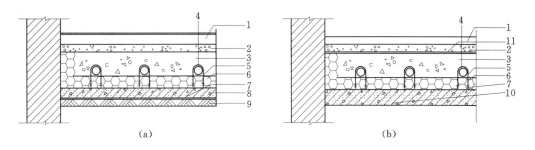

图 4.37　低温热水地板辐射采暖系统结构

（a）首层辐射采暖底板构造图；（b）楼层辐射采暖底板构造图

表 4.8 编 号 名 称 说 明

编号	名称	作　用	说　明
1	面层	直接承受各种物理和化学作用的表面层	
2	找平层	整平、找坡或加强作用的构造层	水泥砂浆
3	填充层	用以埋设加热管，保护加热管并使地面温度均匀的构造层	细石混凝土
4	加热层	敷设加热管	
5	塑料卡钉	将加热管直接固定在复合隔热层上时	
6	隔热层	敷设于填充层之下和沿外墙周边的构造层，用以减少热损失	竖向隔热层在外墙内侧设置
7	防潮层	敷设于土层之上的构造层，用以防止水汽进入隔热层	仅在首层土壤上设置
8	垫层	承受并传递地面荷载于基土上的构造层	
9	土壤	—	
10	楼板	—	
11	防水层	敷设于楼层地面层以上的构造层，用以防止地面水进入填充层或隔热层	仅在楼层潮湿的房间

　　（2）无规共聚聚烯管。以丙烯和少量乙烯加助剂合成的无规共聚物，经挤出成型的热塑性管材，通常以 PP—R 标记。

　　（3）交联铝塑复合管。内层和外层为不小于 $0.94g/cm^3$ 的聚乙烯或乙烯共聚物，中间层为铝合金焊接管、中间层用热熔胶紧密粘合为一体的管材，通常以 XAP 标记。外层为非交联聚乙烯，内层为交联聚乙烯，中间层为铝合金焊接管，用热熔胶粘合而成一体的管材，通常以 PAX 标记。

　　（4）聚丁烯管。由聚丁烯—1 树脂加适量助剂，经基础成型的热塑性管材，通常以 PB 标记。PP—R 管、PB 管可采用同材质的连接件热熔连接；PE—X 管、铝塑复合管采用专用管件。不同材质的管材、阀件连接时，应采用过渡性管件。

　　管道连接所用管件如下：

　　（1）热熔性连接管件。将管材插入管件内孔中，靠热熔方式将管件与管材进行连接的构造，其管材为 PP—R 或 PB，主要用于 PP—R 或 PB 管材与管件同材质之间的连接。一端靠热熔式与管材连接，另一端靠管件内嵌螺纹与其他管材或配件连接的管件又称热熔式内嵌螺纹管件。

（2）承插式连接管件。将管材插入管件内孔中，靠管件与夹紧部位夹紧管材进行连接的构件。主要用于 XPAP（PAX）、PEX 管材之间的连接。一端靠夹紧方式与管材连接，另一端靠管件的内嵌螺纹与其他管材或配件连接的管件又称承插式内嵌螺纹管件。

4.4.2 低温热水地板辐射采暖系统施工

1. 施工安装前应具备下列条件和基本要求

（1）设计施工图纸和有关技术文件齐全。

（2）有较完善的施工方案、施工组织设计，并已完成技术交底。

（3）施工现场具有供水或供电条件，有储放材料的临时设施。

（4）土建专业已完成墙面内粉刷（不含面层），外窗、外门已安装完毕，并已将地面清理干净；厨房、卫生间应做完闭水试验并经过验收。

（5）加热管在运输、装卸和搬运时，应小心轻放，不得抛、摔、滚、拖。避免暴晒雨淋，宜储存在温度不超过 40℃，通风良好和干净的库房内；与热源距离至少应保持在 1m 以上。

（6）施工过程中，应防止油漆、沥青或其他化学溶剂接触污染管线的表面。

（7）低温热水地面辐射供暖工程的施工，环境温度不宜低于 5℃。

（8）低温热水地面辐射供暖工程施工，不宜与其他工种进行交叉施工作业，施工过程中，严禁进人踩踏加热管。所有地面留洞应在填充层施工前完成。

2. 施工程序

施工主要工艺流程为：土建结构具备地暖施工作业面→固定分集水器→粘贴边角保温→铺设聚苯板→铺设钢丝网→铺设盘管并固定→设置伸缩缝、伸缩套管→中间试压→回填混凝土→试压验收。

具体施工工序如下：

（1）施工前，楼地面找平层应检验完毕。

（2）分集水器用 4 个膨胀螺栓水平固定在墙面上，安装要牢固。

（3）用乳胶将 10mm 边角保温板沿墙粘贴，要求粘贴平整，搭接严密。

（4）在找平层上铺设保温层（如 2cm 厚聚苯保温板、保温卷材或进口保温膜等），板缝处用胶粘贴牢固，在保温层上铺设铝箔纸或粘一层带坐标分格线的复合镀铝聚酯膜，保温层要铺设平整。

（5）在铝箔纸上铺设一层 ϕ2mm 钢丝网，间距 100mm×100mm，规格 2m×1m，铺设要严整严密，钢网间用扎带捆扎，不平或翘曲的部位用钢钉固定在楼板上。设置防水层的房间如卫生间、厨房等固定钢丝网时不允许打钉，管材或钢网翘曲时应采取措施防止管材露出混凝土表面。

（6）按设计要求间距将加热管（PEX 管、PP—C 管或 PB 管、XPAP 管），用塑料管卡将管子固定在苯板上，固定点间距不大于 500mm（按管长方向），大于 90°的弯曲管段的两端和中点均应固定。管子弯曲半径不宜小于管外径的 8 倍。安装过程中要防止管道被污染，每回路加热管铺设完毕，要及时封堵管口。

（7）检查铺设的加热管有无损伤、管间距是否符合设计要求后，进行水压试验，从注

122

水排气阀注入清水进行水压试验，试验压力为工作压力的 1.5～2 倍，但不小于 0.6MPa，稳压 1h 内压力降不大于 0.05MPa，且不渗不漏为合格。

（8）辐射供暖地板当边长超过 8m 或面积超过 40m² 时，要设置伸缩缝，缝的尺寸为 5～8mm，高度同细石混凝土垫层。塑料管穿越伸缩缝时，应设置长度不小于 400mm 的柔性套管。在分水器及加热管道密集处，管外用不短于 1000mm 的波纹管保护，以降低混凝土热膨胀。在缝隙中填充弹性膨胀膏（或进口弹性密封胶）。

（9）加热管验收合格后，回填细石混凝土，加热管保持不小于 0.4MPa 的压力；垫层应用人工抹压密实，不得用机械振捣，不许踩压已铺设好的管道，施工时应派专人日夜看护，垫层达到养护期后，管道系统方允许泄压。

（10）分水器进水处装设过滤器，防止异物进入地板管道环路，水源要选用清洁水。

（11）抹水泥砂浆找平，做地面。

（12）立管与分集水器连接后，应进行系统试压。

3．地板辐射采暖系统施工方法

（1）隔热层的铺设。隔热层应铺设在经过找平的基层上。铺设绝热层的地面应平整、干燥、无杂物。墙面根部应平、直且无积灰现象。

绝热层的铺设应平整，绝热层相互间的接缝应严密。直接与土壤接触的或有潮气侵入的地面，在铺放绝热层之前应先铺一层防潮层。当敷有真空镀铝聚酯薄膜或玻璃布基铝箔贴面层时，除将加热管固定在隔热层上的塑料卡钉穿越外，不得有其他破损。

（2）加热管的配管和敷设。

1）加热管应严格按照设计图纸标定的管间距和走向敷设，加热管应保持平、直，管间距的安装误差不应大于 ±10mm。低温热水地板辐射采暖加热管布置方式如图 4.38 所示。加热管敷设前，应对照施工图纸核定加热管的选型、管径、壁厚是否满足设计要求；并对加热管外观质量和管内部是否有杂质等进行认真检查，确认不存在任何问题后再进行安装。加热管安装间断或完毕的敞口处，应随时封堵。

2）加热管的弯曲半径，塑料管不应小于管道外径的 8 倍，复合管不应小于管外径的 5 倍。

3）埋设于填充层的加热管不应有接头。

4）断管时应采用专用工具，断口应平整，并垂直于轴线。

5）加热管应加以固定，并分别采用以下固定方式：

（a）用固定卡子将加热管直接固定在敷有复合面层的隔热板上。

（b）用扎带将加热管绑扎在铺设于隔热层表面的钢丝网上。

（c）卡在铺设于隔热层表面的专用管架或管卡上。

（d）直接固定于绝热层表面凸起间形成的凹槽内。

6）加热管固定点的间距，直管段部分固定间距宜为 0.7～1.0m，弯曲管段部分的固定点间距宜为 0.2～0.3m。

7）加热管的环路布置应尽可能少穿伸缩缝，穿越伸缩缝处，应设长度不小于 100mm 的两端均匀的柔性套管。加热管出地面至分、集水器连接处，弯管部分不宜露出地面装饰层。加热管出地面至分、集水器下部球阀接口之间的明装管段，外部应加套塑料套管。套管应高出装饰面 150～200mm。

低温热水地板辐射采暖加热管布置方式，如图 4.38 所示。

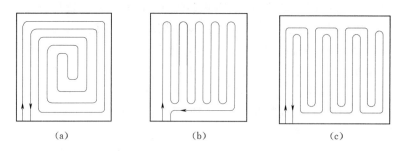

图 4.38　低温热水地板辐射采暖加热管布置方式

(a) 旋转型；(b) 直列式；(c) 往复式

8）伸缩缝的设置。

（a）在与内外墙、柱及过门等交接处应敷设不间断的伸缩缝，伸缩缝连接处应采用搭接方式，搭接宽度不小于 10mm；伸缩缝与墙、柱应有可靠的固定方式，与地面绝热层连接应紧密，伸缩缝宽度不宜小于 20mm。伸缩缝宜采用聚苯乙烯或高发泡聚乙烯泡沫塑料。

（b）当地面面积超过 30m² 或边长超过 6m 时，应按不大于 6m 间距设置伸缩缝，伸缩缝宽度不小于 8mm。伸缩缝宜采用高发泡聚乙烯泡沫塑料或内满填弹性膨胀膏。

（c）伸缩缝应从绝热层的上边缘到填充层的上边缘整个截面上隔开。

（3）分（集）水器安装。

分（集）水器有一个进口（出口）和多个出口（进口）的筒形承压装置，使水流速限制在一定的范围内，并配置放弃装置和各通路阀门，以控制系统的流量。分集水器安装详图如图 4.39 所示。

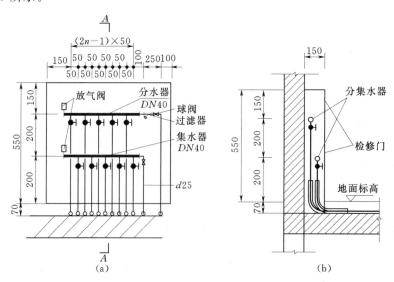

图 4.39　分集水器安装详图

（a）分集水器安装详图；(b) A—A 剖面图

1) 分（集）水器应固定于墙壁或专用箱体内。分、集水器应在开始铺设加热管之前进行安装。当水平安装时，一般宜将分水器安装在上，集水器安装在下，中心距宜为 200mm，集水器中心距地面不小于 300mm。当垂直安装时，分（集）水器下端距地面不应小于 150mm。

2) 为防止局部地面温度过高，加热管始末端穿出地面距分（集）水器 1m 长的管段，应设置套管等保温措施。

3) 加热管始末端出地面处，不应超出分（集）水器外部的投影面。加热管与分（集）水器分路阀门的连接，应采取专用内嵌螺纹连接件。

4) 加热管与分（集）水器牢固连接后，应对每一环路进行冲洗，直至出水干净为止。

4. 填充层的施工

混凝土填充层施工应具备以下条件：

(1) 所有伸缩缝均已按设计要求敷设完毕。

(2) 加热管安装完毕且水压试验合格、加热管处于有压状态下。

(3) 通过隐蔽工程验收。

在试压合格后，进行细石混凝土填充层的浇筑，混凝强度等级不应小于 C10，骨料宜采用卵石，其粒径不大于 10mm，并以适当掺入防止开裂的抗裂剂。

混凝土填充层的施工，应由土建施工方承担；安装单位应密切配合，保证加热管内的水压不低于 0.6MPa，养护过程中，系统应保持不小于 0.4MPa。

浇捣混凝土填充层时，施工人员应穿软底鞋，采用平头铁锹。

混凝土填充层的养护周期不应少于 48h。养护期满后，对地面应妥加保护，严禁在地面上运行重载、高温烘烤、直接放置高温物体和高温加热设备。

5. 面层的施工

低温热水地面辐射供暖装饰地面宜采用以下材料：

(1) 水泥砂浆、混凝土地面。

(2) 瓷砖、大理石、花岗岩等石材地面。

(3) 符合国家标准的复合木地板、实木复合地板及耐热实木地板。

面层施工前应确定填充层是否达到面层需要的干燥度后才可施工。面层施工，除应符合土建施工设计图纸的各项要求外，尚应符合以下规定：

(1) 施工面层时，不得剔、凿、割、钻和钉填充层，不得向填充层内楔入任何物件。

(2) 面层的施工，必须在填充层达到要求强度后才能进行。

(3) 面层（石材、面砖）在与内外墙、柱等交接处，应留 8mm 宽伸缩缝（最后以踢脚遮挡）；木地板铺设时，应留不小于 14mm 伸缩缝。

以木地板作为面层时，木材必须经过干燥处理，且应在填充层和找平层完全干燥后，才能进行地板粘贴。

4.4.3　检查、调试及验收

1. 中间验收

(1) 地板辐射采暖系统，应根据工程施工特点进行中间验收，中间验收过程，从加热管道敷设和分集水器安装完毕进行试压起，至混凝土填充层养护期满再次进行时试压止，由施工单位会同建设单位或监理单位进行。

（2）加热盘管隐蔽前必须进行试压试验，试验压力为工作压力的 1.5 倍，并不小于 0.6MPa。

2. 试压

（1）浇捣混凝土填充层之前和混凝土养护期满后，应分别进行系统水压试验。冬季进行水压试验，应采用可靠的防冻措施，或进行气压试验。

（2）系统水压试验应符合下列条件：

1）热容连接的管道应在熔接完毕 24h 后方可进行水压试验。

2）水压试验之前，应对试压管道和构件采取安全有效的固定和保护措施。

3）试验压力应以系统定点工作压力加 0.2MPa，且系统定点的工作压力不小于 0.4MPa。

（3）水压试验的步骤如下：

1）经分水器缓慢注水，同时将管道空气排空。

2）充满水后，进行水密性检查。

3）采用手压泵缓慢升压，升压时间不得小于 15min。

4）使用复合管的采暖系统应在试验压力下 10min 内压力降不大于 0.02MPa，降至工作压力后检查，不渗、不漏；使用塑料管的采暖系统应再试验压力下 1h 内压力降不大于 0.05MPa，然后降压至工作压力的 1.15 倍，稳压 2h，压力降不大于 0.03MPa，同时各连接处不渗、不漏。稳定 1h 后，补压至规定试验压力值，15min 内压力降不超过 0.05MPa 为合格。

3. 调试

（1）地板辐射采暖系统未经调试，严禁运行使用。

（2）具备采暖条件时，调试应竣工验收前进行，不具备采暖条件时，经与工程建设单位协商，可延期进行调试。

（3）调试工作由施工单位在工程使用单位配合下进行，调试前应对管道系统进行冲洗，然后冲热水调试。

（4）调试时初次通暖应缓慢升温，先将水温控制在 25～30℃范围内运行 24h，以后每隔 24h 升温不超过 5℃，直至达到设计温度。

（5）调试过程应持续在设计水温条件下连续采暖 24h，调节每一环路水温达到正常范围，使各环路的回水温度基本相同。

4.4.4 低温热水地板辐射采暖系统安装质量验收标准

（1）地面下敷设的盘管埋地部分不应有接头。地板敷设采暖系统的盘管在填充层及地面内隐蔽敷设，一旦发生渗漏，将难以处理。

检验方法：隐蔽前现场查看。

（2）盘管隐蔽前必须进行水压试验，试验压力为工作压力的 1.5 倍，但不小于 0.6MPa。隐蔽前对盘管进行水压试验，检验其应具备的承压能力和严密性，以确保地板辐射采暖系统的正常运行。

检验方法：稳压 1h 内压力降不大于 0.05MPa 且不渗不漏。

（3）加热盘管弯曲部分不得出现硬折弯现象，盘管出现硬折弯情况，会使水流通面积减小，并可能导致管材损坏，弯曲时应予以注意。曲率半径应符合下列规定：

1）塑料管：不应小于管道外径的 8 倍。

2）复合管：不应小于管道外径的 5 倍。

检验方法：尺量检查。

（4）分、集水器型号、规格、公称压力及安装位置、高度等应符合设计要求。

检验方法：对照图纸及产品说明书，尺量检查。

（5）加热盘管管径、间距和长度应符合设计要求。间距偏差不大于±10mm。

检验方法：拉线和尺量检查。

（6）为保证地面辐射采暖系统在完好和正常的情况下使用，防潮层、防水层、隔热层及伸缩缝等均应符合设计要求。

检验方法：填充层浇灌前观察检查。

（7）填充层强度标号应符合设计要求。填充层的作用在于固定和保护散热盘管，使热量均匀散出。为保证其完好和正常使用，应符合设计要求的强度，特别在地面负荷较大时，更应注意。

检验方法：作试块抗压试验。

学习单元 4.5　采暖系统试压、冲洗和通热

室内采暖系统按质量标准和监控要求，均检查合格后，必须进行系统水压试验和冲洗。

采暖系统水压试验的冲洗工艺、质量标准和监控要求，应按下列各项规定进行。

4.5.1　采暖系统试压

1. 试压准备工作

根据水源的位置和试压系统的情况和要求，按事先制定的施工方案中的试压程序、技术措施，进行试压工作；试压采用的机具、设备，必须严格检查，其性能、技术标准均应保证试压的要求；系统加压选择位置应在进户入口供热管的甩头处，连接加压泵和管路；试压管路的加压泵端和系统的末端，均应安装带有回弯的压力表；冬期试压时应按冬期施工技术措施规定执行，要求具有相应防冻技术保护措施。

2. 注水前的检查工作

检查全系统管路、设备、阀件、固定支架和套管等，必须安装无误且各连接处均无遗漏；根据全系统试压或分系统试压的实际情况，检查系统上各类阀门的开、关达到正常状态。试压管道阀门全打开，试验管段与非试验管段连接处应予隔断；检查试压用的压力表灵敏度，其误差应限制在规定范围内；水压试验系统是阀门都处于全关闭状态，待试压中需要开启时再打开。

3. 水压试验工艺及标准

（1）打开水压试验管路中的阀门，向采暖系统注水。

（2）开启系统上各高处的排气阀，将管道及采暖设备等全系统的空气排尽；待水注满

后，关闭排气阀和进水阀，停止向系统注水。

（3）打开连接加压泵的阀门，用电动打压泵或手动打压泵通过管路向系统加压，同时拧开压力表上的旋塞阀，观察压力逐渐升高的情况，一般分2～3次升至试验压力。在此过程中，每加压至一定数值时，应停泵对管道进行全面检查，无异常现象，方可再继续加压。

（4）试验压力应符合设计要求。当设计未注明时，应符合下列规定：

1）蒸汽、热水采暖系统，应以系统顶点工作压力加0.1MPa作水压试验，同时在系统顶点的试验压力不小于0.3MPa。

2）高温热水采暖系统，试验压力应为系统顶点的试验压力不小于0.4MPa。

3）使用塑料管及复合管的热水采暖系统，应以系统顶点工作压力加0.2MPa，降至工作压力后检查，不渗、不漏。

使用塑料管的采暖系统应在试验压力下1h内压力降不大于0.05MPa，然后降至工作压力的1.15倍，稳压2h，压力降不大于0.03MPa，同时各连接处不渗、不漏。

（5）如系统低点压力大于散热器所能承受的最大试验压力时，则应分层进行水压试验。

（6）试压过程中，用试验压力对管道进行预先试压，其延续时间应不少于10min。然后将压力降至工作压力，进行外观全面检查，在检查中，对漏水或渗水的接口做上记号，以备返修，在5min内压力降不大于0.02MPa为合格。

（7）系统试压达到合格验收标准后，放出管道内的全部存水（不合格时应待补修后，再次按前述方法二次试压）。

（8）拆除试压连接管路，将入口处供水管用盲板临时堵严。

管道试压合格后，应与单位工程负责人办理系统移交手续，严防土建工程进行收尾施工时损坏管道接口。

4.5.2　室内供暖管道的冲洗

为防止室内供暖系统内残存铁锈、杂物，影响管子的有效截面和供暖热水或蒸汽的流量，甚至造成堵塞等缺陷，应按《采暖与卫生工程施工及验收规范》规定："……采暖系统在使用前，应用水冲洗，直到将污浊物冲净为止。"

一般施工单位省略对采暖管道冲洗工序，给采暖管道运行和使用功能带来不少质量后患。因此，应按施工规范规定，在采暖系统管道试压完成后或使用前进行冲洗或吹洗。

现将采暖系统的冲（吹）洗施工工艺和合格标准简述如下。

1. 热水采暖管道系统的冲洗

水平供水干管及总供水立管冲洗时，先将自来水管接到供水水平管干的末端，再将供水总立管进户处接往下水道或排水沟。打开排水口的阀门，再开启自来水进口阀门进行反复冲洗。按上述顺序，对系统的各个分路供水水平干管分别进行冲洗。冲洗结束后，先关闭自来水进口阀，后关闭排水口控制阀门。

系统上立管及回水水平导管冲洗时，自来水管连通进口可不动，将排水出口连通管改接至回水管总出口处，关上供水总立管上各个分环路的阀门。先打开排水口的总阀门，再打开靠近供水总立管边的第一个立支管上的全部阀门，最后打开自来水入口处阀门进行第一分立支管的冲洗。冲洗结束时，先关闭进水口阀门，再关闭第一分支管上的阀门。按此顺序分别对第二、第三……各环路上各根立支管及水平回路的导管进行冲洗。

冲洗中，当排入下水道的冲洗水为洁净水时可认为合格。全部冲洗后，再以流速1～1.5m/s的速度进行全系统循环，延续20h以上，循环水色透明为合格。

全系统循环正常后，将系统回路按设计要求的位置恢复连接。

2. 蒸汽采暖供热系统吹洗

蒸汽供热系统的吹洗以蒸汽为热源较好，也可以采用压缩空气。压缩空气的冲洗压力按设计确定。

吹洗的过程除了将疏水器、回水器卸除以外，其他程序均与热水系统冲洗相同。

用蒸汽吹洗时，排出的管口方向应朝上或水平侧向，并有安全防护设施。

3. 冲洗和吹洗质量标准

冲洗和吹洗中应达到管路畅通和无堵塞，排出的水和蒸汽（冷凝水）洁净为合格。

蒸汽系统采暖管道用蒸汽吹洗时，为防止管道由于转变温度产生脆裂等缺陷，应缓慢依次对管道升温，恒温1h左右后再进行吹洗。然后自然降温至室温，再升温暖管，达到蒸汽恒温进行二次吹洗，直到按规定吹洗合格为止。

采用蒸汽或压缩空气吹洗管道时，被吹洗管道的出口，可设置一块刨光的靶板，或板上涂刷白色油漆，靶板上无锈蚀和杂物为合格。

4.5.3　室内采暖系统的通热

室内采暖系统试压、冲洗后的通热与试调，是交工后供暖使用前必要的工序。通过通热、试调，可验证系统管道及其设备、配件的安装质量和保证正常运行及使用功能的重要措施。

采暖系统管道的通热、试调，应按以下工艺和质量监控要求进行：

（1）系统管道的通热与试调应按事先编制的施工组织设计或施工方案要求内容进行。

明确参与通热试调人员的分工和紧急处理技术措施。

准备好通热试调的工具、温度计和通信联系设备，以备在试调过程中发生问题时，便于及时处理。

通热试调前进一步检查系统中的管道和支、吊架及阀门等配件的安装质量，符合设计或施工规范的规定才能进行通热。

（2）充水前应接好热源，使各系统中的泄水阀门关闭，供水或供气的干、立、支管上的阀门均应开启，向系统内充水（最好充软化水），同时先打开系统最高点的放风门，派专人看管。慢慢打开系统回水干管的阀门，待最高点的放风门见水后立即关闭。然后开启总进水口供水管的阀门，最高点的放风阀须反复开闭数次，直至系统中冷风排净为止。

（3）在巡视检查中如发现隐患时，应尽量关闭小范围内的供水阀门，待问题及时处理、修好后随即开启阀门。

（4）在全系统运行中如有不热处要先查明原因，如需检修应先关闭供、回水阀，泄水后再先后打开供、回水阀门，反复按上述程序通暖运行。若发现温度不均，应调整各个分路的立管、支管上的阀门；使其基本达到平衡后，直到运行正常为止。

（5）冬期通暖时，必须采取临时供暖措施，室温应保持5℃以上，并连续24h后方可进行正常运行。

　　（6）采暖系统管道在通热与调试过程及运行中，要求各个环路热力平衡，按设计供暖温度相差不超过＋（1～2）℃为合格。

　　系统在通热与试调达到正常运行的合格标准后，应邀请各有关单位检查验收，并办理验收手续。有关通热试调的施工记录和验收签证等文件资料，应妥善保管，将作为交工档案的必备材料。

　　注：（1）室内采暖系统，如属蒸汽供暖时，系统的通热试调用热源，可采用蒸汽。用蒸汽通热试调的管道预热等工艺作法和技术要求，与本节上述热水系统采暖管道采用蒸汽吹洗方法同。

　　（2）蒸汽系统的通热试调及运行的合格标准与上述热温水系统采暖通热试调要求的合格标准相同。

复 习 思 考 题

　　1. 简述室内采暖管道安装基本程序和安装基本要求。

　　2. 散热器如何组对，所要的材料有哪些？

　　3. 叙述散热器试压的过程和要求。

　　4. 散热器支管与散热器的连接方式有几种？

　　5. 简述低温热水辐射采暖系统施工程序及技术要求。

　　6. 简述采暖系统试压的步骤和要求。

学习情境 5　燃气系统管道施工

【学习目标】

（1）能完成燃气系统管材及设备的进场验收工作。

（2）能够识读燃气系统施工图。

（3）能编制燃气系统施工材料计划。

（4）能编制燃气系统施工准备计划。

（5）能合理选择管道的加工机具，编制加工机具、工具需求计划。

（6）能编制燃气系统施工方案、组织加工并进行安装。

（7）能在施工过程中收集验收所需要的资料。

（8）能进行燃气系统质量检查与验收。

学习单元 5.1　燃气系统施工图识读

燃气管道包括室内燃气管道和室外燃气管道。室内燃气管道是指民用住宅、商业建筑、锅炉房和工业车间等各类用户内部的燃气管道。室外燃气管道包括长距离输气管线、城市燃气管道中的分配管道以及工业企业燃气管道中的工厂引入管和厂区燃气管道。根据敷设方式可分为埋地燃气管道和架空燃气管道。一般城市分配管道通常采用埋地敷设，而工厂区为了管理维修方便，常采用架空敷设。燃气管道属有毒、有火灾危险的管道，选用管子及配件时，可以比普通介质管道提高一个压力级别。

5.1.1　城市燃气管道

根据管道内介质的不同，燃气管道可分为天然气管道、煤气管道、液化石油气管道等。

燃气中包括可燃气体、少量的惰性气体和混杂气体。

燃气按成分的不同，可分为天然和人工的气体燃料。天然气是通过钻井直接从地层中开采出来的。人工燃气是固体燃料或液体燃料加工所产生的可燃性气体。它包括干馏煤气、气体煤气、油煤气和高炉煤气。

根据输气压力的不同，城市燃气管网分为：

（1）低压管网输气压力不大于 5Pa（表压力，以下同）。

（2）中压管网输气压力为 5～150kPa。

（3）次高压管网输气压力为 150～300kPa。

（4）高压管网输气压力为 300～800kPa。

大城市的输配系统一般由低、中（或次高压）和高压三级管网组成；中等城市可由低、中压或低、次高压两级管网组成；小城镇可采用低压管网。

城市燃气管网通常包括街道燃气管网和庭院燃气管网两部分。燃气产生并经过净化后，由街道高压管网或次高压管网，经过燃气调压站，进入街道低压管网，再经庭院管网而接入用户。

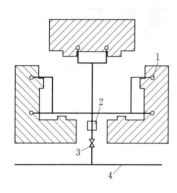

图 5.1　庭院燃气管网
1—引入管；2—调压装置
3—阀门；4—室外燃气管道

街道燃气管网一般都布置成环状，以保证供气的可靠性，但投资较大；只有边缘地区才布置成枝状，它投资省，但可靠性差。庭院燃气管网常采用枝状。庭院燃气管网是指从燃气总阀门井以后，至各建筑物前的用户外管路，如图5.1所示。

燃气在输送过程中要不断排除凝结水，因而管道应有不小于0.003的坡度坡向凝水器。凝水器内的水定期用手摇泵排除。凝水器设在庭院燃气管道的入口处。

燃气管网一般为埋地敷设，也可以架空敷设。一般情况不设管沟，更不准与其他管道同沟敷设，以防燃气泄漏时积聚在管沟内，引起火灾、爆炸或中毒事故。埋地燃气管道不得穿过其他管沟，如因特殊需要必须穿越时，燃气管道必须装在套管内。埋地燃气管道穿越城市道路、铁路等障碍物时，燃气管应设在套管或管沟内，但套管或管沟要用砂填实。埋地燃气管道要做加强防腐处理，在穿越铁路等杂散电流较强的地方必须做特加强防腐，以抗御电化锈蚀。

当燃气管埋设在一般土质的地下时，可采用铸铁管，用青铅接口或水泥接口；亦可采用涂有沥青防腐层的钢管，用焊接接头。如埋设在土质松软及容易受震地段，应采用无缝钢管，用焊接接头。阀门应设在阀门井内。

庭院燃气管道直接敷设在当地土壤冰冻线以下0.1～0.2m的土层内，但不得在堆积易燃易爆材料和具有腐蚀性液体的土壤层下面及房屋等建筑物下面通过。在布置管路时，其走向应尽量与建筑物轴线平行，距建筑物不小于2m，与其他地下管道水平净距为1m。

当由城市中压管网直接引入庭院管网，或直接接入大型公共建筑物内时，需设置专用调压室。调压室内设有调压器、过滤器、安全水封及阀门等，调压室宜为地上独立的建筑物。要求其净高不小于3m，屋顶应有泄压措施。与一般房屋的水平净距不小于6m，与重要的公共建筑物不应小于25m。

5.1.2　室内燃气管道

室内燃气管道系统由用户引入管、干管、立管、用户支管、燃气计量表、用具连接管和燃气用具组成，如图5.2所示。

1. 引入管

用户引入管与城市或庭院低压分配管道连接，在分支管处设阀门。输送湿燃气的引入管一般由地下引入室内，当采取防冻措施时也可由地上引入。输送湿燃气的引入管应有不小于0.005的坡度，坡向城市分配管道。在非采暖地区输送干燃气时，且管径不大于75mm的，则可由地上引入室内。

引入管应直接引入用气房间（如厨房）内，不得敷设在卧室、浴室、厕所、易燃与易

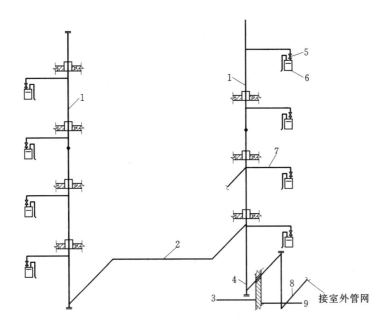

图 5.2　室内燃气管道系统

1—立管；2—水平管；3—室内地坪；4—总立管；5—阀门；
6—燃气表；7—水平支管；8—引入管；9—室外地平线

爆物仓库、有腐蚀性介质的房间、变配电间、电缆沟及烟、风道内。

2. 室内燃气管道布置与敷设

（1）水平干管。引入管连接多根立管时，应设水平干管。水平干管可沿楼梯间或辅助间的墙壁敷设，坡向引入管的坡度不小于 0.002。管道经过的楼梯和房间应有良好的通风。

（2）立管。立管是将燃气由水平干管（或引入管）分送到各层的管道。

立管一般敷设在厨房、走廊或楼梯间内。每一立管的顶端和底端设丝堵三通，作清洗用，其直径不小于 25mm。当由地下室引入时，立管在第一层应设阀门。阀门应设于室内，对重要用户应在室外另设阀门。

（3）套管。立管通过各层楼板处应设套管。套管高出地面至少 50mm，套管与立管之间的间隙用油麻填堵，沥青封口。立管在一幢建筑中一般不改变管径，直通上面各层。

（4）用户支管。由立管引向各单独用户计量表及燃气用具的管道为用户支管。用户支管在厨房内的高度不低于 1.7m，敷设坡度应不小于 0.002，并由燃气计量表分别坡向立管和燃气用具。支管穿墙时也应有套管保护。

室内燃气管道一般为明装敷设。当建筑物或工艺有特殊要求时，也可以采用暗装，但必须敷设在有人孔的闷顶或有活盖的墙槽内，以便安装和检修。

室内燃气管道，不应敷设在潮湿或有腐蚀性介质的房间内。当必须穿过该房间时，则应采取防腐措施。

当室内燃气管道需要穿过卧室、浴室或地下室时，必须设置在套管中。

室内燃气管道敷设在可能冻结的地方时，应采取防冻措施。

用气设备与燃气管道可采用硬管连接或软管连接。当采用软管时，其长度不应超过2m；当使用液化石油气时，应选用耐油软管。

室内燃气管道力求设在厨房内，穿过过道、厅（闭合间）的管段不宜设置阀门和活接头。

进入建筑物内的燃气管道可采用镀锌钢管或普通焊接钢管。连接方式可以用法兰，也可以焊接或螺纹连接，一般直径不大于50mm的管道均为螺纹连接。如果室内管道采用普通焊接钢管，安装前应先除锈，刷一道防腐漆，并在安装后再刷两道银粉或灰色防锈漆。

3. 燃气表

燃气表是计量燃气用量的仪表。为了适应燃气本身的性质和城市用气量波动的特点，燃气表应具有耐腐蚀、不易受燃气中杂质影响、量程宽和精度高等特点。其工作环境宜在5℃以上，35℃以下。

图5.3 皮膜式燃气表

燃气表种类繁多。在居住与公共建筑内，最常用的是一种皮膜式燃气表，如图5.3所示。

这种燃气表有一个方形的金属外壳，上部两侧有短管，左接进气管，右接出气管。外壳内有皮革制的小室，中间以皮膜隔开，分为左右两部分，燃气进入表内，可使小室左右两部分交替充分与排气，借助杠杆、齿轮传动机构，上部度盘上的指针即可指示出煤气用量的累计值。

计量范围：小型流量为 $1.5 \sim 3m^3/h$，使用压力为 $0.5 \sim 3kPa$；中型流量为 $6 \sim 84m^3/h$，大型流量可达 $100m^3/h$，使用压力为 $1 \sim 2kPa$。

使用管道燃气的用户均应设置燃气表。居住建筑应一户一表，使用小型燃气表，一般把表和用气设备一起布置在厨房内。小表可挂在墙上，距地面 $1.6 \sim 1.8m$ 处。燃气表到燃气用具的水平距离不得小于 $0.8 \sim 1.0m$。公共建筑至少每个用气单位设一个燃气表，因表尺寸较大，流量大于 $20m^3/h$ 者，宜设在单独的房间内。布置时应考虑阀门便于启闭和计数。

4. 燃气灶

厨房燃气灶的形式很多，有单眼、双眼、多眼灶等。最常见的是双眼灶，由炉体、工作面和燃烧器3个部分组成，如图5.4所示。其灶面采用不锈钢材料，燃烧器为铸铁件。

为了提高燃气灶的安全性，避免发生中毒、火灾或爆炸事故，目前有些家用灶增设了熄火保护装置，它的作用是一旦燃气灶的

图5.4 双眼燃气灶

火焰熄灭，立即发出信号，自动将煤气通路切断，使燃气不能逸漏。

燃气灶具在安装时，其侧面及背面应离可燃物（墙壁面等）15cm以上，若上方有悬

挂物时，炉面与悬挂物之间的距离应保持在100cm以上。安装燃气灶的房间为木质墙壁时，应做隔热防护。

除厨房的家用燃气灶外，燃气灶具还有燃气烤箱、炒菜灶、蒸锅灶等。

燃气烤箱由外部围护结构和内箱组成。内箱包以绝热材料用以减少热损失。箱内设有承载物品的托网和托盘，顶部设置排烟口，在内箱上部空间里装有恒温器的感热元件，它与恒温器联合工作，控制烤箱内的温度。烤箱的玻璃门上装有温度指示器。

5．燃气热水器

图5.5　国产的燃气
热水器的简图

为了洗浴方便，越来越多的家庭配置了燃气热水器。燃气热水器可分为直流式快速热水器和容积式热水器两种，目前采用最多的是直流式快速热水器。直流式快速热水器是冷水流经带有翼片的蛇形管被热烟气加热，得到所需要的热水温度的水加热器。直流式快速热水器能快速、连续地供应热水，热效率比容积式热水器要高5%～10%。图5.5为国产的燃气热水器的简图。

绝对禁止把燃气热水器安装在浴室内使用，可将其安装在厨房或其他房间内，该房间应具有良好的通风，房间体积不得小于$12m^3$，房高不低于2.6m，安装时热水器应距地面有1.2～1.5m的高度，图5.6为热水器安装示意图。

除以上介绍的几种常用燃气设备外，还有供应开水和温开水的燃气开水炉、不需要电的吸收式制冷设备——燃气冰箱以及燃气空调机等，这里就不一一介绍。

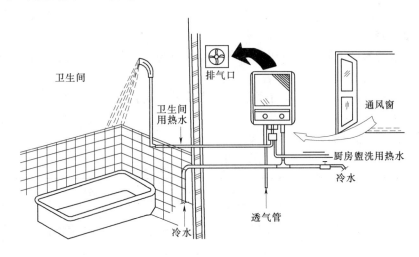

图5.6　热水器安装示意图

需要指出的是，由于燃气用具的热负荷越大，所需要的空气量越多，为了保证人体健康，维持室内空气的清洁度，同时，也为了提高燃气的燃烧效率，必须对使用燃气用具的房间采取一定的通风措施，使各种有害成分的含量能控制在容许浓度之下，使燃气燃烧得更加充分。

目前常用的通风排气方式有机械通风和自然通风两种，机械通风方式是在使用燃气用具的房间安装诸如抽油烟机、排风扇等设备来通风换气。自然通风方式安装排气筒，它既可以排出燃气的燃烧产物，又可以在产生不完全燃烧和漏气情况下，排除可燃气体，防止中毒或爆炸，以提高燃气用具运行的安全性。

5.1.3 燃气系统施工图识读

1. 设计施工说明

（1）本工程为某小区，由两栋两单元及六栋四单元住宅楼组成，共计住户 336 户。

（2）每户厨房煤气表不小于 4m³/h。

（3）每户有双眼燃气灶及 8L/min 燃气热水器各一具。

（4）厨房煤气立管靠墙安装，离墙面 20mm。在离室内地坪 2.2m 处预留煤气表接头。

（5）阀门选择燃气管道专用阀门。

（6）管材及管件。室内燃气管道采用镀锌钢管，其性能应符合 GB/T 3091—2008《低压流体输送用焊接钢管》。

（7）连接方式。表前管道采用焊接，焊接应符合《现场设备、工业管道焊接工程施工及验收规范》（GB50236—98）和《工业金属管道工程施工及验收规范》（GB50235—97）中的有关规定；表后管道采用螺纹连接；阀门、燃气表采用螺纹连接或法兰连接，$DN >$ 50mm 的阀门采用法兰连接，$DN < 50$mm 的阀门采用螺纹连接；螺纹连接采用聚四氟乙烯带作密封填料。

（8）室内燃气管道总阀门设在燃气引入管上，阀门装置高度不宜超过 1.7m，阀门手柄位置应方便开闭。

（9）燃气管道与墙面的净距。室外管：70mm；室内管：20mm。其最小净距同时应满足施工操作的要求。

（10）当墙壁厚度不同时，可用乙形弯管使管道与墙壁的距离达到要求。弯角不宜超过 45°，长度不宜超过 200mm。

（11）煤气管坡度 $i \geqslant 0.003$，小管径坡向大管径，支管坡向总管。

2. 图例识读

燃气系统施工图图例见表 5.1。

表 5.1　　　　　　　　　　　　　燃气系统施工图图例

名称	图例	名称	图例	名称	图例
双眼灶	○○	异径管		穿楼板加套管	
球阀		堵头		穿墙加套管	

3. 图纸识读

图 5.7 为住宅楼燃气系统图；图 5.8 为燃气管穿墙大样图；图 5.9 为燃气管穿楼板大样图。

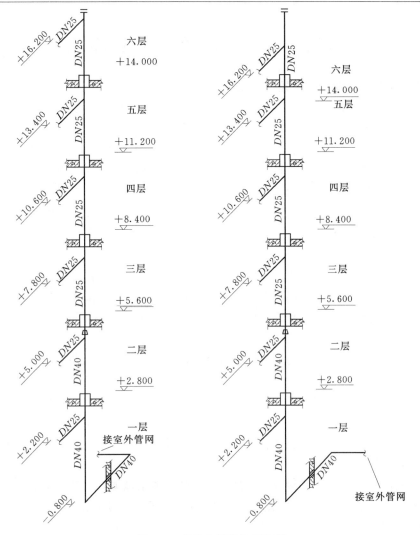

图 5.7　某住宅楼燃气系统图

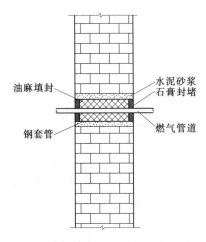

图 5.8　燃气管穿墙大样图

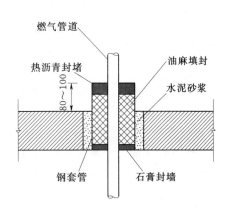

图 5.9　燃气管穿楼板大样图

学习单元 5.2 室内燃气管道的施工

5.2.1 室内燃气管道安装的一般技术要求

室内燃气管道的施工主要包括引入管、室内支管、用气管及燃气表、燃具安装等内容。

(1) 室内燃气管道常用的管材有镀锌钢管、无缝钢管、焊接钢管、紫铜管、黄铜管与橡胶管等。一般选用镀锌钢管,若采用黑铁管时,施工前一定要做好除锈工作,安装好做好防腐工作,燃气管道一般涂以黄色的防腐识别漆。

(2) 室内水平管道遇到障碍物,直管不能通过时,可采取煨弯或使用管件绕过障碍物,如鸭颈弯、抢弯、45°、90°弯头。当两层楼的墙面不在同一平面上时,应采用"来回弯"形式敷设。

(3) 燃气引入管不得敷设卧室、浴室、密闭地下室;严禁敷设在易燃或易爆品的仓库、有腐蚀介质的房间、配电间、变电室、电缆沟、暖气沟、烟道和进风道等部位。燃气引入管应设在厨房或走廊等便于维修的非居住房间内,当确有困难可从楼梯间引入,此时引入管阀门宜设在室外。

(4) 燃气引入管穿过建筑物基础、墙或管沟时,均应设置在套管中,并应考虑沉降的影响,必要时采取补偿措施,套管穿墙孔洞应与建筑物沉降量相适应,套管内不得有接头,穿墙套管的长度与墙的两侧平齐,穿楼板套管上部应高出楼板 30～50mm,下部与楼板平齐。

(5) 建(构)筑物内部的燃气管道应明设,当建筑或工艺有特殊要求时,可暗设,但必须便于安装和检修。

(6) 当室内燃气管道穿过楼板、楼梯平台、墙壁和隔墙时,必须安装在套管中。

(7) 燃气管道敷设高度(以地面到管道底部)应符合下列要求:

1) 在有人行走的地方,敷设高度不应小于 2.2m

2) 在有车通行的地方,敷设高度不应小于 4.5m

(8) 燃气管道必须考虑在工作环境温度下的极限变形,当自然补偿不能满足要求时,应设补偿器,但不宜采用填料式补偿器。

5.2.2 燃气管道施工前应具备的条件

在燃气管道施工前,应具备以下条件。

1. 技术准备

(1) 具有安装项目设计图纸,并且已经图纸会审,设计交底,初步方案编制好。

(2) 施工人员已向班组作了图纸、施工方案和技术交底。

2. 现场条件

(1) 地下管道铺设必须在房心回填夯实或挖到管底标高,沿管线铺设位置清理干净,立管道安装宜在主体结构完成后进行,高层建筑在主体结构达到安装条件后,可适当插入进行。

(2) 管道穿墙处已预留孔洞或安装套管,其洞口尺寸和套管规格符合要求,坐标、标高正确；暗装管道应在管道井和吊顶未封闭前进行安装，其型钢支架应安装完毕并符合要求；明装托、吊干管安装必须在安装层的结构顶板完成后进行，沿管线安装位置的模板及杂物清理干净，托吊卡件均已安装牢固，位置正确。

（3）立管安装前每层均应有明确的标高线，暗装竖井管道，应把竖井内的模板及杂物清除干净，并有防坠落安全措施；支管安装应在墙体砌筑完毕，墙体未装修前进行。

（4）支管安装应在墙体砌筑完毕、墙面未装修前进行。

5.2.3　燃气管道的安装

室内燃气管道的施工工艺流程为：安装准备→预制加工→引入管安装→干管安装→立管安装→支管安装→气表安装→管道试压→管道吹洗→防腐、刷油。

1. 安装准备

认真熟悉图纸，根据施工方案决定的施工方法和技术交底的具体措施做好准备工作，参看有关专业设备图和装修建筑图，核对各种管道的坐标、标高是否有交叉，有问题及时与设计和有关人员研究解决，做好变更洽商记录，在结构施工阶段，配合土建预留孔洞、套管及预埋件。

2. 预制加工

按设计图画出管道分路、管径、变径、预留管口、阀门位置等施工草图，在实际安装的结构位置做标记，按标记分段量出实际安装的准确尺寸，绘制在施工草图上，最后按草图进行预制加工；管子螺纹一次进刀量不宜过大，套一遍调整标盘增加进刀量再套。一般要求为：$DN<25$ 可一次套成；$DN25\sim40\mathrm{mm}$ 宜两次套成；$DN\geqslant50\mathrm{mm}$ 分三次套成，丝扣不得有乱丝、偏丝、毛刺等缺陷，断口和缺口部分不得超过整个丝的 10%，丝扣松紧程度要适宜。

3. 燃气引入管安装

（1）引入管安装方式。引入管是庭院燃气管道与室内燃气管道的连接管，根据建筑物所在的不同地区，引入管可采用地上引入或地下引入的方式。

1）地上引入方式。地上引入适合温暖地区。引入管在建筑物墙外伸出地面，在墙上打洞穿入室内。穿墙部分外加套管，留有防止建筑沉降的余量，套管两端应用油麻密封。室外引入管的上端应加带丝堵的三通，便于日后维修。燃气地上引入管安装如图5.10所示。

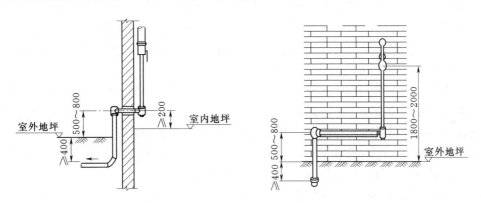

图 5.10　燃气地上引入管安装

2）地下引入方式。地下引入适用于寒冷地区。引入管在地下穿过建筑物基础，从厨房地下进入室内，室外地面上看不见引入管。燃气地下引入管安装如图 5.11 所示。

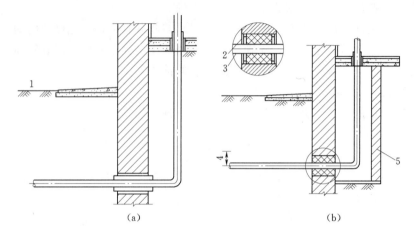

图 5.11 地下引入管的引入方式
(a) 墙内无暖气沟；(b) 墙内有暖气沟
1—室外地坪；2—钢丝网；3—木框；4—最大沉降量；5—隔墙

（2）燃气引入管安装应符合下列要求。引入管的公称直径不得小于 15mm，引入管坡度不得小于 0.003，坡向干管。引入管穿过建筑物基础时，应设在套管中，考虑建筑物沉降，套管应比引入管大两号。套管尺寸可按表 5.2 选用，套管与管子间的缝隙用沥青油麻堵严，热沥青封口。引入管应采用壁厚不小于 3.5mm 的无缝钢管。距建筑物外墙 1m 以内的地下管及套管内不许有接头，弯管处用煨弯处理。

表 5.2   穿 墙 套 管 尺 寸   单位：mm

燃气管公称直径 DN	15	20	25	32	40	50	70
套管公称直径 DN	32	40	50	50	70	80	100

一般进气引入管遇暖气沟时，从室外地上引入室内，管中距室内地面高 500mm 管材采用无缝钢管整管煨弯，做加强防腐层，穿墙管加钢套管。室外管顶加焊一丝堵或作成三通丝堵，室外管砌砖台内外抹灰保护，内填充膨胀珍珠岩保温，顶上加盖板。

引入管进气口如无暖沟或其他障碍时，由室外地下直接引入室内，管材采用无缝钢管整管煨弯，做加强防腐层，穿墙及穿地面时均加钢套管，穿墙套管出内外墙面 50mm。穿地面时，套管出地面 50mm，下面与结构底板平。

高层建筑的燃气引入管穿建筑基础时，应考虑建筑物沉降的影响，入口管在穿墙时应预留管洞，上端按建筑物最大沉降量为准，两侧保留一定间隙进入室内后，在室内侧沿管子砌封闭管井。然后填以沥青油麻 4 号沥青堵严，外加钢丝网抹灰。

居民用户的引入管应尽量直接引入厨房内，也可以由楼梯间引入。公共设施的引入管位置，应尽量直接引至安装煤气设备或煤气表的房间内。

燃气引入管阀门的位置，应符合下列要求：

1）阀门宜设置在室内，对重要用户尚应在室外另设置阀门，阀门应选择快速式切断阀。

2）地上低压燃气引入管的直径不大于 75mm 时，可在室外设置带丝堵的三通，不另设置阀门。

4．干管安装

干管安装应从进户引入管后或分支路管开始，装管前要检查管腔并清理干净。在丝头处涂好铅油缠好麻或缠好聚四氟乙烯填料带，一人在末端扶平管道，一人在接口处把管相对固定对准丝扣，慢慢转动入扣，用一把管钳咬住前节管件，用另一把管钳转动管至松紧适度，对准调直时的标记，要求丝扣外露 2～3 扣，并清掉麻头依此方法装完为止（管道穿过伸缩缝或过沟处，必须先穿好钢套管）。

室内水平管敷设在楼梯间或外走廊时，距室内地面不低于 2.2mm，距顶棚不小于 0.15m。水平管应保持 0.001～0.003 的坡度，其坡向要求：由煤气表分别坡向管道和燃具。

室内燃气管道与其他室内管道、建筑设备的最小平行或交叉净距应符合表 5.3 和表 5.4 的规定。

表 5.3　　　　　　室内燃气管与其他管道及设备间的平行净距

其他管道及设备	给排水管	蒸汽管	电缆引入管、进线箱	照明电缆		电表、保险器、闸刀开关
				明设	暗设	
距离（m）	0.1	0.1	1.3	0.1	0.05	0.3

表 5.4　　　　　　室内燃气管道与其他管道及设备间的交叉净距

其他管道及设备	给排水管	蒸汽管	明敷照明线路	明敷动力线路	电表、保险器、刀开关
距离（m）	0.01	0.01	0.015	0.15	0.3

当平行或交叉净距达不到上述要求时，应作防护或绝缘处理。

埋地燃气管与其他相邻的管道、电缆等的最小水平、垂直距离见表 5.5、表 5.6、表 5.7。

表 5.5　埋地燃气管与其他相邻管道及电缆间的最小水平净距

序号	项　　目	水平净距（m）
1	与给、排水管道	1
2	与供热管的管沟外壁	1
3	与电力电缆	1
4	与通信电缆　直埋	1
	敷设在导管内	

表 5.6　埋地燃气管与其他相邻管道及电缆间的最小垂直净距

序号	项　　目	垂直净距（mm）（当有套管时，以套管计）
1	与给、排水管道	150
2	与供热管的管沟外壁	150
3	与电缆　直埋	600
	敷设在导管内	150

表 5.7　　煤气管与其他相邻管道及电线、电表箱、电气开关间的安全距离　　　　单位：m

类别走向	煤气与给排水管采暖和热水供应管道的间距	煤气管与电气线路的间距	煤气管与配电盘的距离	煤气管与电气开关和接头的距离
同一平面	≥0.05	≥0.05	≥0.3	≥0.15
不同平面	≥0.01	≥0.02	≥0.3	≥0.15

室内管道穿墙或楼板时，应置于套管中，套管内不得有接头。穿墙套管的长度应与墙的两侧平齐，穿楼板套管上部应高出楼板 30～50mm，下部与楼板平齐。

表 5.8	气管卡间距	单位：mm
煤气管管径	水平管道	垂直管道
DN25	2.0	3.0
DN32～DN50	3.0	4.0

管道固定一般用角钢 U 形卡，其间距应符合表 5.8 的规定。并每层楼的室内煤气立管至少加设一个固定卡子，在灶前下垂管上至少设一个卡子，如下垂管有转心门时可设两个卡子。

采用焊接钢管焊接，先把管子选好调直，清理好管腔，将管道运到安装地点，安装程序从第一节开始；把管子就位找正，对准管口使预留口方向准确，找直后用点焊固定（管径不大于 50mm 以下焊 2 点，管径不小于 70mm 以上点焊 3 点），然后按照焊接要求施焊，焊完后应保证管道正直。

管道安装完毕，检查坐标、标高、预留口位置和管道变径等是否正确，然后找直，用水平尺校对复核坡度，调整合格后再调整吊卡螺栓 U 形卡，使其松紧适度，平正一致。

摆正或安装好管道穿结构处的套管，填堵管洞口，预留口处应加好临时管堵。

5. 立管安装

（1）核对各层预留孔洞位置是否垂直，吊线、剔眼、栽卡子。将预制好的管道按编号顺序运到安装地点。

（2）安装前先卸下阀门盖，有钢套管的先穿到管上，按编号从第一节开始安装。少铅油缠麻将立管对准接口转动入扣，一把管钳咬住管件，一把管钳拧管，拧到松紧适度，对准调直标记要求，丝扣外露 2～3 扣，预留口平正为止，并清净麻头。

（3）检查立管的每个预留口标高、方向等是否准确、平正。将事先栽好的管卡子松开，把管放入卡内拧紧螺栓，用吊杆、线坠从第一节开始找好垂直度，扶正钢套管，最后配合土建填堵好孔洞，预留口必须加好临时丝堵。立管截门安装朝向应便于操作和修理。穿越楼板的燃气管和套管如图 5.12 所示。

（4）燃气立管一般敷设在厨房内或楼梯间。当室内立管管径不大于 50mm 时，一般每隔一层楼装设一个活接头，位置距地面不小于 1.2m。遇有阀门时，必须装设活接头，活接头的位置应设在阀门后边。遇有阀门时，必须装设活接头，活接头的位置应设在阀门后边。管径大于 50mm 的管道上可不设活接头。

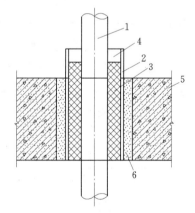

图 5.12　穿越楼板的燃气管和套管
1—立管；2—钢套管；3—浸油麻丝；
4—沥青；5—钢筋混凝土楼板；
6—水泥砂浆

6. 支管安装

（1）检查煤气表安装位置及立管预留口是否准确。量出支管尺寸和灯叉弯的大小。

（2）安装支管，按量出支管的尺寸，然后断管、套丝、煨灯叉弯和调直。将灯叉弯或短管两头抹铅油缠麻，装好油任，连接煤气表，把麻头清净。

（3）用钢尺、水平尺、线坠校对支管的坡度和平行距墙尺寸，并复查立管及煤气表有无移动，合格后用支管替换下煤气表。按设计或规范规定压力进行系统试压及吹洗，吹洗合格后在交工前拆下连接管，安装煤气表。合格后办理验收手续。

5.2.4　室内燃气管道试压与吹洗

室内燃气系统在安装过程中和安装结束后都要检验管道接头的质量，检验燃气计量表、阀门和燃具本身的严密性，以保证用户安全用气。燃气管道应进行耐压和严密度两种试验，试验介质为压缩空气或氮气。试验时使用弹簧压力表或 U 形水银柱压力计。室内燃气系统试验装置如图 5.13 所示。

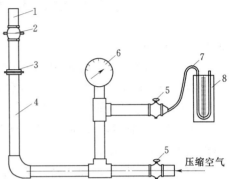

图 5.13　室内燃气系统试验装置
1—灶具支管；2—旋塞阀；3—活接头；4—灶具
连接管；5—单头旋塞阀；6—弹簧压力表；
7—胶管；8—U 形玻璃管压力计

1. 室内燃气管道试压

（1）耐压试验。试验时，燃气表处以连通管接通。管道系统打压 0.1MPa 后，用肥皂水检查焊缝和接头处，无渗漏，同时压力也未急剧下降为合格。若有漏气处需进行修理，然后继续充气试验，直至全部接口不漏和压力无急剧下降现象。

（2）严密度试验。管道系统内不装煤气表时，打压至 7kPa（表压）后，观察 10min，压力降不超过 0.2kPa 为合格；管道系统内装有煤气表时，打压至 3kPa 水柱，观察 5min，压降不超过 0.2kPa 为合格。若超过 0.2kPa，需再次用强度试验压力检查全部管网，尤其要注意阀门和活接头处有无漏气现象，经修理后继续进行气密性试验，直到实际压力降小于允许压力降。

2. 食堂、锅炉房的燃气管道试验

（1）试验范围。自进气管总截门至灶前（锅炉包括燃烧器）转心门之间的管道。

（2）耐压试验。低压管道试验压力为 0.1MPa，中压管道试验压力为 0.15MPa，用肥皂水检查接口，无漏气，同时试验压力也无急剧下降，则为合格。

（3）严密度试验。低压管道系统试验压力为 10kPa 水柱观察 1h，如压力降不超过 0.6kPa 则为合格。中压管道试验压力为 1.5 倍的工作压力，但不小于 0.1MPa 表压，试验应在管道充气后 3h 开始观测，如经 1h 压力降不超过 1.5%，则为合格。

（4）煤气表严密度试验。试验应在管道严密度合格后进行，试验压力为 3kPa，观察 5min，压降不超过 0.2kPa 为合格。

3. 液化石油气管道的试验

通过管网以气态向用户供气的室内燃气系统，其试验方法、进行顺序和民用用户相同。

（1）试验范围。全系统以减压器出口转心门为界，减压器、集气管一侧为高压段，另一侧为低压段。

（2）耐压试验。高压段只做耐压试验，在关闭好减压器出口转心门后，加压到 1MPa，用肥皂水检查所有接口，无漏气为合格。

（3）严密度试验。试验压力加到 7kPa 后，观察 10min，压力降不超过 0.2kPa 为合格。

4. 管道吹洗

吹洗应不带气表进行，管道在试压完毕后即可做吹洗，吹洗应用压缩空气或氮气连续进行，应保证有充足的流量。吹洗洁净后办理验收手续。

学习单元 5.3　燃气设备及附件的安装

5.3.1　阀门安装

阀门应选用现行国家标准中适用于输送燃气介质，并且具有良好密封性和耐腐性的阀门。室内一般选用旋塞或球阀。管径在 $DN40\sim65mm$，选用球阀，螺纹连接，阀后加设活接头。管径大于 80mm 时，选用法兰闸阀。总阀门一般装在离地面 $0.3\sim0.5m$ 的水平管上，水平管两端用带丝堵的三通，分别与穿墙引入管和户内立管相连。总阀门也可以装在离地面 1.5m 的立管上。

阀门安装前应做强度和严密性试验。阀门做水压强度试验时，应尽量将体腔内的空气排尽，再往体腔内灌水。试验时，当压力达到试验压力后，在规定的持续时间内（$DN\leqslant$ 50 为 1min；$65mm\leqslant DN\leqslant125mm$，为 2min）未发现渗漏为合格，旋塞的试验压力应使塞子旋转 180°，重复进行一次。严密性试验压力为阀件的公称压力 PN，阀门安装前应用气密性试验，不漏为合格。

室内燃气管道阀门的设置位置应符合下列要求：

（1）应设置在燃气表前。

（2）应设置在用气设备和燃器前。

（3）应设置在点火器和测压点前。

（4）应设置在散管前。

室内煤气管道上的阀门，管径不小于 $DN65$ 时，一般采用煤气用闸板阀，管径不大于 $DN50$ 采用压兰式或拉紧式转心门。进气管总阀门一般安装在总立管上，距地面 1.5m，楼梯间进气总立管阀门距地面 1.7m。当流量不大于 $3m^3/h$ 时，表前应设置一个转心门，表后至燃具前，可不另设阀门；当流量不大于 $20m^3/h$ 的煤气表时，表前所设阀门，可作为食堂和其他公用福利设施的总进气阀门；当煤气用量不大于 $57m^3/h$ 时或不能中断供气的用户，煤气表应安装旁通阀门，同时加设煤气表的出口阀门；从室内煤气总干管至每个食堂的分支管上应安装一个分支阀门；高层建筑（凡十层和十层以上的住宅和建筑物高度超过 24m 的其他民用建筑）引入管在室外的起点应设置切断阀门，室内的煤气管道上除安装一个总阀门外，每隔 6 层在总立管上应再增进友谊设一个分段阀门，在室内终点宜设置紧急切断阀门；有两根以上的分段立管时，可在每根立管上加设一个阀门，若每个分段阀门所带的户数超过 30 户时，可酌情增设阀门。煤气管道上安装拉紧式转心门时，转心门轴线应和墙壁平行；安装压兰式转心门时，其轴线只准与墙面垂直。

5.3.2　燃气表安装

居民家庭一般用皮膜家用燃气表。这种表可分为四种类型：人工燃气表、天然燃气表、液化石油气表和适合于上述 3 种燃气的通用表。安装时应分清楚类型。工业及公共建筑用气计量采用罗茨表，它的优点是体积小、流量大，可用于较高的燃气压力下计量。

居民家庭每户应装一只燃气表；集体、营业、事业用户，每个独立核算单位最少应装一只表。

燃气表安装过程中不准碰撞，下部应有支撑。气表与周围设施的水平净距按表6.8所列规定。

表5.9 燃气表与周围设施水平净距

设施名单	低压电器	家庭灶	食堂灶	开水灶	金属烟囱	砖烟囱
水平距离（m）	1.0	0.3	0.7	1.5	0.6	0.3

1. 安装皮膜表时应遵循的规定

皮膜表安装高度可分为：

（1）高位表安装。表底距地高度不小于1.8m。

（2）中位表安装。表底距地高度不小于1.4～1.7m。

（3）低位表安装。表底距地净高度应小于0.15m。

在走道上安装皮膜表时必须按高位表安装；室内皮膜表安装以中位表为主，低位表为辅。

皮膜表背面距墙净距10～50mm。

多个皮膜表安装在墙面上时，表与表之间的净距不少于150mm。

安装一只皮膜表，一般只在表前安装一个旋塞。

2. 公共建筑用户燃气表安装要点

安装程序：安装引入管并固定，然后安装立管及总阀门，再作旁通管及煤气表两侧的配管。

（1）干式皮膜表安装方法。流量为20m³/h、34m³/h的燃气表可安装在墙上，表下面用型钢（如L40×4角钢）支架固定。流量大于57m³/h的燃气表可安装在地面的砖台上，砖台高0.1～0.2m，应设旁通管。表两侧配管及旁通管的连接为丝接，也可采用焊接。

（2）罗茨表（腰鼓表）的安装方法。安装前，必须洗掉表计量室内的防锈油，其方法是用汽油从表的进口端倒进去，出口端用容器盛接，反复数次，直至除净为止。

罗茨表必须垂直安装，高进低出。并应将过滤器与表直接连接。过滤器和罗茨表两端的防尘盖在安装前不应拆掉。

罗茨表计量需进行压力和温度修正时，其取压和测温一般设置在仪表之前。

安装完毕，先通气检查管道、阀门、仪表等安装连接部位有无渗漏现象，确认各处密封良好后，再拧下表上的加油螺塞，加入润滑油（油位不能超过指定窗口上的市场调节刻线）拧紧螺塞，然后慢慢地开启阀门，使表运转，同时观察表的指针是否均匀平稳地运转，如无异常现象就可正常工作。

5.3.3 燃气灶具安装

1. 居民用灶具安装

居民生活用气应采用低压燃气。低压燃烧器的额定压力为：天然气2kPa；人工煤气1kPa。

（1）安装燃气灶具的房间应满足以下条件：

1) 不应安装在卧室、地下室内。若利用卧室套间当厨房，应设门隔开。厨房应具有自然通风和自然采光，有直接通室外的门窗或排风口，房间高度不低于 2.2m。

2) 耐火等级不低于二级，当达不到此标准时，可在灶上 800mm 两侧及下方 100mm 范围内，加贴不可燃材料。

3) 新建居民住宅内厨房允许的容积热负荷指标，一般取 580W/m³。

(2) 民用灶具安装，应满足以下条件：

1) 灶具应水平放置在耐火台上，灶台高度一般为 650mm。

2) 当灶和气表之间硬接时，其连接管道的管径不小于 DN15mm，并应装有活接头一个。

3) 灶具如为软连接时，连接软管长度不得超过 2m，软胶管与波纹管接头间应用卡箍固定，软管内径不得小于 8mm，并不应穿墙。

4) 公用厨房内当几个灶具并列安装时，灶与灶之间的净距不应小于 500mm。

5) 安装在有足够光线的地方，但应避免穿堂风直吹灶具。

2. 公共建筑用户灶具安装

(1) 灶具结构分类。

1) 钢结构组合灶具。如上海煤气表具厂生产的爆炒灶、铁板台面灶、水管式蒸饭灶、火管式蒸饭灶、铁皮饭灶；北京市煤气用具厂生产的三眼灶、六眼灶、开水炉、煎饼炉等，这类灶具大多由生产厂家将灶体及燃烧器组成整体，安装时应根据设计位置现场就位，配管即可。

2) 混合结构灶具。如大型西餐灶、外壳为钢（或不锈钢）及铸铁成品结构，灶的内部按设计要求现场砌筑砖体，并作隔热保温设施，安装燃烧器并配管。

3) 砖结构灶。主要有蒸锅（大锅灶）、高灶（炒蒸灶），这类炉灶的灶体需现场砌筑，然后根据需要配制不同规格的燃烧器。

(2) 燃烧器前配管。高灶燃烧器前的配管如图 5.14 所示，如选用 8 管（作次火用）、13 管（作主火用）的立管燃烧器，这两种燃烧器都是单进气管，口径分别为成 DN15mm、DN20mm 螺纹连接。

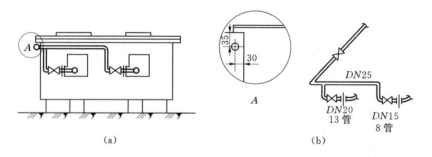

图 5.14　高灶燃烧器前的配管

(a) 高灶立面图；(b) 高灶燃烧器前配管

安装时，应将活接头放在燃烧器进灶口的外侧，阀门与活接头之间应裁卡子，灶前管一般的高灶灶沿下方。

蒸锅燃烧器的配管如图 5.15 所示，如选用 18 管、24 管燃烧器头部内外圈隔开，双进气管，口径都是 $DN20\text{mm}$ 螺纹连接。分别设阀门控制开关，其连接形式如图 5.15（a）所示。

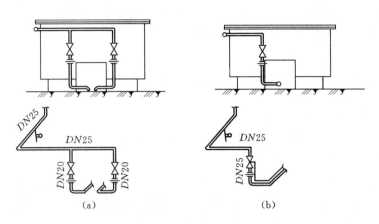

图 5.15　蒸锅燃烧器前的配管

(a) 18 管、24 管立管燃烧器前的配管；(b) 30 管、33 管立管燃烧器前配管

30 管、33 管立管燃烧器为单进气管，口径为 $DN25\text{mm}$ 螺纹连接，连接形式如图 5.15（b）所示。燃烧器的开关为联锁器式旋塞，分别控制燃烧器及燃烧器的长明小火。燃烧器的配管口径为 $DN25\text{mm}$，小火的配管口径为 $DN10\text{mm}$，并引至燃烧器头部，并要求小火出火孔高出燃烧器立管火孔 $1\sim 2\text{cm}$，使用时先开启长明小火开关，点燃长明小火，再开启联锁旋塞的大火开关，使燃烧器自动引燃。

（3）立管燃烧器的安装要求。燃烧器头部中心应与锅的中心上下对中，误差一般不超过 1cm，以保证不烧偏锅。

燃烧器头部应保持水平，以保证火焰垂直向上燃烧。

控制好燃烧器出火孔表面距锅底距离。北京地区高灶的立管燃烧器一般距锅底距离为 $13\sim 14\text{cm}$；蒸锅的此距离值一般为 $17\sim 19\text{cm}$。总的应以火焰的外焰接触锅底为宜。

（4）燃烧器安装注意事项。燃烧器的材质如为铸铁，配管时丝扣要符合要求，上管时用力要均匀，以防止进气管撑裂。

燃烧器前的旋塞一般选用拉紧式旋塞，安装时应使旋塞的轴线方向与灶体表面平行，便于松紧尾部螺母，以利维修。

由于这类燃烧器本身进气管前不带阀门，而灶前燃烧器配管上的旋塞是管道系统的最后一道控制旋塞，旋塞至燃烧器的管段与丝扣无线试压检查，只有燃烧通气后方能检查是否漏气，因而这段安装时尤其应注意安装质量，以防止通气后发生事故。

（5）灶具对排烟道的要求。这个带有排烟口的燃气灶具，宜采用单独烟道，楼房多台设备合用一个竖烟道时，为防止排烟时相互干扰，应每隔一层楼接一台用具；用具接向水平烟道时，应顺烟道气流动方向设置导向装置。

连接燃气灶具的排烟管的设计与安装要求如下：

1）排烟管的直径应进行计算，最小不得小于燃气灶具排烟口的直径。

2）排烟管不得通过卧室。

3）安装低于 0℃ 房间内的金属排烟管应作保温。

4）用具上的排烟管应有不小于 0.5m 的垂直烟道后，方可接向水平烟道。

5）水平排烟道管段应具有不小于 1% 的坡度，坡向燃气灶具，长度一般不得超过 3m，如经计算证明抽力确实可靠，水平烟道长度才可以大于 3m。

6）排烟管与难燃墙面的净距应不小于 10cm，与抹灰天花板的净距不小于 25cm，排烟管在房屋易燃物件和屋顶通过时，应根据防火要求妥善处理。

7）排烟管的出口应另设风帽。

砖砌烟道技术要点如下：

1）新砌烟道必须经过计算，旧有烟道要经过核算。

2）烟道应严密结实，内壁平滑。

3）烟道要有足够的抽力，保证燃烧室的真空度不小于 5Pa（0.5mmH$_2$O）。

4）砌在墙内的烟道，不得有水平部分，必须时可以装一段与水平线至少成 60° 角的斜烟道，两垂直烟道的中心线距离不得小于 2m。

5）由炉膛至总烟道的每个单独水平烟道，在总烟道入口处应互相隔开，以免互相窜气，影响抽力。

烟道高出屋顶 1.0m 以上，对于起脊房屋安装烟道时，应按烟囱的高度进行处理。

若在烟道附近有更高的建筑物而影响排烟时，可考虑使用机械排烟措施。

直径大于 125mm 的排烟管，当水平烟道长度大于 3m 或烟道上容易积聚燃气的部位，应设置爆破点。

5.3.4　热水器安装

1. 热水器安装的一般要求

热水器不宜直接设置在浴室内，可装在厨房或其他房间内，也可以装在通风良好的过道里，但不宜装在室外。安装热水器的房间高度应大于 2.5m。

热水器的排烟应符合下列规定：

（1）安装直接排气式热水器的房间外墙或窗的上部应有排气孔，如图 5.16 所示。

（2）安装烟道排气式热水器的房间内烟道，如图 5.17 所示。

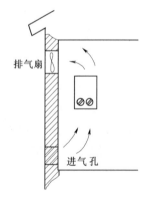

图 5.16　直接排气式热水器安装

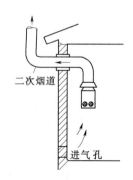

图 5.17　烟道排气式热水器安装

（3）安装平衡式热水器的房间外墙上，应有进排气筒接口，如图 5.18 所示。

房间口或墙的下部应预留有断面积不小于 $0.2m^2$ 的百叶窗，或在门与地面之间留有高度不小于 30mm 的间隙。

直接排气式热水器严禁安装在浴室内，烟道排气式和平衡式热水器可安装在浴室内。安装烟道排气式热水器必须符合浴室容积大于 $7.5m^3$ 的要求。

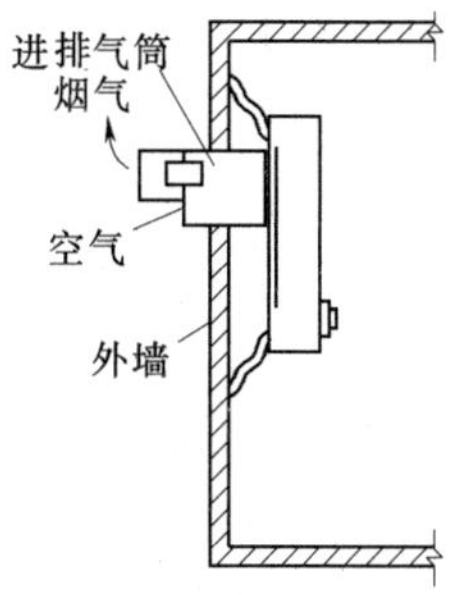

2. 热水器的安装位置应符合下列要求

热水器主要装在操作和检修方便、不易被碰撞的部位，热水器前的空间宽度应大于 0.8m。

图 5.18　平衡式
热水器安装

热水器的安装高度以热水器的观火孔与人眼高度相齐为宜，一般距地面 1.5m。

热水器应安装在耐火的墙壁上，热水器外壳距墙的净距离不得小于 20mm，如果安装在非耐火的墙壁上时应垫以隔热板，隔热板每边应比热水器外壳尺寸大 100mm。

热水器的供气、供水管道宜采用金属管道连接，也可采用软管连接。当采用软管连接时，燃气管应采用耐油管，水管应采用耐压管。软管长度不得超过 2m。软管与接头应用卡箍固定。

直接排气式热水器的排烟口与房间顶棚的距离不得小于 600mm。

热水器与煤气表、煤气灶的水平净距不得小于 300mm。

热水器上部不得有电力明线、电气设备和易燃物，热水器与电气设备的水平净距应大于 300mm。

复习思考题

1. 简述室内民用燃气系统的组成。
2. 简述室内燃气施工的一般顺序。
3. 引入室内的燃气管道安装时应注意什么？
4. 简述室内燃气管道的强度试验和气密性试验方法。
5. 室内民用建筑的敷设形式有哪些？
6. 简述民用膜式燃气表的安装形式。
7. 简述民用灶具安装的一般要求。

学习情境 6　室外给排水管道施工

【学习目标】

（1）能完成室外给排水管材及设备的进场验收工作。

（2）能够识读室外给排水管道施工图。

（3）能编制室外给排水管道施工材料计划。

（4）能编制室外给排水管道施工准备计划。

（5）能合理选择管道的加工机具，编制加工机具、工具需求计划。

（6）能编制室外给排水管道施工方案、组织加工并进行安装。

（7）能在施工过程中收集验收所需要的资料。

（8）能进行室外给排水管道质量检查与验收。

学习单元 6.1　室外给排水施工图识读

室外给排水工程图主要有平面图、断面图和节点图 3 种图样。

6.1.1　室外给水排水平面图识读

室外给水排水平面图表示室外给水排水管道的平面布置情况。

某室外给排水平面图如图 6.1 所示。图中表示了 3 种管道：给水管道、污水排水管道和雨水排水管道。

6.1.2　室外给水排水管道断面图识读

室外给水排水管道断面图分为给水排水管道纵断面图和给水排水管道横断面图两种，其中，常用给水排水管道纵断面图。室外给水排水管道纵断面图是室外给水排水工程图中的重要图样，它主要反映室外给水排水平面图中某条管道在沿线方向的标高变化、地面起伏、坡度、坡向、管径和管基等情况。这里仅介绍室外给水排水管道纵断面图的识读。

　　1. 纵断面图的识读步骤

管道纵断面图的识读步骤分为 3 步：

1）首先看是哪种管道的纵断面图，然后看该管道纵断面图形中有哪些节点。

2）在相应的室外给水排水平面图中查找该管道及其相应的各节点。

3）在该管道纵断面图的数据表格内查找其管道纵断面图形中各节点的有关数据。

　　2. 管道纵断面图的识读

图 6.2～图 6.4 是某室外给水排水平面图 6.1（a）的给水、污水排水和雨水管道的纵断面图。

1）室外给水管道纵断面图的识读。图 6.2 是图 6.1（a）中给水管道的纵断面图。

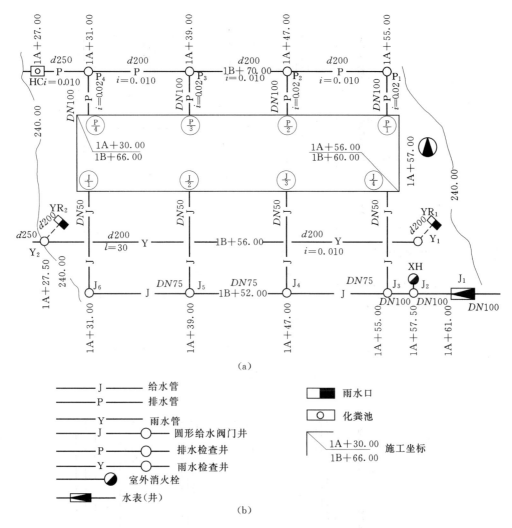

图 6.1　某室外给排水平面图及图例

（a）平面图；（b）图例

2）室外污水排水管道纵断面图的识读。图 6.3 是图 6.1（a）中污水排水管道的纵断面图。

3）室外雨水管道纵断面图的识读。图 6.4 是图 6.1（a）中雨水管道的纵断面图。

6.1.3　室外给水排水节点图识读

在室外给水排水平面图中，对检查井、消火栓井和阀门井以及其内的附件、管件等均不作详细表示。为此，应绘制相应的节点图，以反映本节点的详细情况。

室外给水排水节点图分为给水管道节点图、污水排水管道节点图和雨水管道节点图 3 种图样。通常需要绘制给水管道节点图，而当污水排水管道、雨水管道的节点比较简单时，可不绘制其节点图。

室外给水管道节点图识读时可以将室外给水管道节点图与室外给水排水平面图中相应的给水管道图对照着看，或由第一个节点开始，顺次看至最后一个节点止。

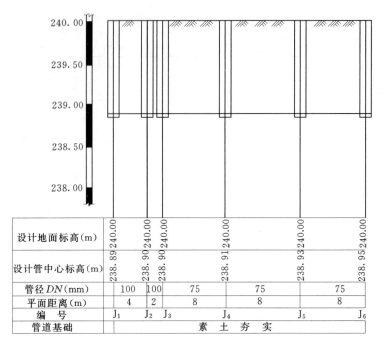

设计地面标高(m)	240.00	240.00	240.00	240.00	240.00	240.00
设计管中心标高(m)	238.89	238.90	238.90	238.91	238.93	238.95
管径 DN(mm)	100	100	75		75	75
平面距离(m)	4	2	8		8	8
编 号	J₁	J₂	J₃		J₄	J₅	J₆
管道基础	素 土 夯 实					

图 6.2 给水管道纵断面图

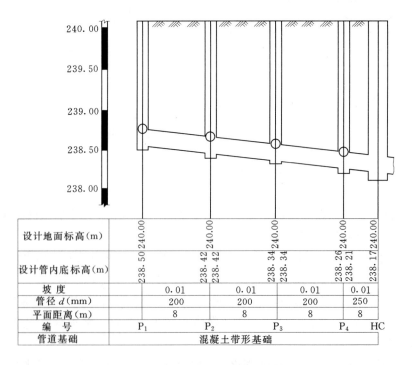

设计地面标高(m)	240.00	240.00	240.00	240.00	240.00
设计管内底标高(m)	238.50	238.42 238.42	238.34 238.34	238.26 238.21	238.17
坡 度	0.01	0.01	0.01	0.01	
管径 d(mm)	200	200	200	250	
平面距离(m)	8	8	8	8	
编 号	P₁	P₂	P₃	P₄	HC
管道基础	混凝土带形基础				

图 6.3 污水排水管道纵断面图

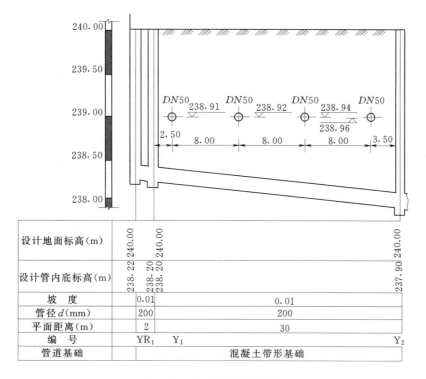

图 6.4　雨水管道纵断面图

图 6.5 是图 6.1（a）中给水管道的节点图。

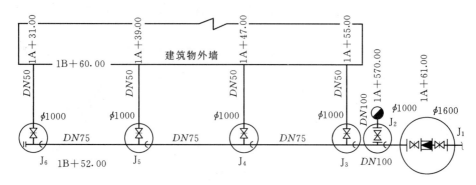

图 6.5　给水管道节点图

学习单元 6.2　室外给水、排水管道施工

6.2.1　室外给水管道安装

室外给水管道安装工艺流程为：安装准备→管沟验收→管道清理→支敦设置→管道及附件铺设就位→管道连接（黏接、丝接、焊接、胶圈连接、热熔连接、捻口连接）→管道定位→试压、冲洗、消毒→管道防腐（保温）。

输送生活给水的管道应采用塑料管、复合管、镀锌钢管或给水铸铁管。塑料管、复合管或给水铸铁管的管材、管件应是配套产品。

1. 管道安装铺设的一般规定

（1）管道不得铺设在冻土上。

（2）管道应由下游向上游依次安装，承插口连接管道的承口朝向水流方向，插口顺水流方向安装。

（3）管道穿越公路等有荷载应设套管，在套管内不得有接口，套管宜比管道外径大两号。

（4）管道安装和铺设工程中断时，应用木塞或其他盖堵将管口封闭，防止杂物进入。

（5）给水管道上所采用的阀门、管件等其压力等级不应低于管道设计工作压力，且满足管道的水压试验压力要求。

（6）在管道施工前，要掌握管线沿途的地下其他管线的布置情况。与相邻管线之间的水平净距不宜小于施工及维护要求的开槽宽度及设置阀门井等附属构筑物要求的宽度，饮用水管道不得敷设在排水管道和污水管道下面。

2. 管道敷设前的准备工作

（1）管道铺设应在沟底标高和管道基础检查合格后进行，在铺设管道前要对管材、管件、橡胶圈、阀门等作一次外观检查，发现有问题的不得使用。

（2）准备好下管的机具及绳索，并进行安全检查。对于管径在 150mm 以上的金属管道可用撬压绳法下管，直径大的要启用起重设备。对捻口连接的管道要对接口采取保护措施。

（3）如需设置管道支墩的，支墩设置应已施工完毕。

（4）管道安装前应用压缩空气或其他气体吹扫管道内腔，使管道内部清洁。

3. 管道的敷设

管道工程常用的沟槽断面形式有直槽、梯形槽、混合槽和联合槽，如图 6.6 所示。

直槽　　　　　梯形槽　　　　　混合槽　　　　　联合槽

图 6.6　常用沟槽断面形式

（1）管道应敷设在原状土地基上或开挖后经过回填处理达到设计要求的回填层上。对高于原状地面的填埋试管道，管底的回填处理层必须落在达到支撑能力的原状土层上。

（2）敷设管道时，可将管材沿管线方向排放在沟槽边上，依次放入沟底。为减少地沟内的操作量，对焊接连接的管材可在地面上连接到适宜下管的长度；承插连接的在地面连接一定长度，养护合格后下管，黏接连接一定长度后用弹性敷管法下管；橡胶圈柔性连接宜在沟槽内连接。

（3）管道下管时，下管方法可分为人工下管和机械下管、集中下管和分散下管、单节下管和组合下管等方式。下管方法的选择可根据管径大小、管道长度和重量、管材和接口强度、沟槽和现场情况及拥有的机械设备量等条件确定。下管时应精心操作，搬运过程中应慢起轻落，对捻口连接的管道要保护好捻口处，尽量不要使管口处受力，如图 6.7 所示。

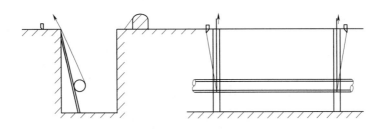

图 6.7　管子下沟简图

（4）在沟槽内施工的管道连接处，为便于操作，要挖操作坑，其操作坑的尺寸应参见本标准管沟开挖。

（5）塑料管道施工中须切割时，切割面要平直。插入式接头的插口管端应削倒角，倒角坡口后管端厚度一般为管壁厚的 $1/3 \sim 1/2$，倒角一般为 15℃。完成后应将残屑清除干净，不留毛刺。

（6）采用橡胶圈接口的管道，允许沿曲线敷设，每个接口的最大偏转角不得超过 2°。

（7）管道安装完毕后应按设计要求防腐，如设计无要求参照本工艺质量标准部分防腐。

4. 质量标准

（1）给水管道在埋地敷设时，应在当地的冰冻线以下，如必须在冰冻线以上敷设时，应做可靠的保温防潮措施。如无冰冻地区，埋地敷设时，管顶的覆土埋深不得小于 500mm，穿越道路部位的埋深不得小于 700mm。

检验方法：现场观察检查。

（2）给水管道不得直接穿越污水井、化粪池、公共厕所等污染源。

检验方法：观察检查。

（3）管道的接口法兰、卡口、卡箍等应安装在检查井或地沟内，不应埋在土壤中。

检验方法：观察检查。

（4）给水系统的各种井室内的管道安装，如设计无要求，井壁距法兰或承口的距离：管径小于或等于 450mm 时，不得小于 250mm；管径大于 450mm 时，不得小于 350mm。

检验方法：尺量检查。

（5）管网必须进行水压试验，试验压力为工作压力的 1.5 倍，但不得小于 0.6MPa。

检验方法：管材为钢管、铸铁管时，试验压力下 10min 内的压力降不应大于 0.05MPa，然后降至工作压力进行检查，压力应保持不变，不渗不漏；管材为塑料管时，试验压力下，稳压 1h 压力降不大于 0.05MPa，然后降至工作压力进行检查，压力应保持不变，不渗不漏。

（6）镀锌钢管、钢管的埋地防腐必须符合设计要求，如设计无规定时，可按《管道防腐层种类》的规定执行。卷材与管材间应粘贴牢固，无空鼓、滑移、接口不严等。

检验方法：观察和切开防腐层检查。

（7）给水管道在竣工后，必须对管道进行冲洗，饮用水管道还要在冲洗后进行消毒，满足饮用水卫生要求。

检验方法：观察冲洗水的浊度，查看有关部门提供的检验报告。

（8）管道连接应符合工艺要求，阀门、水表等安装的位置应正确。塑料给水管道上的水表、阀门等设施其重量或启闭装置的扭矩不得作用于管道上，当管径不小于 50mm 时必须设独立的支撑装置。

检验方法：现场观察检查。

（9）给水管道与污水管道在不同标高平行敷设，其垂直间距在 500mm 以内时，给水管管径不大于 200mm 的，管壁水平间距不得小于 1.5m；管径大于 200mm 的，不得小于 3mm。

6.2.2 消防水泵接合器及室外消火栓安装

安装工艺流程为：检查消火栓等设备→砌筑支敦→安装消火栓安装支管→水压试验→连接管道防腐→管道穿井壁空隙的处理。

（1）消火栓管道的安装分支管安装和干管安装两种形式，要根据现场的实际地理情况选用。

（2）消防水泵结合器和消火栓的位置标志应明显，栓口的位置应方便操作。消防水泵接合器和室外消火栓当采用墙壁式时，如设计未要求，进、出水栓口的中心安装高度距地面应为 1.10m，其上方应设有防坠落物打击的措施。

（3）消火栓短管与给水管道的连接可采用法兰、承插接口形式，一般情况下压力为 1.6MPa 的采用法兰连接，压力为 1.0MPa 的采用承插连接。

（4）消火栓设有自动放水装置，当内置出水阀门关闭时自动放空消火栓内留存的积水，以防消火栓冻裂。

（5）消火栓弯管底座或消火栓三通下设支墩，支墩必须托紧弯管或三通底部。

（6）当泄水口位于井室之外时，应在泄水口处做卵石渗水层，卵石粒径为 20～30mm，铺设半径不小于 500mm，铺设深度自泄水口以上 200m 至槽底。铺设卵石时应注意保护泄水装置。

（7）埋入土中的管道防腐按图纸设计要求，法兰接口涂沥青冷底子油及沥青漆各两道，并用沥青麻布或 0.2mm 厚底塑料薄膜包严。

（8）消防水泵接合器的阀组安装。

（9）如采暖室外计算温度低于 −15℃ 的地区，应做保温井口或采取其他保温措施。

6.2.3 室外给水管道试验与清洗

1. 一般规定

（1）水压试验应在回填土前进行。给水管水压试验的长度一般不宜超过 1000m，对非金属管还应短些。

（2）对黏接连接的管道，水压试验必须在粘接连接安装 24h 后进行。

（3）对捻口连接的铸铁管道，宜在不大于工作压力的条件下充分浸泡再进行试压，浸泡时间应符合下列规定：

无水泥砂浆衬里，不少于 24h。

有水泥砂浆衬里，不少于 48h。

（4）水压试验前，对试压管段应采取有效的固定和保护措施，但接头部位必须明露。当承插给水铸铁管管径不大于 350mm 时，试验压力不大于 1.0MPa 时，在弯头或三通处可不作支敦。

（5）水压试验管段长度一般不要超过 1000m，超过长度宜分段试压，并应在管件支敦达到强度后方可进行。

（6）试压管段不得采用闸阀做堵板，不得与消火栓、水泵接合器等附件相连，已设置这类附件的要设置堵板，各类阀门在试压过程中要全部处于开启状态。

（7）管道水压试验前后要做好水源引进及排水疏导路线的设计。

（8）管道灌水应从下游缓慢灌入。灌入时，在试验管段的上游管顶及管段中的凸起点应设排气阀将管道内的气体排除。

（9）冬季进行水压试验应采取防冻措施。试压完毕后及时放水。

（10）水压试验的压力表应校正，弹簧压力计的精度不应低于 1.5 级，最大量程宜为试验压力的 1.3～1.5 倍，表壳的公称直径不应小于 150mm，压力表至少要有两块。

2. 试压及消毒

（1）试压前，对三通、弯头等承受压力较大处，应设置支墩，避免破坏管道或抵消产生的推力。按图 6.8 所示铺设连接试验管道，进水管段，安装阀门、试压泵、压力表等。

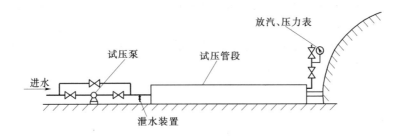

图 6.8　水压试验简图

（2）缓慢充水，冲水后应把管内空气全部排尽。

（3）空气排尽后，将检查阀门关闭好，进行加缓慢加压，先升至工作压力检查，再升至试压压力观察，然后降至工作压力读表，符合本标准质量标准为合格。

（4）升压过程中，若发现弹簧压力计表针摆动、不稳、且升压缓慢则气体没排尽，应重新排气后再升压。试压时，应逐步加压，每次升压为 0.2MPa 为宜，升压时应观察接口处是否渗漏，支墩、管端等处不允许站人，以免受到伤害。当压力升到工作压力时，应停泵检查无漏裂后，续加压到试验压力，再停泵检查，并观察压力表 10min 内压降不超过 0.05MPa，且在管道附近和接口处不发生漏裂现象，然后将压力降到工作压力，进行外观检查，不漏为合格。

（5）试压过程中，全部检查若发现接口渗漏，应作出明显标记，待压力降至零后，制定修补措施全面修补，再重新试验，直至合格。

（6）试验合格后，进行冲洗，冲洗合格后，应立即办理验收手续，组织回填。

（7）新建室外给水管道于室内管道连接前，应经室内外全部冲洗合格后方可连接。

（8）冲洗标准当设计无规定时，以出口的水色和透明度与入口处的进水目测一致为合格。

（9）饮用水管道在使用前的消毒用每升水含 20～30mg 的游离氯的清水灌满后消毒。含氯水在管道中应静置 24h 以上，消毒后再用水冲洗。常用的消毒剂为漂白粉，进行消毒处理时，把漂白粉放入水桶内，加水搅拌溶解，随同管道充水一起加入管段，浸泡 24h 后，放水冲洗。新安装的饮用水管道可采用表 6.1 选用剂量。

表 6.1 每100m管道消毒用水量及漂白粉用量

管径 DN（mm）	15～50	75	100	150	200	250	300	350	400	450	500	600
用水量（m³）	0.8～5	6	8	14	22	32	42	56	75	93	116	168
漂白粉用量（kg）	0.09	0.11	0.14	0.14	0.38	0.55	0.93	0.97	1.3	1.61	2.02	2.9

6.2.4 室外给水管道质量验收标准

1. 主控项目

（1）管道接口法兰、卡扣、卡箍等应安装在检查井或地沟内，不应埋在土壤中。

检验方法：观察检查。

（2）给水系统各种井室内的管道安装，如设计无要求，井壁距法兰或承口的距离：管径小于或等于 450mm 时，不得小于 250mm；管径大于 450mm 时，不得小于 350mm。

检验方法：尺量检查。

（3）管网必须进行水压试验，试验压力为工作压力的 1.5 倍，但不得小于 0.6MPa。

检验方法：管材为钢管、铸铁管时，试验压力下 10min 内压力降不应大于 0.05MPa，然后降至工作压力进行检查，压力应保持不变，不渗不漏；管材为塑料管时，试验压力下，稳压 1h 压力降不大于 0.05MPa，然后降至工作压力进行检查，压力应保持不变，不渗不漏。

2. 一般项目

（1）管道的坐标、标高、坡度应符合设计要求，管道安装的允许偏差应符合表 6.2 的规定。

表 6.2 室外给水管道的允许偏差和检验方法

项次	项 目			允许偏差（mm）	检验方法
1	坐标	铸铁管	埋地	100	拉线和尺量检查
			敷设在沟槽内	50	
		钢管、塑料管、复合管	埋地	100	
			敷设在沟槽内	40	
2	标高	铸铁管	埋地	±50	拉线和尺量检查
			敷设在沟槽内	±30	
		钢管、塑料管、复合管	埋地	±50	
			敷设在沟槽内	±30	
3	水平管纵横向弯曲	铸铁管	直段（25m以上）起点—终点	40	拉线和尺量检查
		钢管、塑料管、复合管	直段（25m以上）起点—终点	30	

（2）管道和金属支架的涂漆应附着良好，无脱皮、起泡、流淌和漏涂等缺陷。

检验方法：现场观察检查。

（3）管道在连接应符合工艺要求，阀门、水表等安装位置应正确。塑料给水管道上的水表、阀门等设施其重量或启闭装置扭矩不得作用于管道上，当管径不小于 50mm 时必须设独立的支承装置。

检验方法：现场观察检查。

（4）给水管道与污水管道在不同标高平行敷设，其垂直间距在 500mm 以内时，给水管管径不大于 200mm 的，管壁水平间距不得小于 1.5m；管径大于 200mm 的，不得小于 3m。

检验方法：现场观察检查。

（5）为保证接口质量，铸铁管承插捻口连接的对口间隙应不小于 3mm，最大间隙不得大于表 6.3 的规定。

检验方法：尺量检查。

（6）为保证接口质量，铸铁管沿直线敷设，承插捻口连接的环型间隙应符合表 6.4 的规定；沿曲线敷设，每个接口允许有 2°转角。

表 6.3　铸铁管承插捻口的对口最大间隙

单位：mm

管径	沿直线敷设	沿曲线敷设
75	4	5
100～250	5	7～13
300～500	6	14～22

表 6.4　铸铁管承插捻口的环型间隙

单位：mm

管径	标准环型间隙	允许偏差
75～200	10	+3 −2
250～450	11	+4 −2
500	12	+4 −2

检验方法：尺量检查。

（7）捻口用的油麻填料必须清洁，填塞后应捻实，其深度应占整个环型间隙深度的 1/3。

检验方法：观察和尺量检查。

（8）捻口用水泥强度应不低于 32.5MPa，接口水泥应密实饱满，其接口水泥面凹入承口边缘的深度不得大于 2mm。

检验方法：观察和尺量检验。

（9）采用水泥捻口的给水铸铁管，在安装地点侵蚀性的地下水时，应在接口处涂抹沥青防腐层。

检验方法：观察检查。

（10）采用橡胶圈接口的埋地给水管道，在土壤或地下水对橡胶圈有腐蚀的地段，在回填土前应用沥青胶泥、沥青麻丝或沥青锯末等材封闭橡胶圈接口。橡胶圈接口的管道，每个接口的最大偏转角不得超过表 6.5 的规定。

检验方法：观察和尺量检查。

表 6.5			橡胶圈接口最大允许偏转角					
公称直径（mm）	100	125	150	200	250	300	350	400
允许偏转角度（°）	5	5	5	5	4	4	4	3

6.2.5 室外消防水泵接合器及室外消火栓安装质量验收标准

1. 主控项目

（1）系统必须进行水压试验，试验压力为工作压力的 1.5 倍，但不得小于 0.6MPa。

检验方法：试验压力下，10min 内压力降不大于 0.05MPa，然后降至工作压力进行检查。

（2）消防管道在竣工前，必须对管道进行冲洗。

检验方法：观察冲洗出水的浊度。

（3）消防水泵接合和消火栓的位置标志应明显，栓口的位置应方便操作。消防水泵接合器和室外消火栓当采用墙壁式时，如设计未要求，进、出水栓口的中心安装高度距地面为 1.10m，其上方应设有防坠落物打击的措施。

检验方法：观察和尺量检查。

2. 一般项目

（1）室外消火栓和消防水泵接合器的各项安装尺寸应符合设计要求，栓口安装设计允许偏差为 ±20mm。

检验方法：尺量检查。

（2）地下式消防水泵接合器顶部进水口或地下式消火栓顶部出水口与消防井盖底面的距离不得大于 400mm，井内应有足够的操作空间，并设爬梯。寒冷地区井内应做防冻保护。

检验方法：观察和尺量检查。

（3）消防水泵接合器的安全阀及止回阀安装位置和方向应正确，阀门启闭应灵活。消防水泵接合器的安全阀应进行定压（定压值应由设计给定），定压后的系统应能保证最高处的一组消火栓的水栓能有 10～15m 的充实水柱。

检验方法：现场观察和手扳检查。

6.2.6 室外管沟及井室质量验收标准

1. 主控项目

（1）管沟的基层处理和井室的地基必须符合设计要求。管沟的基层处理好坏，井室的地基是否牢固直接影响管网的寿命，一旦出现不均匀沉降，就有可能造成管道断裂。

检验方法：现场观察检查。

（2）各类井室的井盖应符合设计要求，应有明显文字标识，各种井盖不得混用。

检验方法：现场观察检查。

（3）设在通车路面上下或小区道路下的各种井室，必须使用重型井圈和井盖，井盖上表面应与路面相平，允许偏差为 ±5mm。绿化带上和不通车的地方可采用轻型井圈天井盖，井盖的上表面应高出地坪 50mm，并在井口周围以 2% 的坡度向外做水泥砂浆护坡。

检验方法：观察和尺量检查。

（4）重型铸铁或混凝土井圈，不得直接放在井室的砖墙上，砖墙上应做不小于 80mm 厚的细石混凝土垫层。垫层与井圈间应用高强度等级水泥砂浆找平，目的是为保证井圈与井壁成为一体，防止井圈受力不均时或反复冻胀后松动，压碎井壁砖导致井室塌陷。

检验方法：观察和尺量检查。

2．一般项目

（1）管沟的坐标、位置、沟底标高应符合设计要求。

检验方法：观察、尺量检查。

（2）管沟的沟底层应是土层，或是夯实的回填上，沟底应平整，坡度应顺畅，不得有尖硬的物体、块石等。目的是为了管道铺设后，沟底不塌陷及保护管壁在安装过程中不受损坏。

检验方法：观察检查。

（3）如沟基为岩石、不易清除的块石或为砾石时，沟底应下挖 100～200mm，填铺细砂或粒径不大于 5mm 的细土，夯实到沟底标高后，方可进行管道敷设。目的是为了保护管壁在安装过程中及以后的沉降过程中不受损坏，采取的措施。

检验方法：观察和尺量检查。

（4）管沟回填土，管顶上部 200mm 以内应用砂子或无块石及冻土块的土，并不得用机械回填；管顶上部 500mm 以内不得回填直径大于 100mm 的块石和冻土块；500mm 以上部分回填土中的块石或冻土块不得集中。上部用机械回填时，机械不得在管沟上行走。

检验方法：观察和尺量检查。

（5）井室的砌筑应按设计或给定的标准图施工。井室的底标高在地下水位以上时，基层应为素土夯实；在地下水位以下时，基层应打 100mm 厚的混凝土底板。砌筑应采用水泥砂浆，内表面抹灰后后应严密不透水。

检验方法：观察和尺量检查。

（6）管道穿过井壁处，应用水泥砂浆分二次填塞严密、抹平，不得渗漏。因为采用一次填塞易出现裂纹，二次填塞基本保证能消除裂纹，且表面也易抹平，故规定此条文。

检验方法：观察检查。

6.2.7　室外排水管道安装

室外排水管道应采用混凝土管、钢筋混凝土管、排水铸铁管或塑料管。其规格及质量必须符合现行国家标准及设计要求。排水系统的管沟及井室的土方工程，沟底的处理，管道穿井壁处的处理，管沟及井池周围的回填要求等与给水系统的对应要求相同。

各种排水、池应按设计给定的标准图施工，各种排水井和化粪池均应用混凝土做底板（雨水井除外），厚度不小于 100mm。一些井池坍塌多数是由于混凝土底板没打或打的质量不好，在粪水的长期浸泡下出的问题。故要求必须先打混凝土底板后，再在其上砌井室。

安装工艺流程为：下管前管材检验、检查沟底标高和管基强度→检验下管机具和绳索→下管接口→闭水实验。

1．排水管沟施工

工艺流程为：测量→确定线路→钉中心桩→放线定位→管沟开挖→管沟回填→加

支撑。

（1）测量。

1）找到当地准确的永久性水准点。将临时水准点设在稳固和僻静之处，尽量选择永久性建筑物，距沟边大于 10m，对居住区以外的管道水准点不低于 Ⅲ 级。

2）水准点闭合差不大于 4mm/km。

3）沿着管线的方向定出管道中心和转线角出检查井的中心点，并与当地固定建筑物相连。

4）新建排水管及构筑物与地下原有管道或构筑物交叉处，要设置特别标记示众。

5）确定堆土、堆料、运料、下管的区间或位置。

6）核对新排水管道末端接旧有管道的底标高，核对设计坡度。

（2）放线。

1）根据导线桩测定管道中心线，在管线的起点、终点和转角处，钉一较长的大木桩作中心控制桩。用两个固定点控制此桩将窨井位置相继用段木桩钉出。

2）根据设计坡度计算挖槽深度、放出上开口挖槽线。

3）测定雨水井等附属构筑物的位置。

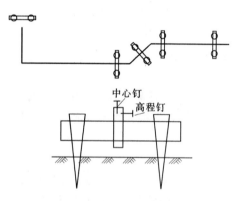

图 6.9 龙门板的设置

4）在中心桩钉个小钉，用钢尺量出间距，在窨井中心牢固埋设水平板，不高出地面，将平板测为水平。板上钉出管道中心标志作挂线用，在每块水平板上注明井号、沟宽、坡度和立板至各控制点的常数，如图 6.9 所示。

5）用水准仪测出水平板顶标高，以便确定坡度。在中心定一 T 形板，使下缘水平。且和沟底标高为一常数，在另一窨井的水平板同样设置，其常数不变。

6）挖沟过程中，对控制坡度的水平板要注意保护和复测。

7）挖至沟底时，在沟底补钉临时桩以便控制标高，防止多挖而破坏自然土层。可留出 100mm 暂不挖。

8）挖沟深度在 2m 以内时，采用脚手架进行接力倒土，也可用边坡台阶二次返土，如图 6.10 所示。

根据沟槽土质及沟深不同，酌情设置支撑加固，如图 6.11 所示。

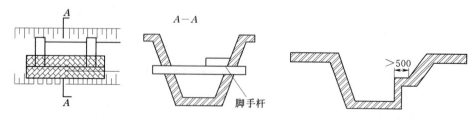

图 6.10 边坡台阶

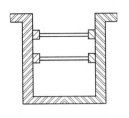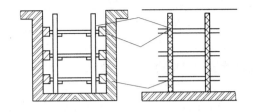

图 6.11　沟槽支撑加固

（3）沟槽开挖。

1）按当地冻结层深度；通过计算确定沟槽开挖尺寸，放出上开口挖槽线。沟底宽度见表 6.6。

$D<300\text{mm}$ 时为：D＋管皮＋冻结深＋0.2m。

$D>300\text{mm}$ 时为：D＋管皮＋冻结深。

$D>600\text{mm}$ 时为：D＋管皮＋冻结深－0.3m。

表 6.6　　　　　　　　　　　　　沟　底　宽　度

管径（mm）	50～75	100～300	350～600	700～1000
沟底宽（m）	0.5	$D+0.4$	$D+0.5$	$D+0.6$

2）按设计图纸要求及测量定位的中心线，依据沟槽开挖计算尺寸，撒好灰线。

3）按人数划分操作面，按照从浅到深顺序进行开挖。

4）一类、二类土可按 30cm 分层逐层开挖，倒退踏步型开挖，三类、四类土先用镐翻松，再按 30cm 左右分层正向开挖。

5）每挖一层清底一次，挖深 1m 切坡成型一次，并同时抄平，在边坡上打好水平控制小木桩。

6）挖掘管沟和检查井底槽时，沟底留出 15～20cm 暂不开挖。待下道工序进行前抄平，然后开挖，如个别地方不慎破坏了天然土层，要先清除松动土壤，用砂等填至标高，夯实。

7）岩石类管基填以厚度不小于 100mm 的沙层。

8）当遇到有地下水时，排水或人工抽水应保证下道工序进行前将水排除。

9）敷设管道前，应按规定进行排尺，并将沟底清理道设计标高。

10）采用机械挖沟时，应由专人指挥。为确保机械挖沟时沟底的土层不被扰动和破坏，用机械挖沟时，当天不能下管时，沟底应留出 0.2m 左右一层不挖，待铺管前人工清挖。

（4）回填。

1）管道安装验收合格后应立即回填。

2）回填时沟槽内应无积水，不得带水回填，不得回填淤泥、有机物及冻土。回填土中不得含有石块、砖及其他杂硬物体。

3）沟槽回填应从管道、检查井等构筑物两侧同时对称回填，确保管道不产生位移，必要时可采取限位措施。

4）管道两侧及管顶以上 0.5m 部分的回填，应同时从管道两侧填土分层夯实，不得损坏管子和防腐层，沟槽其余部分的回填也应分层夯实。管子接口工作坑的回填必须仔细夯实。

5）回填设计填砂时应遵照设计要求。

6）管顶 0.7m 以上部位可采用机械回填，机械不能直接在管道上部行驶。

7）管道回填宜在管道充满水的情况下进行，管道敷设后不宜长期处于空管状态。

2. 管道铺设

（1）下管前的准备工作。

1）检查管材、套环及接口材料的质量。管材有破裂、承插口缺肉、缺边等缺陷不允许使用。

2）检查基础的标高和中心线。基础混凝土强度须达到设计强度等级的 50% 和不小于 5MPa 时方准下管。

3）管径大于 700mm 或采用列车下管法，须先挖马道，宽度为管长 300mm 以上，坡度采用 1：15。

4）用其他方法下管时，要检查所用的大绳、木架、倒链、滑车等机具，无损坏现象方可使用。临时设施要帮扎牢固，下管后座应稳固牢靠。

5）校正测量及复核坡度板，是否被挪动过。

6）铺设在地基上的混凝管，根据管子规格量准尺寸，下管前挖好枕基坑，枕基低于管底 10mm。

（2）下管。

1）根据管径大小，现场的施工条件，分别采用塔架法、贯绳法、压绳法、三脚架、倒链滑车等。塔架法下管如图 6.12 所示，贯绳法下管如图 6.13 所示。

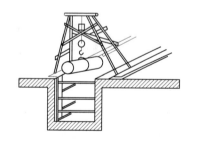
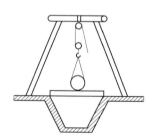

图 6.12 塔架法下管

2）下管前要从两个检查井的一端开始，若为承插管铺设时以承口在前。

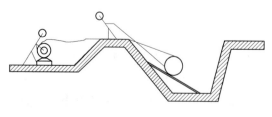

图 6.13 贯绳法下管

3）稳管前将管口内外全刷洗干净，管径在 600mm 以上的平口或承插管道接口，应留有 10mm 缝隙，管径在 600mm 以下者，留出不小于 3mm 的对口缝隙。

4）下管后找正拨直，在撬杠下垫以木板，不可直插在混凝土基础上。待两窨井间全部管子下完，检查坡度无误后即可接口。

5）使用套环接口时，稳好一根管子再安装一个套环。铺设小口径承插管时，稳好第一节管后，在承口下垫满灰浆，再将第二节管插入，挤入管内的灰浆应从里口抹平。

3. 管道接口

（1）承插铸铁管及混凝土管接口。

1）水泥砂浆抹口或沥青封口，在承口的 1/2 深度内，宜用油麻填严塞实，再抹 1∶3 水泥砂浆或灌沥青玛琋脂。一般应用在套环接口底混凝土管上。

2）承插铸铁管或陶土管一般采用 1∶9 水灰比的水泥打口。先在承口内打好 1/3 的油麻，将和好的水泥，自下向上分层打实再抹光，覆盖湿土养护。

（2）套环接口。

1）调整好套环间隙。借用小木楔 3～4 块将缝垫匀，让套环与管同心，套环的结合面用水冲洗干净，保持湿润。

2）按照石棉∶水泥＝2∶7 的配合比拌好填料，用錾子将灰自下而上地边填边塞，分层打紧。管径在 600mm 以上的要做到四填十六打，前三次每填 1/3 打四遍。管径在 500mm 以下采用四填八打，每填一次打两遍。最后找平。

3）打好的灰口，较套环的边凹 2～3mm，打时，每次灰钎子重叠一半，打实打紧打匀。填灰打口时，下面垫好塑料布，落在塑料布上的石棉灰，1h 内可再用。

4）管径大于 700mm 的对口缝较大时，在管内用草绳塞严缝隙，外部灰口打完再取出草绳，随即打实内缝。切勿用力过大，免得松动外面接口。管内管外打灰口时间不准超过 1h。

5）灰口打完用湿草袋盖住，1h 后洒水养护，连续 3 天。

（3）平口管子接口。

1）水泥砂浆抹带接口必须在八字包接头混凝土浇筑完以后进行抹带工序。

2）抹带前洗刷净接口，并保持湿润。在接口部位先抹上一层薄薄的水泥浆，分两层抹压，第一层为全厚的 1/3。将其表面划成线槽，使表面粗糙，待初凝后再抹第二层。然后用弧形抹子赶光压实，覆盖湿草袋，定时浇水养护。

3）管子直径在 600mm 以上接口时，对口缝留 10mm。管端如不平以最大缝隙为准。注意接口时不可用碎石、砖块塞缝。处理方法同上所述。

4）设计无特殊要求时带宽如下：管径小于 450mm，带宽为 100mm，高 60mm；管径大于或等于 450mm，带宽为 150mm，高 80mm。

（4）塑料管溶剂黏接连接。

1）检查管材、管件质量。必须将管端外侧和承口内侧擦拭干净，使被黏接面保持清洁、无尘砂与水迹。表面粘有油污时，必须用棉纱蘸丙酮等清洁剂擦净。

2）采用承口管时，应对承口与插口的紧密程度进行验证。粘接前必须将两管试插一次，使插入深度及松紧度配合情况符合要求，并在插口端表面划出插入承口深度的标线。管端插入承口深度可按现场实测的承口深度。

3）涂抹黏接剂时，应先涂承口内侧，后涂插口外侧，涂抹承口时应顺轴向由里向外涂抹均匀、适量，不得漏涂或涂抹过量。

4）涂抹黏接剂后，应立即找正方向对准轴线将管端插入承口，并用力推挤至所画标线。插入后将管旋转 1/4 圈，在不少于 60s 时间内保持施加的外力不变，并保证接口的直度和位置正确。

表 6.7　静止固化时间

单位：min

外径 DN（mm）	管材表面温度	
	18～40℃	5～18℃
≥50	20	30
63～90	45	60

注　工厂加工各类管件时，黏接固化时间由生产厂家技术条件确定。

5）插接完毕后，应及时将接头外部挤出的黏接剂擦拭干净。应避免受力或强行加载，其静止固化时间不应少于表 6.7 的规定。

6）黏接接头不得在雨中或水中施工，不宜在 5℃ 以下操作。所使用的黏接剂必须经过检验，不得使用已出现絮状物的黏接剂，黏接剂与被黏接管材的环境温度宜基本相同，不得采用明火或电炉等设施加热黏接剂。

4. 五合一施工法

（1）五合一施工法是指基础混凝土、稳管、八字混凝土、包接头混凝土、抹带等五道工序连续施工。

（2）管径小于 600mm 的管道，设计采用五合一施工法时，程序如下：

1）先按测定的基础高度和坡度支好模板，并高出管底标高 2～3mm，为基础混凝土的压缩高度。随后即浇灌。

2）洗刷干净管口并保持湿润。落管时徐徐放下，轻落在基础底下，立即找直找正拨正，滚压至规定标高。

3）管子稳好后，随后打八字和包接头混凝土，并抹带。但必须使基础、八字和包接头混凝土以及抹带合成一体。

4）打八字前，用水将其接触的基础混凝土面及管皮洗刷干净；八字及包接头混凝土，可分开浇注，但两者必须合成一体；包接头模板的规格质量，应符合要求，支搭应牢固，在浇注混凝土前应将模板用水湿润。

5）混凝土浇筑完毕后，应切实做好保养工作，严防管道受震而使混凝土开裂脱落。

5. 室外排水管道闭水试验

管道应于充满水 24h 后进行严密性检查，水位应高于检查管段上游端部的管顶。如地下水位高出管顶时，则应高出地下水位。一般采用外观检查，检查中应补水，水位保持规定值不变，无漏水现象则认为合格。

管道埋设前必须做灌水实验和通水试验，排水应通畅，无堵塞，管接口无渗漏。按排水检查井分段试验，试验水头应以试验段上游管顶加 1m，时间不少于 30min，逐段观察。

管道的坐标和标高应符合设计要求，安装的允许偏差应符合表 6.8 的规定。

6.2.8　化粪池、检查井施工

1. 化粪池、检查井施工工艺流程

（1）砖砌化粪池施工工艺流程为：施工准备工作→测量放线→土方开挖→基槽验收→混凝土垫层→垫层面弹线→调制砂浆、砌砖、抹灰回填土→制作安装盖板、井盖、井座。

（2）钢筋混凝土化粪池施工工艺流程为：施工准备工作→测量放线→土方开挖→基槽验收→混凝土垫层→垫层面弹线制作、安装模板（木模或钢模）→调制砂浆及抹灰→制作及绑扎钢筋→搅拌、浇捣、养护混凝土拆模、修补缺陷→清理基层、熬制沥青、涂刷等→回填土→制作安装混凝土盖板、井盖、井座。

表 6.8　　　　　　　　　　室外排水管道的安装的允许偏差和检验办法

项次	项　　目		允许偏差（mm）	检验方法
1	坐标	埋地	100	拉线尺量
		敷设在沟槽内	50	
2	标高	埋地	±20	用水平仪、拉线和尺量
		敷设在沟槽内	±20	
3	水平管道纵横向弯曲	每 5m 长	10	拉线尺量
		全长（两井间）	30	

（3）圆形（矩形）检查井施工工艺流程为：施工准备工作→测量放线→土方开挖→基槽验收→混凝土垫层→垫层面弹线→调制砂浆、砌砖墙面清理、勾缝、养护→安装井盖框及爬梯（安装井盖框及爬梯钢筋、混凝土盖板、混凝土井盖框、座浆、抹三角灰等）。

2.操作工艺

（1）砖砌体材料宜采用烧结普通砖。

（2）砖砌体的转角处和交接处应同时砌筑。对不能同时砌筑而又必须留置的临时间断处应砌成斜槎，斜槎水平投影长度不应小于高度的 2/3。

（3）竖向灰缝不得出现透明缝、瞎缝和假缝。

（4）混凝土应采用普通混凝土或防水混凝土。

（5）施工缝的位置应在混凝土浇筑前按设计要求和施工技术方案确定。施工缝的处理应按施工技术方案执行。

（6）混凝土中掺用外加剂的质量及应用技术应符合现行国家标准《混凝土外加剂》（GB8076）、《混凝土外加剂应用技术规范》（GB50119）等和有关环境保护的规定。

（7）当地下水位高于基坑底面时，应采用地面截水、坑内抽水、井点降水等有效措施来降低地下水位。同时及时观察坑内、坑外降水的标高，以确定对周围环境的影响程度，并及时采取措施，防止降水而产生的影响，如坑内降水坑外回灌等。

（8）冬雨季施工措施按相关方案执行。

（9）井室的尺寸应符合设计要求，允许偏差±20mm（圆形井指其直径；矩形井指其边长）。

（10）安装混凝土预制井圈，应将井圈端部洗干净并用水泥砂浆将接缝抹光。

（11）砖砌井室。地下水位较低，内壁可用水泥砂浆勾缝；水位较高，井室的外壁应用防水砂浆抹面，其高度应高出最高水位 200～300mm。含酸性污水检查井，内壁应用耐酸水泥砂浆抹面。

（12）排水检查井需作流槽，应用混凝土浇筑或用砖砌筑，并用水泥砂浆抹光。流槽的高度等于引入管中的最大直径，允许偏差±10mm。流槽下部断面为半圆形，其直径同引入管管径相等。流槽上部应作垂直墙，其顶面应有 0.05 的坡度。排除管同引入管直径不相等，流槽应按两个不同直径作成渐扩形。弯曲流槽同管口连接处应有 0.5 倍直径的直线部分，弯曲部分为圆弧形，管端应同井壁内表面齐平。管径大于 500mm，弯曲流槽同管口的连接形式应由设计确定。

（13）在高级和一般路面上，井盖上表面应同路面相平，允许偏差为 ±5mm。无路面时，井盖应高出室外设计标高 50mm，并应在井口周围以 0.02 的坡度向外作护坡。如采用混凝土井盖，标高应以井口计算。

（14）安装在室外的地下消火栓、给水表井和排水检查井等用的铸铁井盖，应有明显区别，重型与轻型井盖不得混用。

（15）管道穿过井壁处，应严密、不漏水。

6.2.9 室外排水管道质量验收标准

1. 主控项目

（1）排水管道的坡度必须符合设计要求，严禁无坡或倒坡。

检验方法：用水准仪、拉线和尺量检查。

（2）管道埋设前必须做灌水试验和通水试验，排水应畅通，无堵塞，管接口无渗漏。排水管道中虽无压，但不应渗漏，长期渗漏处可导致管基下沉，管道悬空，因此要求在施工过程中，在两检查井间管道安装后，即应做灌水试验。通水试验检验排水使用功能的手段，随着从上游不断向下游做灌水试验的同时，也检验了通水的能力。

检验方法：按排水检查井分段试验，试验水头应以试验段上游管顶加 1m，时间不小于 30min，逐段观察。

2. 一般项目

（1）管道的坐标和标高应符合设计要求，安装的允许偏差应符合表 6.9 的规定。

表 6.9　　　　　　　　室外排水管道安装的允许偏差和检验方法

项次	项　　目		允许偏差（mm）	检验方法
1	坐标	埋地	100	拉线尺量
		敷设在沟槽内	50	
2	标高	埋地	±20	用水平仪、拉线和尺量
		敷设在沟槽内	±20	
3	水平管道纵横向弯曲	每 5m 长	10	拉线尺量
		全长（两井间）	30	

（2）排水铸铁管采用水泥捻口时，油麻填塞应密实，接口水泥应密实饱满，其接口面凹入承口边缘且深度不得大于 2mm。

检验方法：观察和尺量检查。

（3）为了提高管材抗腐蚀能力，提高管材使用年限。排水铸铁管外壁奋安装前应除锈，涂两遍石油沥青漆。

检验方法：观察和尺量检查。

（4）承插接口拉巴特排水管道安装时，管道和管件的承口应与水流方向相反。目的是为了减少水流的阻力，提高管网使用寿命。

检验方法：观察检查。

（5）混凝土管或钢筋混凝土管采用抹带接口时，应符合下列规定：

1）抹带前应将管口的外壁毛，扫净，当管径小于或等于 500mm 时，抹带可一次完成；当管径大于 500mm 时，应分两次抹成，抹带不得有裂纹。

2）钢丝网应在管道就位前放入下方，抹压砂浆时应将钢丝网抹压牢固，钢丝不得外露。

3）抹带厚度不得小于管壁的厚度，宽度宜为 80～100mm。

检验方法：观察和尺量检查。

6.2.10　室外排水管沟及井池质量验收标准

1. 主控项目

（1）沟基的处理和井池的底板强度必须符合设计要求。如沟基夯实和支墩大小、尺寸、距离、强度等不符合要求，待管道安装上，土回填后必须造成沉降不均，管道或接口处将受力不均而断裂。如井池底板不牢，给管网带来损坏。因此必须重视排水沟管基的处理和保证井池的底板强度。

检验方法：现场观察和尺量检查，检查混凝土强度报告。

（2）排水检查井、化粪池的底板及进、出水管的标高，必须符合设计，其允许偏差为±15mm。检查井、化粪池的底板及进出水管的标高直接影响水系统的使用功能，一处变动迁动多处。故相关标高必须严格控制好。

检验方法：用水准仪及尺量检查。

2. 一般项目

（1）井、池的规格、尺寸和位置应正确，砌筑和抹灰符合要求。由于排水井池长期处在污水浸泡中，故其砌筑和抹灰等要求应比给水检查井室要严格。

检验方法：观察及尺量检查。

（2）井盖选用应正确，标志应明显，标高应符合设计要求。

检验方法：观察、尺量检查。

复 习 思 考 题

1. 室外给排水施工图的内容和识读方法有哪些？
2. 室外给排水系统常用管材有哪些？
3. 室外给排水管道的施工顺序和施工方法是什么？
4. 简述室外给排水管道试验与清洗的步骤和要求。

学习情境 7　室 外 供 热 管 道 施 工

【学习目标】

(1) 能完成室外供热管材及设备的进场验收工作。

(2) 能够识读室外供热管道施工图。

(3) 能编制室外供热管道施工材料计划。

(4) 能编制室外供热管道施工准备计划。

(5) 能合理选择管道的加工机具，编制加工机具、工具需求计划。

(6) 能编制室外供热管道施工方案、组织加工并进行安装。

(7) 能在施工过程中收集验收所需要的资料。

(8) 能进行室外供热管道质量检查与验收。

学习单元 7.1　室外供热管道施工图识读

室外供热管道施工图主要反映从热源至用热建筑物热媒入口的管道布置情况。一般都要用供热管沟来作为架设管道的通道，并埋在地下，起到防护、保温作用。

图上一般将供暖管沟用虚线表示出轮廓和位置，具体做法一般土建图上均有。供暖管道则用粗线画出，一条为供暖管线，用实线表示；一条为回水管线，用虚线表示。

集中供暖工程的供暖管道外线平面示意图如图 7.1 所示。

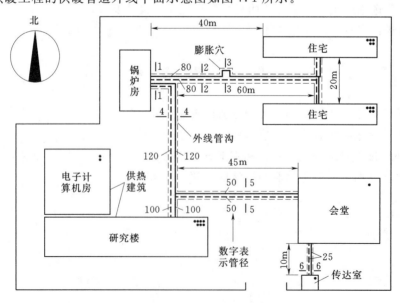

图 7.1　供暖管道外线平面示意图

室外采暖管道进入室内采暖系统需设置引入装置（采暖系统入口装置），用来控制（接通或切断）热媒，以及减压、观察热媒的参数。

采暖系统引入装置示意图如图 7.2 所示，引入装置通常由温度计、压力表、过滤器、平衡阀、泄水阀等组成。

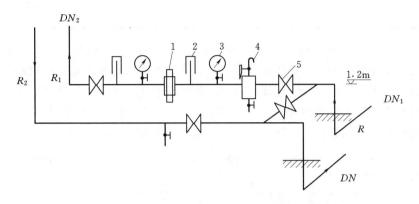

图 7.2　采暖系统引入装置示意图
1—平衡阀；2—温度计；3—压力表；4—过滤器；5—总管阀门

学习单元 7.2　室外供热管道安装

供热管网的管材应按设计要求。当设计未注明时，应符合下列规定：

（1）管径不大于 40mm 时，应使用焊接钢管。

（2）管径为 50～200mm 时，应使用焊接钢管或无缝钢管。

（3）管径大于 200mm 时，应使用螺旋焊接钢管。

7.2.1　直埋管道安装

1. 直埋敷设的特点

管道直埋敷设也称为无地沟敷设，是将管道直接埋入地下的一种管道敷设方法。此方法可以减少土方量，节约大量的工程材料和缩短建设工期，是一种最为经济的管道敷设方式。适用于地下水位低、土质条件好、土壤无腐蚀的场合。

直埋敷设不需要砌筑地沟和支撑结构，将管道敷设于基础之上直接回填，可缩短施工周期，节约投资，特别是随着保温材料和外层防水保护材料的改良，这种敷设方法的应用会越来越广泛。安装直埋管道，必须在沟底找平夯实，沿管线铺设位置无杂物，沟宽及沟底标高尺寸复核无误后进行。

直埋供热管道最小覆土深度应符合表 7.1 的规定，若穿越河底时，覆土深度应根据水流冲刷条件和管道稳定条件确定。回填土时要在保温管四周填 100mm 细砂，再填 300mm 素土，用人工分层夯实。管道穿越马路处埋深少于 800mm 时，应做简易管沟，加盖混凝土盖板，沟内填砂处理。

2. 直埋敷设的施工程序和方法

直埋敷设的施工程序为：放线定位→砌井、铺底沙→挖管沟→防腐保温→管道敷设→

补偿器安装→水压试验→防腐保温修补→填盖细沙→回填土夯实。

表 7.1　　　　　　　　　　　　直埋敷设管道最小覆土深度

管径（mm）	50~125	150~200	250~300	350~400	450~500
车行道下（m）	0.8	1.0	1.0	1.2	1.2
非车行道下（m）	0.6	0.6	0.7	0.8	0.9

对于直径 $DN \leqslant 500$mm 的热力管道均可采用埋地敷设。一般使用在地下水位以上的土层内，它是将保温后的管道直接埋于地下，从而节省了大量建造地沟的材料、工时和空间。管道应有一定的埋深，外壳顶部的埋深应不小于表 7.1 的要求。此外，还要求保温材料除导热率小之外，还应吸水率低，电阻率高，并具有一定的机械强度。为了防水防腐蚀，保温结构应连续无缝，形成整体。管道的直埋敷设如图 7.3 所示。

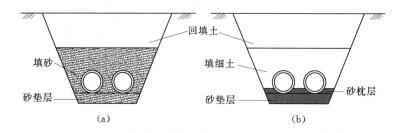

图 7.3　管道的直埋敷设
（a）砂子埋管；（b）细土埋管

（1）根据设计图纸的位置，进行测量、打桩、放线、挖土、地沟垫层处理等。沟槽的土方开挖宽度，应根据管道外壳至槽底边的距离确定，管周围填砂时该距离不应小于 100mm；填土时该距离应根据夯实工艺确定。

（2）为了便于管道安装，挖沟时应将挖出来的土堆放在沟边一侧，土堆底边应与沟边保持 0.6~1m 的距离，沟底要求找平夯实，以防止管道弯曲受力不均。

（3）直埋供热管道的坡度不宜小于 2‰，高处宜设放气阀，低处宜设放水阀。从干管直接引出分支管时，在分支管上应设固定墩或轴向补偿器或弯管补偿器，并应符合规定：

1）分支点至直线上固定墩的距离不宜大于 9m。

2）分支点至轴向补偿器或弯管的距离不宜大于 20m。

3）分支点有干线轴向位移时，轴向位移量不宜大于 50mm。

（4）直埋管道上的阀门应能承受管道的轴向荷载，宜采用钢制阀门及焊接连接。管道变径处（大小头）壁厚变化处，也应设补偿器或固定墩，固定墩应设在大管径或壁厚较大一侧。固定墩处应采取可靠的防腐措施，钢管、钢架不应裸露。管道穿过固定墩处，孔边应设置加强筋。

（5）直埋供热管道的保温结构应有足够的强度并与钢管黏接为一体，有良好的保温性能。在工厂预制好的管道及管件，在储存、运输期间，保温端面必须有良好的防水漆面，管端应有保护封帽。

（6）保温层内设置报警线的保温管，报警线之间、报警线与钢管之间的绝缘电阻值应符合产品标准的规定。安装前应测试报警线的通断状况和电阻值，合格后在下管对口焊接，报警线应在管道上方。在施工中，报警线必须防潮；一旦受潮，应采取预热、烘烤等方式干燥。

（7）管道下沟前，应检查沟底标高沟宽尺寸是否符合设计要求，保温管应检查保温层是否有损伤，如局部有损伤时，应将损伤部位放在上面，并做好标记，便于统一修理。

（8）管道应先在沟边进行分段焊接，每段长度在 25～35m 范围内。放管时，应用绳索将一端固定在地锚上，并套卷管段拉住另一端，用撬杠将管段移至沟边，放好木滑杠，统一指挥慢速放绳使管段沿滑木杠下滚。为避免管道弯曲，拉绳不得少于两条，沟内不得站人。

（9）沟内管道焊接，连接前必须清理管腔，找平找直，焊接处要挖出操作坑，其大小要便于焊接操作。

（10）阀门、配件、补偿器支架等，应按设计要求位置进行安装，并在施工前按施工要求预先放在沟边沿线，并在试压前安装完毕。

（11）直埋管道接口保温应在管道安装完毕及强度试验合格后进行，接口保温施工前，应将接口钢管表面、两侧保温端面和搭接段外壳表面的水分、油污、杂质和端面保护层去除干净。

（12）管道接口使用聚氨酯发泡时，环境温度宜为20℃，不应低于10℃；管道温度不应超过50℃。管道接口保温不宜在冬季进行。不能避免时，应保证接口处环境温度不低于10℃，严禁管道浸水、覆雪。接口周围应留有操作空间。

（13）接口保温采用套袖连接时，套袖与外壳管连接应采用电阻热溶焊，也可采用热收缩套或塑料热空气焊，采用塑料热空气焊应用机械施工。套袖安装完毕后，发泡前应做气密性试验，升压至0.02MPa，接缝处用肥皂水检验，无泄漏为合格。

（14）采用玻璃钢外壳的管道接口，使用模具作接口保温时，接口处的保温层应和管道保温层顺直，无明显凸凹及空洞。接口处，玻璃钢防护壳表面应光滑顺直，无明显凸起、凹坑、毛刺。防护壳厚度不应小于管道防护壳厚度；两侧搭接不应小于80mm。

（15）直埋管道敞口预热宜选用充水预热方式，也可采用电加热。预拉伸处理和伤口预热时，应保证管道伸长量符合设计值并且保持不变时进行覆土夯实。

（16）管道水压试验，应按设计要求和规范规定，办理隐检试压手续，将水泄净。

（17）管道防腐，应预先集中处理，管道两端留出焊口的距离，焊口处的防腐在试压完后再处理。

（18）直埋供热管道的检查室施工时，应保证穿越口与管道轴线一致，偏差度应满足设计要求，并按设计要求做好管道穿越口的防水、防腐。

（19）沟槽、检查室经工程验收合格、竣工测量后，应及时进行回填。回填前应先将槽底清除干净，有积水时应先排除。

7.2.2 地沟管道安装

1.地沟敷设的特点

厂区或街区交通特别频繁以至管道架空有困难或影响美观时，或在蒸汽供热系统中，凝水是靠高度差自流回收时，适于采用地下敷设。

供热管道地沟敷设，即将供热管道敷设在由砖砌或钢筋混凝土构筑的地沟内。这种敷设方式有效地保护管道防止地下水的侵蚀和土壤的土压力作用。安装地沟内的干管，应在管沟砌完后、盖沟盖板前，安装好托吊卡架后进行。

　　管沟是地下敷设管道的围护构筑物，其作用是承受土压力和地面荷载并防止水的侵入。

　　根据管沟内人行通道的设置情况，分为如图 7.4 所示通行管沟、如图 7.5 所示半通行管沟和如图 7.6 所示不通行管沟。

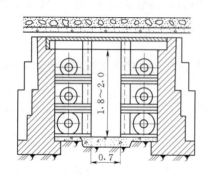

图 7.4　通行管沟（单位：m）

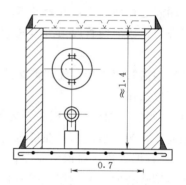

图 7.5　半通行管沟（单位：m）

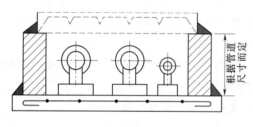

图 7.6　不通行管沟

　　地沟敷设方式宜符合下列要求：

　　（1）管道数量少且管径较小时，宜采用不通行地沟。

　　（2）管道通过不允许经常开挖的地段或管道数量较多，采用不通行地沟敷设时沟宽度受到限制时，宜采用不通行地沟。

　　（3）管道通过不允许开挖的地段或管道数量较多，其一侧管道的高度大于 1.5m，可采用通行地沟。

　　（4）地沟的沟底应有 0.003 的坡度坡向集水坑，通行（半通行）地沟每隔一定距离应设检修人孔。

　　（5）地沟敷设有关尺寸见表 7.2。

表 7.2　　　　　　　　　　　　　地沟敷设有关尺寸　　　　　　　　　　　　单位：m

尺寸类别	地沟净高	通道宽	管道（包括保温层）表面			
			与沟壁净距	与沟顶净距	与沟底净距	与管道保温层表面净距
通行地沟	≥1.8	≥0.7	0.1~0.15	0.2~0.3	0.1~0.2	≥0.15
半通行地沟	≥1.2	≥0.6	0.1~0.15	0.2~0.3	0.1~0.2	≥0.15
不通行地沟			0.1~0.15	0.05~0.1	0.1~0.2	≥0.2

　　2. 地沟敷设的施工程序和方法

　　地沟敷设的施工程序为：放线定位→挖土方→砌管沟→卡架制作安装→管道安装→补

偿器安装→水压试验→防腐保温→盖沟盖板→回填土。

（1）在不通行地沟安装管道时，应在土建垫层完毕后立即进行安装。

（2）土建打好垫层后，按图纸标高进行复查并在垫层弹出底沟的中心线，按规定间距安放支座及滑动支架。地沟内的管道安装位置，其净距（保温层外表面）应符合下列规定：

与沟壁 100～150mm；

与沟底 100～200mm；

与沟顶（不通行地沟）50～100mm；

（半通行和通行地沟）100～150mm。

（3）管道应先在沟边分段连接，管道放在支座上时，用水平尺找平找正。安装在滑动支架上时，要在补偿器拉伸并找正位置后才能焊接。

（4）通行底沟的管道应安装在地沟的一侧或两侧，支架应采用型钢，支架的间距要求见表7.3。

表7.3 支架最大间距 单位：mm

管径		15	20	25	32	40	50	70	80	100	125	150	200
间距	不保温	2.5	2.5	3.0	3.0	3.5	3.5	4.5	4.5	5.0	5.5	5.5	6.0
	保温	2.0	2.0	2.5	2.5	3.0	3.5	4.0	4.0	4.5	5.0	5.5	5.5

（5）支架安装要平直牢固，同一地沟内有几层管道时，安装顺序应从最下面一层开始，再安装上面的管道，为了便于焊接，焊接连接口要选在便于操作的位置。

（6）遇有伸缩器时，应在预制时按规范要求做好预拉伸并做好支撑，按位置固定，与管道连接。

（7）管道安装时坐标、标高、坡度、甩口位置、变径等复核无误后，再把吊架螺栓紧好，最后焊牢固卡处的止动板。

（8）冲水试压，冲洗管道办理隐检手续，把水泄净。

（9）管道防腐保温，应符合设计要求和施工规范规定，最后将管沟清理干净。

7.2.3 架空管道安装

1. 架空敷设的特点

架空敷设在工厂区和城市郊区应用广泛，它是将供热管道敷设在地面上的独立支架或带纵梁的桁架以及建筑物的墙壁上。

架空敷设不受地下水和土壤的影响，但保温层在空气中受到风吹雨淋、日晒，管道的热损失大，同时室外架空敷设一般均为空中作业，施工时应制定更为严密的措施。安装架空的干管，应先搭好脚手架，管道支架装稳后进行。

在地下敷设必须进行大量土石方工程的地区也可采取架空敷设。当有其他架空管道时，可考虑与之共架敷设。在寒冷地区，若因管道散热量过大，热媒参数无法满足用户要求，或因管道间歇运行而采取保温防冻措施，使得它在经济上不合理时，则不适于采用架空敷设。

架空敷设所用的支架按其制成材料可分为砖砌、毛石砌、钢筋混凝土预制或现场浇灌、钢结构、木结构等类型。目前，国内使用较多的是钢筋混凝土支架，这种支架坚固耐久，能承受较大的轴向推力，而且节省钢材，造价较低。

按照支架的高度不同，可把支架分为下列 3 种型式：

(1) 低支架（图 7.7）。在不妨碍交通以及不妨碍厂区、街区扩建的地段，供热管道可采用低支架敷设。此时，最好是沿工厂的围墙或平行于公路、铁路来布线。

(2) 中支架（图 7.8）。在人行频繁、需要通行大车的地方，可采用中支架敷设，其净高为 2.5～4.0m。

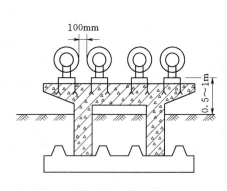

图 7.7　低支架

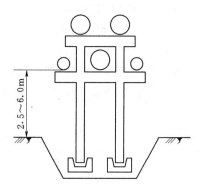

图 7.8　中、高支架

(3) 高支架（图 7.9）。净空高 4.5～6.0m，在跨越公路或铁路时采用，支架通常采用钢结构或钢筋混凝土结构。

为了加大支架间距，可采用各种型式的组合式支架。图 7.9 给出了梁式、桁架式、悬索式和桅缆式等支架的原理简图，后两种适用于较小的管径。

按照支架承受的荷载分类时，可分为中间支架和固定支架。

对于中间支架，按照其结构的力学特点，可有 3 种不同受力性能的支架型式：

(1) 刚性支架。它是一种靠自身的刚性抵抗管道热膨胀引起的水平推力的结构。

(2) 铰接支架。这种支架柱脚与基础的连接，在管道轴向为铰接，在径向为固接。

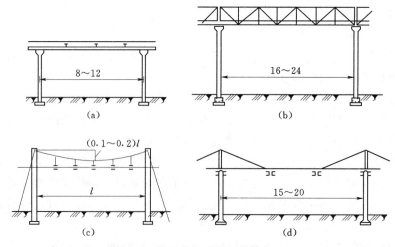

图 7.9　几种支架型式（单位：m）

(a) 梁式；(b) 桁架式；(c) 悬索式；(d) 桅缆式

（3）柔性支架。该支架下端为固定，上端为自由。支架沿管道轴线的柔度大（刚度小）。

2. 架空敷设的施工程序和方法

架空敷设的施工程序为：放线定位→卡架制作安装→管道安装→补偿器安装→水压试验→防腐保温。

（1）按设计规定的安装位置、坐标，量出支架上的支座位置，安装支座。架空敷设的供热管道安装高度，如设计无规定时，应符合下列规定（以保温层外表面积计算）：

1）人行地区，不小于 2.5m。

2）通行车辆地区，不小于 4.5m。

3）跨越铁路，距轨顶不小于 6m。

（2）支架安装牢固后，进行架设管道安装，管道和管件应在地面组装，长度以便于吊装为宜。

（3）管道吊装，可采用机械或人工起吊，绑扎管道的钢丝吊点位置，应使管道不产生弯曲为宜。已吊装尚未连接的管段，要用支架上的卡子固定好。

（4）采用丝扣连接的管道，吊装后随即连接；采用焊接时，管道全部吊装完毕后在焊接。焊缝不许设在托架和支座上，管道间的连接焊缝与支架间的距离应大于 150～200mm。

（5）按设计和施工各规定位置，分别安装阀门、集气罐、补偿器等附属设备并与管道连接好。

（6）管道安装完毕，要用水平尺在每段管上进行一次复核。找正调直，使管道在一条直线上。

（7）摆正后安装管道穿结构处的套管，填堵管洞，预留口处应加好临时管堵。

（8）按设计后规定的要求压力进行冲水试压，合格后办理验收手续，将水泄净。

（9）管道防腐保温，应符合设计要求和施工规范规定，注意做好保温层外的防雨，防潮等保护措施。

7.2.4 供热管道的保温

供热管道进行保温的目的，是为了减少热媒在输送过程中的热损失，使热媒维持一定的参数（压力、温度），以满足生产、生活和采暖的要求。

供热管道常用的保温材料有以下几种：泡沫混凝土（泡沫水泥）瓦、膨胀珍珠岩及其制品、膨胀石及其制品、矿渣棉、玻璃棉、岩棉、聚氨酯泡沫。

供热管道的保温结构如图 7.10 所示，由内向外是防腐层、保温层、保护层和色漆（或冷底子油）。防腐层为底漆（樟丹或铁红防锈漆）两遍，不涂刷面漆。保温层有选定的保温材料组成。保护层分石棉水泥、沥青玻璃丝布、铝皮、镀锌铁皮等。明装的供热管道为了表示管内输送介质的性质，一般在保护层外涂上色漆，涂漆颜色见表 7.4，地沟内的供热管道为了防止湿气侵入保温层，不涂色漆而涂刷冷底子油。

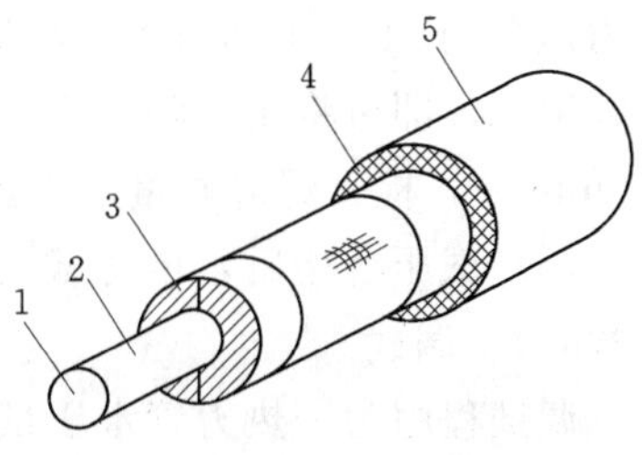

图 7.10 供热管道的保温结构
1—供热管道；2—防腐层；3—保温层；
4—保护层；5—色漆（或冷底子油）

表 7.4 管道涂刷色漆及色环颜色

管道名称	颜色		管道名称	颜色	
	底色	色环		底色	色环
过热蒸汽管	红	黄	凝结水管	绿	红
饱和蒸汽管	红	—	疏水管	绿	黑
热网输出水	绿	黄	废气管	红	绿
热网返回水	绿	褐	排水管	绿	蓝

供热管道的保温施工程序分为防腐层施工、保温层施工、保护层施工和涂刷色漆或冷底子油。

（1）防腐层施工。管道在铺设之前已涂刷底漆 2 遍，铺管时若管身漆面有损伤处，应予以补刷。此次应将接口、弯头和方形补偿器等处涂刷底漆 2 遍。

（2）保温层施工。保温层施工有预制瓦砌筑、包扎、填充、浇灌、手工涂抹和现场发泡等方法，其中常采用预制瓦砌筑法。施工时在管道的弯头处应留伸缩缝，缝内填石棉绳。在阀门、法兰等处常采用涂抹法施工。

（3）保护层施工。一般为石棉水泥保护层，涂抹厚度为 10～15mm，要求厚度一致，光滑美观，底部不得出现鼓包。

（4）涂刷色漆。色漆拌和要均匀，涂刷时，动作要快，要求均匀、美观。

7.2.5 室外供热管网系统水压试验及调试

7.2.5.1 水压试验

水压试验程序为：连接试压泵及管路→管路灌水、放风→升压→检查→验收检查→填写记录。

（1）试压以前，须对全系统或试压管段的最高处防风阀、最低处的泄水阀进行检查。

（2）根据管道进水口的位置和水源距离，设置打压泵，接通上水管道，安装好压力表，监视系统的压力下降。

（3）检查全系统的管道阀门关闭状况，观察其是否满足系统或分段试压的要求。供热管道作水压试验时，试验管道上的阀门应开启，试验管道与非试验管道应隔断。

（4）灌水进入管道，打开防风阀，当防风阀出水时关闭，间隔短时间后再打开防风阀，依次顺序关启数次，直至管内空气放完方可加压。加压至试验压力，热力管网的试验压力应等于工作压力的 1.5 倍，不得小于 0.6MPa，稳压 10min，如压力降不大于 0.05MPa，即可将压力降到工作压力。可以用重量不大于 1.5kg 的手锤敲打管道局焊口 150mm 处，检查焊缝质量，不渗不漏为合格。

（5）试压合格后，填写试压试验记录。

7.2.5.2 调试

调试程序为：热力管水压试验→热力管网充、通热→各用户供暖介质引入→各用户管暖系统调试→检查验收、填写记录。

1. 热力管网系统冲洗

（1）热水管的冲洗。用 0.3～0.4MPa 压力的自来水对供水及回水干管分别进行冲洗，当接入下水道的出口流出水洁净时，认为合格。然后再以 1～1.5m/s 的速度进行循环冲洗，延续 20h 以上，直至从回水总干管出口流出的水色透明为止。

（2）蒸汽管的冲洗。在冲洗段末端与管道垂直升高处设冲洗口，冲洗管使用钢管焊接在蒸汽管道下侧，并装设阀门。

1）拆除管道中的流量孔板、温度计、滤网、止回阀、疏水阀等。

2）缓缓开启总阀门，切勿使蒸汽流量和压力增加过快。

3）冲洗时先将各冲洗口阀门打开，再开大总进气阀，增大蒸汽量进行冲洗，延续 20～30min，直至蒸汽完全清洁为止。

4）冲洗后拆除冲洗管及排气管，将水放尽。

2. 热力管网的灌充、通热

（1）先用软化水将热力管网全部充满。

（2）再启动循环水泵，使水缓慢加热，要严防产生过大的温差应力。

（3）同时，注意检查伸缩器支架工作情况，发现异常情况要及时处理，直到全系统达到设计温度为止。

（4）管网的介质为蒸汽时，向管道灌充，要逐渐地缓缓开启分汽缸上的供汽阀门，同时仔细观察管网的伸缩器、阀件等工作情况。

3. 各用户供暖介质的引入与系统调试

（1）若为机械热水供暖系统，首先使水泵运转达到设计压力。

（2）然后开启建筑物内引入管的回、供水（气）阀门。要通过压力表监视水泵及建筑物内的引入管上的总压力。

（3）热力管网运行中，要注意排尽管网内空气后方可进行系统调试工作。

（4）室内进行初调后，可对室外各用户进行系统调节。

（5）系统调节从最远的用户及最不利供热点开始，利用建筑物进户处引入管的供回水温度计，观察其温度差的变化，调节进户流量。

4. 系统调试的步骤

管道冲洗完毕应通水、加热，进行试运行和调试。通热调试，在进户入装置上，回水温度差在 ±2℃ 以内，认为达到热力平衡。当不具备加热条件时，应延期进行。

（1）首先将最远用户的阀门开到头，观察其温度差，如温差小于设计温差则说明该用户进户流量大，如温度大于设计温差，则说明该用户进户流量小，可用阀门进行调节。

（2）按上述方法再调节倒数第二户，将这两入户的温度调至相同为止，这说明最后两户的流量平衡。若达不到设计温度，须这样逐一调节、平衡。

（3）再调整倒数第三户，使其与倒数第二户的流量平衡。在平衡倒数第二、第三户过程中，允许再适当稍拧动这二户的进口调节阀，此时第一户已定位，该进户调节阀不准拧动，并且作上定位标记。

（4）依此类推，调整倒数第四户使其与倒数第三户的流量平衡。允许在稍拧动第三户阀门，但这第二阀门应作上定位标记，不准拧动。

（5）调完全部进户阀门后，若流量还有剩余，最后可调节循环水泵的阀门。

学习单元 7.3 室外供热管道附属设备安装

7.3.1 补偿器安装

为使因温度变化所产生的热应力不超过管材的允许应力，保证管道的正常运行，必须在管路固定支架间设置管道补偿器，用以补偿热补偿量，减小热应力，确保管道自由伸缩。因此补偿器的安装是其中的一个重要的环节，才能保护管道安全正常地运行。管道热膨胀时的伸长量的计算公式：

$$\Delta L = \alpha L (t_2 - t_1) \tag{7.1}$$

式中　ΔL——管道的热伸量，mm；

　　　α——管材的线膨胀系数，钢管为 0.012mm/(m·℃)；

　　　L——管道计算长度，m；

　　　t_2——热媒温度，℃；

　　　t_1——管道安装时的温度，℃，一般取 -5℃。

管道设计时，要确定管道安装周围环境温度是比较困难的。为确保管道在最不利情况下也能正常运行，对采暖地区，可采用室外采暖计算温度；在非采暖地区，按最冷月平均温度计算。

目前市场上型号繁多，但工作原理基本类似，故这里重点介绍方形补偿器、套管补偿器和波纹管补偿器。

1. 方型补偿器安装

方形补偿器制作时，应用整根无缝钢管煨制，如需要接口，其接口应设在垂直臂的中间位置，且接口必须焊接。方形补偿器应水平安装，并与管道的坡度一致；如其臂长方向垂直安装必须设排气及泄水装置。

（1）方型补偿器在安装前，应检查补偿器是否符合设计要求，补偿器的 3 个臂是否在一个水平上，安装时用水平尺检查，调整支架，使方开明补偿器位置标高正确，坡度符合规定。

（2）安装补偿器应做好预拉伸，按位置固定好，然后再与管道相连接。预拉伸方法可选用千斤顶将补偿器的两臂撑开或用拉管器进行冷拉。

（3）预拉伸的焊口应选在距补偿器弯曲起点 2～2.5m 处为宜，冷拉前应将固定支座牢固固定住，并对好预拉焊口处的间距。

（4）采用拉管器进行冷拉时，其操作方法是将拉管器的法兰管卡，紧紧卡在被预拉焊口的两端，即一端为补偿器管端，另一端是管道端口（图 7.11）。而穿在两个法兰管卡之间的几个双头长螺栓，作为调整及拉紧用，将预拉间隙对好并用短角钢在管口处贴焊，但只能焊在管道的一端，另一端用角钢卡住即可，然后拧紧螺栓使间隙靠拢，将焊口焊好后才可松开螺栓，取下拉管

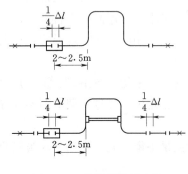

图 7.11 拉管器进行冷拉

器，再进行另一侧的预拉伸，也可两侧同时冷拉。

（5）采用千斤顶顶撑时，将千斤顶横放置补偿器的两臂间，加好支撑及垫块，然后启动千斤顶，这时两臂即被撑开，使预拉焊口靠拢至要求的间隙。焊口找正，对平管口用电焊将此焊口焊好，只有当两端预拉焊口焊完后，才可将千斤顶拆除，终结预拉伸。

水平安装时应与管道坡度、坡向一致。垂直安装时，高点应设放风阀，低点处应设疏水器。

（6）弯制补偿器，宜用整根管弯成，如需要接口，其焊口位置应设在直臂的中间。方型补偿器预拉长度应按设计要求拉伸，无要求时为其伸长量的一半。

2. 套筒补偿器安装

套筒补偿器又称为套筒伸缩器，是一种补偿量较大、安装尺寸较小、安装方便的管道热胀冷缩时的补偿器，但只能用在不发生横向位移的直线官道上，且易泄漏，日常维修量大。套筒补偿器如图 7.12 所示。按材质分有铸铁的和钢制的，按补偿方向分有单向的和双向的，按补偿器与管道的连接方法分有焊接、法兰连接和承插连接 3 种。目前工程中常用的是钢制套筒补偿器。套筒补偿器的缺点是填料处容易渗漏，需要经常更换填料。常用的填料有石棉绳和橡胶圈。

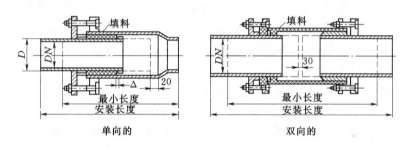

图 7.12 套筒补偿器安装

（1）套筒补偿器应安装在固定支架近旁，并将外套管一端朝向管道的固定支架，内套管一端与产生热膨胀的管道相连接。

（2）套筒补偿器的预拉伸长度应根据设计要求，设计无要求时按表 7.5 要求预拉伸。预拉伸时，先将补偿器的填料压而不服盖松开，将内套管拉出预拉伸的长度，然后再将填料压盖紧住。

表 7.5 套筒补偿器预拉长度表 单位：mm

补偿器规格	15	20	25	32	40	50	65	75	80	100	125	150
拉出长度	20	20	30	30	40	40	56	56	59	59	59	63

（3）套筒补偿器安装前，安装管道时应将补偿器的位置让出，在管道两端各焊一片法兰盘，焊接时要求法兰垂直于管道中心线，法兰与补偿器表面相互平行，加垫后衬垫应受力均匀。

（4）套筒补偿器的填料，应采用涂有石墨粉的石棉盘根或浸过机油的石棉绳，压盖的松紧程度在试运行时进行调整，以不漏水、不漏气，内套管又能伸缩自如为宜。

（5）为保证补偿器的正常工作，安装时必须保证管道和补偿中心线一致，并在补偿器前设置1～2个导向滑动支架。

（6）套筒补偿器要注意经常检修和更换填料，以保证口严密。

3. 波形管补偿器安装

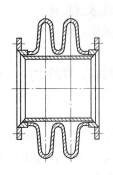

波形管补偿器是用金属片焊接而成的一种补偿装置，又称不锈钢金属膨胀节，如图7.13所示。按其补偿的热膨胀方向分为轴向型、角向型和万象型；按波纹的形状分为U形、S形等。

波纹管补偿器构造简单，制造成本低，所以是补偿器中最便宜的一种。对于口径小、固定支座容易设置的管线应优先选用它。但在使用中一定要注意设置好固定支座和滑动导向支座。

（1）波形补偿器的波节数量可根据需要确定，一般为1～4个，每个波节的补偿能力由设计确定，一般为20mm。

图7.13　波形补偿器

（2）安装前应了解补偿器出厂前是否已做预拉伸，如未进行应补做预拉伸。在固定的卡架上，将补偿器的一端用螺栓紧固，另一端可用倒链卡住法兰，然后慢慢按预拉长度进行冷拉，冷拉时要使补偿器四周受力均匀，拉出规定长度后用支架把补偿器固定好，把倒链和固定卡架上的补偿器取下。然后再与管道相连接。

（3）补偿器安装前管道两侧应先安好固定卡架，安装管道时应将补偿器的位置让出，在管道两端各焊一片法兰盘，焊接时要求法兰垂直于管道中心线，法兰与补偿器表面相互平行，加垫后衬垫应受力均匀。

（4）补偿器安装时，卡架不得吊在波节上。试压时不得超压，不允许侧向受力，将其固定牢。

（5）波形补偿器如须加大壁厚，内套筒的一端与波形补偿的壁焊接。安装时应注意使介质的流向从焊端流向自由端，并与管道的坡度方向一致。

7.3.2　疏水和排气装置安装

为了保证管道的正常运行，及时地排除管道内的凝结水，管道应设置疏水和启动排水排空装置：

1. 疏水装置

蒸汽管道的疏水装置如图7.14所示，应设在下列各处：

（1）蒸汽管道的各低点。

（2）垂直升高的管段之前。

（3）水平管道每隔50m设一个。

（4）可能聚集凝结水的管道闭塞处。

2. 排水装置

蒸汽管道的启动排水装置应设在下列各处：

（1）启动时有可能积水的最低点。

（2）管道拐弯和垂直升高的管段之前。

（3）水平管道上，每隔100～150m设

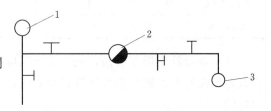

图7.14　蒸汽管道的疏水装置
1—蒸汽干管；2—疏水器；3—凝结水干管

一个。

（4）水平管道上，流量测量装置的前面。

3. 蒸汽和凝结水管道的排空气装置（图7.15）

（1）在蒸汽管道的高点设手动放空气阀（平时不用），当管道系统进行水压试验（向管道内充水）或初次通蒸汽运行时，利用此阀排除管道系统内的空气。

（2）在凝结水干管的始端（高点）设自动放空气阀，若采用不带排气阀的疏水器时，在疏水器的前方应装设放空气阀，以便在系统运行过程中能及时排除凝结水管道内的空气。

（3）在供、回管道干管的高点和分段阀之间管段的高点应设置放水和排气装置。为了检修时减少热水的损失和缩短防水时间，应在供、回水干管上每隔800～1000m设一分段阀。

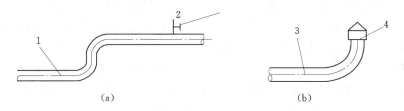

图7.15　蒸汽和凝结水管道的排空气装置
（a）蒸汽管道的排空气装置；（b）凝结水管道的排空气装置
1—蒸汽干管；2—手动放空阀；3—凝结水干管；4—自动放空阀

7.3.3　阀门及其他器具的安装

1. 阀门安装要求

（1）井室内的阀门安装距井室四周的距离符合质量标准的规定。大于$DN50$以上的阀门要有支托装置。

（2）阀门法兰的衬垫不得凸入管内，其外边缘接近螺栓孔为宜，不得安装双垫或偏垫。

（3）连接法兰的螺栓，直径和长度应符合标准，拧紧后，突出螺母的长度不应大于螺杆直径的1/2。

2. 减压阀安装

减压阀的阀体应垂直安装在水平管道上，前后应装法兰截止阀。安装时应注意方向，不得装反。安装完后，应根据使用压力进行调试。

（1）减压阀安装时，减压阀前的管径应与阀体的直径一致，减压阀后的管径可比阀前的管径大1～2号。

（2）减压阀的阀体必须垂直安装在水平管路上，阀体上的箭头必须与介质流向一致。减压阀两侧应安装阀门，采用法兰连接截止阀。

（3）减压阀前应装有过滤器，对于带有均压管的薄膜式减压阀，其均压管应接往低压管道的一侧。旁通管是安装减压阀的截止阀，暂时通过旁通管进行供汽。

（4）为了便于减压阀的调整工作，阀前的高压管道和阀后的低压管道上都应安装压力表。阀后低压管道上应安装安全阀，安全阀排气管应接至室外。

3. 除污器安装

热介质应从管板孔的网格外进入。安装时应设专门支架，但所设支架不能妨碍排污，同时需注意水流方向与除污器方向相同。系统试压与清洗后，应清扫除污器。

4. 调压孔板安装

调压孔板是用不锈钢或铝合金制作的圆板，开孔的位置及直径由设计决定。

介质通过不同孔径的孔板进行节流，增加阻力损失起到减压作用。安装时夹在两片法兰的中间，两侧加垫石棉垫片，减压孔板应待整个系统冲洗干净后方可安装。

7.3.4 室外供热管道质量验收标准

7.3.4.1 管道及配件安装

1. 主控项目

（1）平衡阀及调节阀型号、规格及公称压力应符合设计要求。安装后应根据系统要求进行调试，并作出标志。在热水采暖的室外管网中，特别是枝状管网，装设平衡阀或调节阀已成为各用户之间压力平衡的重要手段。

检验方法：对照设计图纸及产品合格证，并现场观察调试结果。

（2）直埋无补偿供热管道预热伸长及三通加固应符合设计要求。回填前应注意检查预制保温层外壳及接口的完好性。回天应按设计要求进行。

检验方法：回填前现场验核和观察。

（3）补偿器的位置必须符合设计要求，并应按设计要求或产品说明书进行预拉伸。管道固定支架的位置和构造必须符合要求。

检验方法：对照图纸，并查验预拉伸记录。

（4）检查井室、用户入口处管道布置应便于操作及维修，支、吊、托架稳固，并满足设计要求。

检验方法：对照图纸，观察检查。

（5）直埋管道的保温应符合设计要求，接口在现场发泡时，接头处厚度一致，接头处保护层必须与管道保护层成一体，符合防潮防水要求。

检验方法：对照图纸，观察检查。

2. 一般项目

（1）管道水平敷设其坡度应符合设计要求。坡度应符合设计要求，以便于排气、泄水及凝结水的流动。

检验方法：对照图纸，用水准仪（水平尺）、拉线和尺量检查。

（2）除污器构造应符合设计要求，安装位置和方向应正确。管网冲洗后应清除内部污物。

检验方法：打开清扫口检查。

（3）室外供热管道安装的允许偏差应符合表 7.6 的规定。

（4）管道及管件焊接的焊缝表面质量应符合下列规定：

1）焊缝外形尺寸应符合图纸和工艺文件的规定，焊缝高度不得低于母材表面，焊缝与母材应圆滑过渡。

2）焊缝及热影响区表面应无裂纹、未熔合、未焊透、夹渣、弧坑和气孔等缺陷。

表7.6　　　　　　　　　　　**室外供热管道安装的允许偏差和检验方法**

项次	项　　目			允许偏差	检验方法
1	坐标（mm）	敷设在沟槽内及架空		20	用水准仪（水平尺）、直尺、拉线
		埋地		50	
2	标高（mm）	敷设在沟槽内及架空		±10	尺量检查
		埋地		±15	
3	水平管道纵、横方向弯曲（mm）	每1m	管径≤100mm	1	用水准仪（水平尺）、直尺、拉线
			管径>100mm	1.5	
		全长（25m以上）	管径≤100mm	≤13	
			管径>100mm	≤25	
4	弯管	椭圆率	管径≤100mm	8%	用外卡钳和尺量检查
			管径>100mm	5%	
		折皱不平度（mm）	管径≤100mm	4	
			管径125～200mm	5	
			管径250～400mm	7	

检验方法：观察检查。

（5）供热管道的供水管或蒸汽管，如设计无规定时，应敷设在载热介质前进方向的右侧或上方。

（6）地沟内的管道安装位置，其净距（保温层外表面）应符合下列规定：

与沟壁　　　　　　　　100　　　　150mm

与沟底　　　　　　　　100　　　　200mm

与沟顶（不通行地沟）　50　　　　100mm

　　　　（半通行和通行地沟）　200　　　300mm

检验方法：尺量检查。

（7）架空敷设的供热管道安装高度，如设计列规定时，为保证和统一架空管道有足够的高度，以免影响行人或车辆通行，应符合下列规定（以保温层外表计算）：

1）人行地区，不小于2.5m。

2）通行车辆地区，不小于4.5m。

3）跨越铁路，距轨顶不小于6m。

检验方法：尺量检查。

（8）防锈漆的厚度应均匀，不得有脱皮、起泡、流淌和漏涂等缺陷。目的是保证涂漆质量，利于防锈。

检验方法：保温前观察检查。

7.3.4.2　系统水压试验及调试

（1）供热管道的水压试验压力应为工作压力的1.5倍，但不得小于0.6MPa。

检验方法：在试验压力下10min内压力降不大于0.05MPa，然后降至工作压力下检查，不渗不漏。

（2）为保证系统管道内部清洁，防止因泥沙等积存影响热媒正常流动。管道试压合格后，应进行冲洗。

检验方法：现场观察，以水色不浑浊为合格。

（3）管道冲洗完毕应通水、加热，进行试运行和调试。当不具备加热条件时，应延期进行。

检验方法：测量各建筑物热力入口处供回水温度及压力。

（4）供热管道作水压试验时，试验管道上的阀门应开启，试验管道与非试验管道应隔断。

检验方法：开启和关闭阀门检查。

复 习 思 考 题

1. 简述室外供热施工图的内容和识读方法。
2. 简述室外供热系统常用管材有哪些？
3. 简述室外供热管道的施工顺序和施工方法是什么？
4. 简述室外供热管道试验与清洗的步骤和要求。
5. 简述室外供热管道补偿器的制作和安装要求。

学习情境 8   通风与空调系统管道施工

【学习目标】

（1）能完成通风空调系统管材及设备的进场验收工作。

（2）能够识读通风空调系统施工图。

（3）能编制通风空调系统施工材料计划。

（4）能编制通风空调系统施工准备计划。

（5）能合理选择管道的加工机具，编制加工机具、工具需求计划。

（6）能编制通风空调系统施工方案、组织加工并进行安装。

（7）能在施工过程中收集验收所需要的资料。

（8）能进行通风空调系统质量检查与验收。

学习单元 8.1   通风与空调施工图识读

8.1.1   通风与空调工程施工图的构成

通风与空调工程施工图一般由两大部分组成，即文字部分和图纸部分。文字部分包括图纸目录、设计施工说明、设备及主要材料表。

图纸部分包括基本图和详图。基本图包括空调通风系统的平面图、剖面图、轴测图、原理图等。详图包括系统中某局部或部件的放大图、加工图、施工图等。如果详图中采用了标准图或其他工程图纸，那么在图纸目录中必须附有说明。

1. 文字说明部分

（1）图纸目录。包括在工程中使用的标准图纸或其他工程图纸目录和该工程的设计图纸目录。在图纸目录中必须完整地列出该工程设计图纸名称、图号、工程号、图幅大小、备注等。

（2）设计施工说明。设计施工说明包括采用的气象数据、空调通风系统的划分及具体施工要求等。有时还附有风机、水泵、空调箱等设备的明细表。

具体地说，包括以下内容：

1）需要空调通风系统的建筑概况。

2）空调通风系统采用的设计气象参数。

3）空调房间的设计条件。包括冬季、夏季的空调房间内空气的温度、相对湿度（或湿球温度）、平均风速、新风量、噪音等级、含尘量等。

4）空调系统的划分与组成。包括系统编号、系统所服务的区域、送风量、设计负荷、空调方式、气流组织等。

5）空调系统的设计运行工况（只有要求自动控制时才有）。

6）风管系统。包括统一规定、风管材料及加工方法、支吊架要求、阀门安装要求、减振做法、保温等。

7）水管系统。包括统一规定、管材、连接方式、支吊架做法、减振做法、保温要求、阀门安装、管道试压、清洗等。

8）设备。包括制冷设备、空调设备、供暖设备、水泵等的安装要求及做法。

9）油漆。包括风管、水管、设备、支吊架等的除锈、油漆要求及做法。

10）调试和试运行方法及步骤。

11）应遵守的施工规范、规定等。

（3）设备与主要材料表。设备与主要材料的型号、数量一般在《设备与主要材料表》中给出。

2．图纸部分

（1）平面图。平面图包括建筑物各层面各空调通风系统的平面图、空调机房平面图、制冷机房平面图等。

1）空调通风系统平面图。空调通风系统平面图主要说明通风空调系统的设备、系统风道、冷热媒管道、凝结水管道的平面布置。它的内容主要包括：

（a）风管系统。

（b）水管系统。

（c）空气处理设备。

（d）尺寸标注。

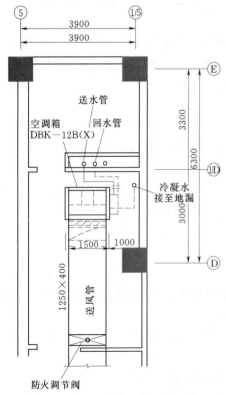

图 8.1 某大楼底层空调机房平面图

此外，对于引用标准图集的图纸，还应注明所用的通用图、标准图索引号。对于恒温恒湿房间，应注明房间各参数的基准值和精度要求。

2）空调机房平面图。空调机房平面图一般包括以下内容（图 8.1）：

（a）空气处理设备。注明按标准图集或产品样本要求所采用的空调器组合段代号，空调箱内风机、加热器、表冷器、加湿器等设备的型号、数量以及该设备的定位尺寸。

（b）风管系统。用双线表示，包括与空调箱相连接的送风管、回风管、新风管。

（c）水管系统。用单线表示，包括与空调箱相连接的冷、热媒管道及凝结水管道。

（d）尺寸标注包括各管道、设备、部件的尺寸大小、定位尺寸。

其他的还有消声设备、柔性短管、防火阀、调节阀门的位置尺寸。

3）冷冻机房平面图。冷冻机房与空调机房是两个不同的概念，冷冻机房内的主要设备为空调机房内的主要设备——空调箱提供冷媒或热媒。

也就是说，与空调箱相连接的冷、热媒管道内的液体来自于冷冻机房，而且最终又回到冷冻机房。因此，冷冻机房平面图的内容主要有制冷机组的型号与台数、冷冻水泵和冷凝水泵的型号与台数、冷（热）媒管道的布置以及各设备、管道和管道上的配件（如过滤器、阀门等）的尺寸大小和定位尺寸。

（2）剖面图。剖面图总是与平面图相对应的，用来说明平面图上无法表明的情况。因此，与平面图相对应的空调通风施工图中剖面图主要有空调通风系统剖面图、空调通风机房剖面图和冷冻机房剖面图等。至于剖面和位置，在平面图上都有说明。剖面图上的内容与平面图上的内容是一致的，有所区别的一点是：剖面图上还标注有设备、管道及配件的高度。

（3）系统图。具体地说，系统图（图 8.2）上包括该系统中设备、配件的型号、尺寸、定位尺寸、数量以及连接于各设备之间的管道在空间的曲折、交叉、走向和尺寸、定位尺寸等。系统图上还应注明该系统的编号。系统图可以用单线绘制，也可以用双线绘制。

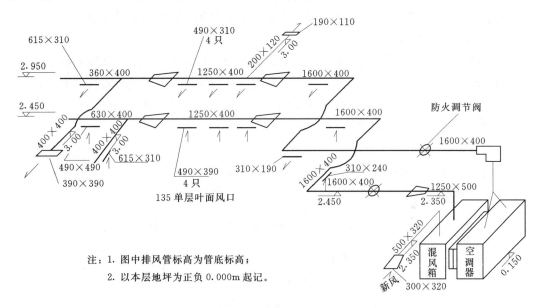

图 8.2　单线绘制的某空调通风系统的系统图

（4）原理图。原理图一般为空调原理图，它主要包括以下内容：系统的原理和流程；空调房间的设计参数、冷热源、空气处理和输送方式；控制系统之间的相互关系；系统中的管道、设备、仪表、部件；整个系统控制点与测点间的联系；控制方案及控制点参数；用图例表示的仪表、控制元件型号等。

（5）详图。空调通风工程图所需要的详图较多。总的来说，有设备、管道的安装详图，设备、管道的加工详图，设备、部件的结构详图等。部分详图有标准图可供选用。

可见，详图就是对图纸主题的详细阐述，而这些是在其他图纸中无法表达但却又必须表达清楚的内容。

以上是空调通风工程施工图的主要组成部分。可以说，通过这几类图纸就可以完整、正确地表述出空调通风工程的设计者的意图，施工人员根据这些图纸也就可以进行施工、安装了。在阅读这些图纸时，还需注意以下几点：

1）空调通风平、剖面图中的建筑与相应的建筑平、剖面图是一致的，空调通风平面图是在本层天棚以下按俯视图绘制的。

2）空调通风平、剖面图中的建筑轮廓线只是与空调通风系统有关的部分（包括有关的门、窗、梁、柱、平台等建筑构配件的轮廓线），同时还有各定位轴线编号、间距以及房间名称。

3）空调通风系统的平、剖面图和系统图可以按建筑分层绘制，或按系统分系统绘制，必要时对同一系统可以分段进行绘制。

8.1.2 空调通风施工图的特点

1. 空调通风施工图的图例

空调通风施工图上的图形不能反映实物的具体形象与结构，它采用了国家规定的统一的图例符号来表示（如前一节所述），这是空调通风施工图的一个特点，也是对阅读者的一个要求：阅读前，应首先了解并掌握与图纸有关的图例符号所代表的含义。

2. 风、水系统环路的独立性

在空调通风施工图中，风管系统与水管系统（包括冷冻水、冷却水系统）按照它们的实际情况出现在同一张平、剖面图中，但是在实际运行中，风系统与水系统具有相对独立性。因此，在阅读施工图时，首先将风系统与水系统分开阅读，然后再综合起来。

3. 风、水系统环路的完整性

空调通风系统，无论是水管系统还是风管系统，都可以称之为环路，这就说明风、水管系统总是有一定来源，并按一定方向，通过干管、支管，最后与具体设备相接，多数情况下又将回到它们的来源处，形成一个完整的系统，如图8.3所示。

图 8.3 冷媒管道系统

可见，系统形成了一个循环往复的完整的环路。可以从冷水机组开始阅读，也可以从空调设备处开始，直至经过完整的环路又回到起点。

风管系统同样可以写出这样的环路（图8.4）：

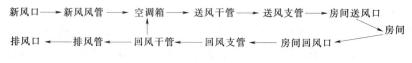

图 8.4 风管系统图

对于风管系统，可以从空调箱处开始阅读，逆风流动方向看到新风口，顺风流动方向看到房间，再至回风干管、空调箱，再看回风干管到排风管、排风门这一支路。也可以从房间处看起，研究风的来源与去向。

4．空调通风系统的复杂性

空调通风系统中的主要设备，如冷水机组、空调箱等，其安装位置由土建决定，这使得风管系统与水管系统在空间的走向往往是纵横交错，在平面图上很难表示清楚，因此，空调通风系统的施工图中除了大量的平面图、立面图外，还包括许多剖面图与系统图，它们对读懂图纸有重要帮助。

5．与土建施工的密切性

空调通风系统中的设备、风管、水管及许多配件的安装都需要土建的建筑结构来容纳与支撑，因此，在阅读空调通风施工图时，要查看有关图纸，密切与土建配合，并及时对土建施工提出要求。

8.1.3　空调通风施工图的识图方法

1．空调通风施工图识图的基础

空调通风施工图的识图基础，需要特别强调并掌握以下几点：

（1）空调调节的基本原理与空调系统的基本理论。这些是识图的理论基础，没有这些基本知识，即使有很高的识图能力，也无法读懂空调通风施工图的内容。因为空调通风施工图是专业性图纸，没有专业知识作为铺垫就不可能读懂图纸。

（2）空调通风施工图的基本规定。空调通风施工图的一些基本规定，如线型、图例符号、尺寸标注等，直接反映在图纸上，有时并没有辅助说明，因此掌握这些规定有助于识图过程的顺利完成，不仅帮助我们认识空调通风施工图，而且有助于提高识图的速度。

2．空调通风施工图的识图方法与步骤

（1）阅读图纸目录。根据图纸目录了解该工程图纸的概况，包括图纸张数、图幅大小及名称、编号等信息。

（2）阅读施工说明。根据施工说明了解该工程概况，包括空调系统的形式、划分及主要设备布置等信息。在这基础上，确定哪些图纸代表着该工程的特点、属于工程中的重要部分，图纸的阅读就从这些重要图纸开始。

（3）阅读有代表性的图纸。在第二步中确定了代表该工程特点的图纸，现在就根据图纸目录，确定这些图纸的编号，并找出这些图纸进行阅读。在空调通风施工图中，有代表性的图纸基本上都是反映空调系统布置、空调机房布置、冷冻机房布置的平面图，因此，空调通风施工图的阅读基本上是从平面图开始的，先是总平面图，然后是其他的平面图。

（4）阅读辅助性图纸。对于平面图上没有表达清楚的地方，就要根据平面图上的提示（如剖面位置）和图纸目录找出该平面图的辅助图纸进行阅读，包括立面图、侧立面图、剖面图等。对于整个系统可参考系统图。

（5）阅读其他内容。在读懂整个空调通风系统的前提下，再进一步阅读施工说明与设备及主要材料表，了解空调通风系统的详细安装情况，同时参考加工、安装详图，从而完全掌握图纸的全部内容。

8.1.4　识图举例

1．某大厦多功能厅空调施工图

如图 8.5 所示为多功能厅空调平面图，图 8.6 为其剖面图，图 8.7 为风管系统轴测图。

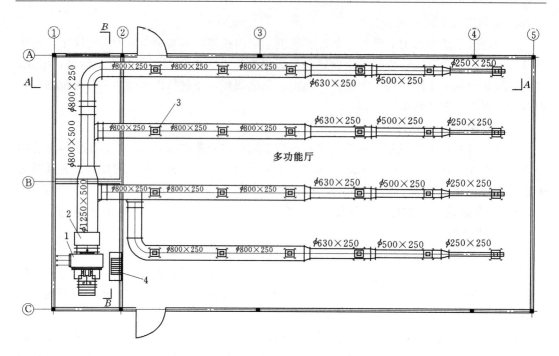

图 8.5 多功能厅空调平面图

1—变风量空调箱 BFP×18，风量 18000m³/h，冷量 150kW，余压 400Pa，电机功率 4.4kW；

2—微穿孔板消音器 1250×500；3—铝合金方形散流器 240×240，共 24 只；

4—阻抗复合式消音器 1600×800，回风口

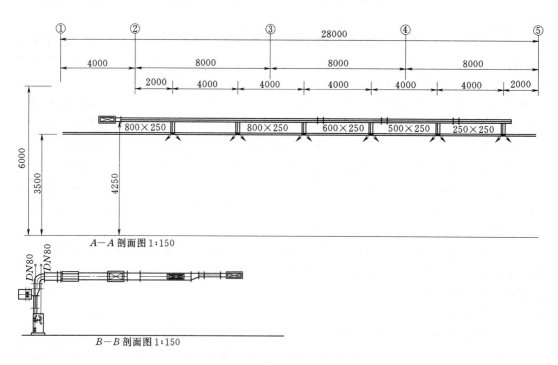

图 8.6 多功能厅空调剖面图

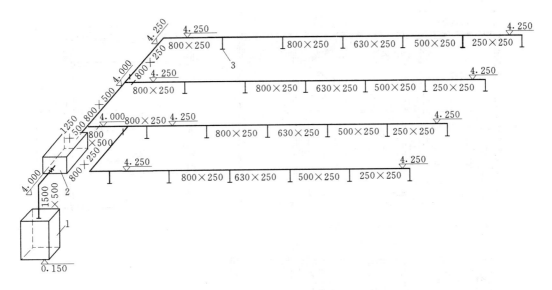

图 8.7　多功能厅空调风管系统轴测图

1—变风量空调箱 BFP×18，风量 18000m³/h，冷量 150kW，余压 400Pa，电机功率 4.4kW；

2—微穿孔板消声器 1250×500；3—铝合金方形散流器 240×240，共 24 只

2．金属空气调节箱总图

在看设备的制造或安装详图时，一般是在概括了解这个设备在管道系统中的地位、用途和工作情况后，从主要的视图开始，找出各视图间的投影关系，并参考明细表，再进一步了解它的构造及零件的装配情况。

图 8.8 所示的叠式金属空气调节箱是一种体积较小、构造较紧凑的空调器，它的构造是标准化的，详细构造见国家标准采暖通风标准图集 T706—3 号的图样。

3．某饭店空气调节管道布置图

常用的风机盘管有卧式及立式两种，如图 8.9 所示为卧式暗装（一般装在房间顶棚内）前出风型（WF‐AQ 型）的构造示意图。

空气调节管道系统图如图 8.10～8.13 所示。

8.1.5　空调制冷系统施工图识读

1．表示方法

空调制冷系统施工图的线型、图例、图样画法与通风空调施工图类似。

2．内容

在工程设计中，空调制冷系统施工图包括目录、选用图集目录、设计施工说明、图例、设备及主要材料表、总图、工艺图、系统图、平面图、剖面图和详图等。

3．识读方法

第一种识读方法：先区分主要设备、附属设备、管路和阀门、仪器仪表等，然后分项阅读。

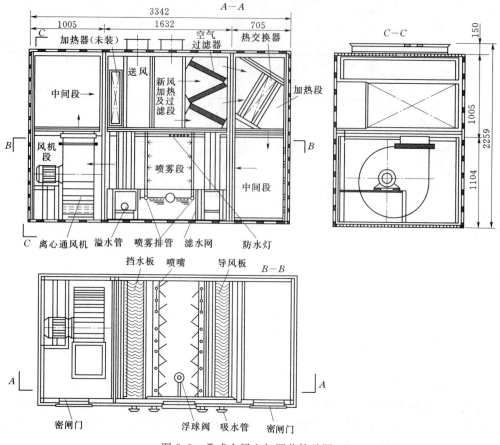

图 8.8 叠式金属空气调节箱总图

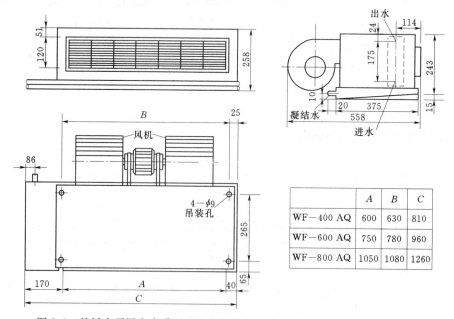

图 8.9 某饭店顶层客房采用风机盘管作为末端空调设备的新风系统布置图

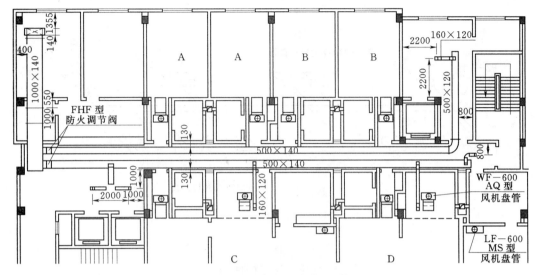

图 8.10　客房层风管系统布置平面图

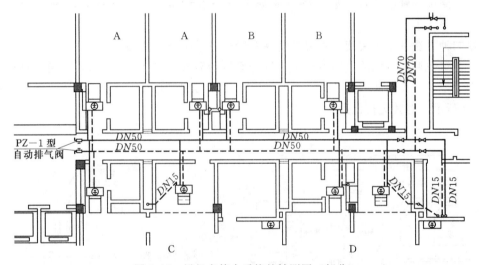

图 8.11　风机盘管水系统的轴测图（部分）

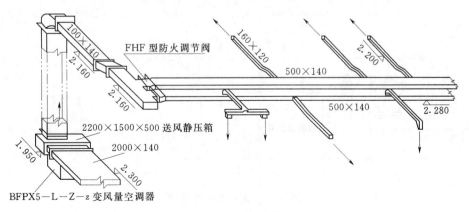

图 8.12　风管系统的轴测图

195

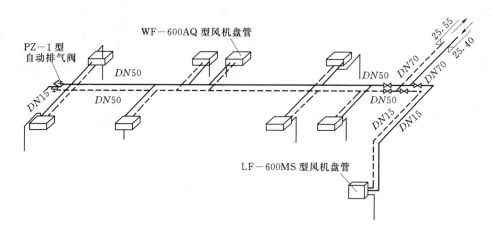

图 8.13　水系统的轴测图

分项阅读的顺序为：主要设备→附属设备→各设备之间连接的管路和阀门→仪器仪表。

第二种方法分系统阅读：主要系统→制冷服务系统→个别阅读。

某建筑空调、冷库的氨制冷机房，制冷系统流程图如图 8.14 所示，管道平面图如图 8.15 所示，A—A 剖面图如图 8.16 所示，B—B 剖面图如图 8.17 所示，C—C 剖面图如图 8.18 所示，对其进行识读。

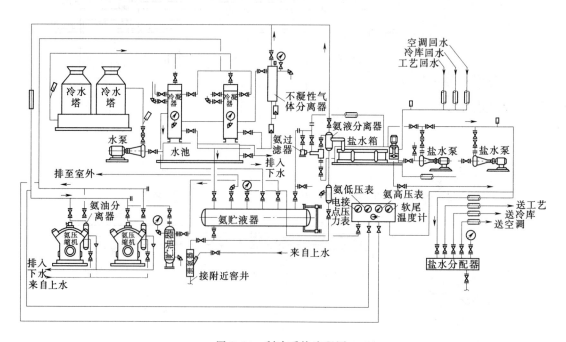

图 8.14　制冷系统流程图

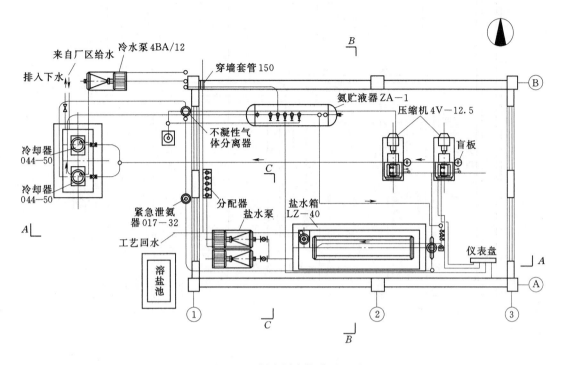

图 8.15　制冷剂房管道平面图

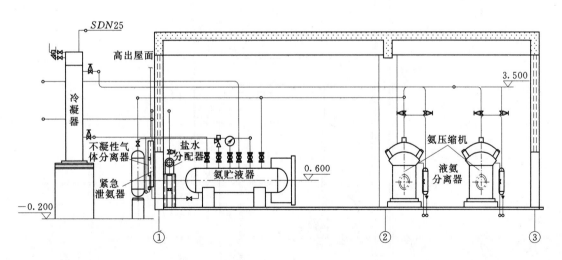

图 8.16　A—A 剖面图

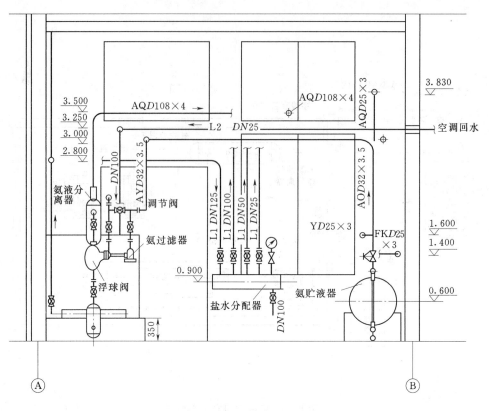

图 8.17　B—B 剖面图

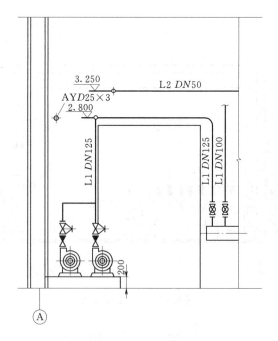

图 8.18　C—C 剖面图

学习单元 8.2　风管制作及安装

8.2.1　常用风道材料

通风与空调工程的风管和部、配件所用材料，一般可分为金属材料和非金属材料两种。

金属风道材料包括普通钢板、镀锌薄钢板、不锈钢板，其中以镀锌薄钢板最为常见；非金属风道材料包括硬聚氯乙烯塑料管、玻璃钢板等，另外还有用砖、混凝土砌筑的风道。需要经常移动的风管，则大多用柔性材料制成各种软管，如塑料软管、橡胶管及金属软管等。

风管材料应根据使用要求和就地取材的原则选用。常用于通风管道的材料如下。

1. 金属薄板

（1）普通薄钢板。具有良好的加工性能和结构强度，为了防止表面生锈，应刷油漆或其他防腐涂料。普通薄钢板由碳素软钢经热轧或冷轧制成。热轧钢板表面为蓝色发光的氧化铁薄膜，性质较硬而脆，加工时易断裂；冷轧钢板表面平整光洁无光，性质较软，最适合空调工程。冷轧钢板号一般为 Q195、Q215 和 Q235，有板材和卷材，常用厚度为 0.5～2mm，板材的规格为 750mm×1800mm、900mm×1800mm 和 1000mm×2000mm 等。

（2）镀锌钢板。是用普通薄钢板表面镀锌制成，俗称"白铁皮"。常用的厚度为 0.5～1.5mm，其规格尺寸与普通薄钢板相同。在引进工程中常用镀锌钢板卷材，对风管的制作甚为方便。由于表面锌层起防腐作用，故一般不刷油防腐，因而常用作输送不受酸雾作用的潮湿环境中的通风系统及空调系统的风管和配件。要求所有品级镀锌钢板表面光滑洁净，表层有热镀锌层特有的结晶花纹，镀锌层厚度不小于 0.02mm。制作风管及配件的钢板厚度应符合表 8.1 的规定。

表 8.1　　　　　　　　　　　　风管及配件钢板厚度　　　　　　　　　　　　单位：mm

长边尺寸或直径	圆形风管厚度	矩形风管厚度		除尘系统风管厚度
		中低压系统	高压系统	
80～320	0.5	0.5		1.5
340～450	0.6	0.6	0.8	
480～630	0.8			2.0
670～1000		0.8		
1120～1250	1.0	1.0	1.0	
1320～2000			1.2	3.0
2500～4000	1.2	1.2	1.2	按设计要求

（3）铝及铝合金板。加工性能好，耐腐蚀，摩擦时不易产生火花，常用于通风工程的防爆系统中。铝板材应具有良好的塑性、导电、导热性能及耐酸腐蚀性能，表面不得有划痕及磨损。

制作铝板风管和配件的板材厚度应符合表 8.2 的规定。

（4）不锈钢板。防锈、耐酸，常用于化工环境中需布耐腐蚀的通风工程。不锈钢板材应具有高温下耐酸耐减的抗腐蚀能力。板面不得有划痕、刮伤、锈斑和凹穴等缺陷。制作不锈钢板风管和配件的板材厚度应符合表 8.3 的规定。

<table>
<tr><td colspan="2">表 8.2　　铝板风管和配件板材厚度</td></tr>
<tr><td colspan="2" align="right">单位：mm</td></tr>
<tr><td>圆形风管直径或矩形风管大边长</td><td>铝板厚度</td></tr>
<tr><td>100～320</td><td>1.0</td></tr>
<tr><td>360～630</td><td>1.5</td></tr>
<tr><td>700～2000</td><td>2.0</td></tr>
<tr><td>2500～4000</td><td>2.5</td></tr>
</table>

<table>
<tr><td colspan="2">表 8.3　　不锈钢板风管和配件板材厚度</td></tr>
<tr><td colspan="2" align="right">单位：mm</td></tr>
<tr><td>圆形风管直径或矩形风管大边长</td><td>不锈钢厚度</td></tr>
<tr><td>100～500</td><td>0.5</td></tr>
<tr><td>560～1120</td><td>0.75</td></tr>
<tr><td>1250～2000</td><td>1.00</td></tr>
<tr><td>2500～4000</td><td>1.2</td></tr>
</table>

（5）塑料复合钢板。在普通钢板表面上喷上一层 0.2～0.4mm 的软质或半软质聚氯乙烯塑料膜制成，有单面覆层和双面覆层两种，常用于防尘要求较高的空调系统中。

2. 非金属材料

（1）硬聚氯乙烯塑料板。硬聚氯乙烯塑料（硬 PVC）是由聚氯乙烯树脂加入稳定剂、增塑剂、填料、着色剂及润滑剂等压制（或压铸）而成。它具有表面平整光滑、耐酸碱腐蚀性强（对强氧化剂如浓硝酸、发烟硫酸和芳香族碳氢化合物以及氯化碳氢化合物是不稳定的）、物理机械性能良好、易于二次加工成型等特点。但不耐高温，不耐寒，只适用于 −10～60℃；在辐射热作用下容易脆裂。

硬聚氯乙烯板表面应平整，无伤痕，不得含有气泡，厚薄均匀，无离层现象。

（2）玻璃钢。无机玻璃钢风管是以中碱玻璃纤维作为增强材料，用十多种无机材料科学配成黏接剂作为基体，通过一定的成形工艺制成的，具有质轻、高强度、不燃、耐高温、抗冷融等特性。保温玻璃钢风管可将管壁制成夹层，夹心材料可采用聚苯乙烯、聚氨酯泡沫塑料等。由于玻璃钢质轻、强度高、耐热性及耐蚀性优良、电绝缘性好及加工成型方便，在纺织、印染、化工等行业常用于排除腐蚀性气体的通风系统中。

（3）复合玻纤板风管。近年最新的风管类型，以离心玻纤板为基材，内覆玻璃丝布，外覆防潮铝箔布（进口板材为内涂热敏黑色丙烯酸聚合物，外层为稀纹布/铝箔/牛皮纸），用专用防火黏接剂复合干燥后，再经切割、开槽、黏接加固等工艺而制成，采用特种密封胶、压敏胶带、热敏胶带连接密封，根据风管断面尺寸、风压大小再采用适当的加固措施。具有消声、保温、防火、防潮、漏风量小、材质轻、易施工、节省安装空间、使用寿命长、经济适用等优点。

（4）以砖、混凝土等材料制作风管，主要用于需要与建筑、结构配合的场合。它节省钢材，结合装饰，经久耐用，但阻力较大。在体育馆、影剧院等公共建筑和纺织厂的空调工程中，常利用建筑空间组合成通风管道。这种管道的断面较大，使之降低流速，减小阻力，还可以在风管内壁衬贴吸声材料，降低噪声。

8.2.2 常用金属材料

常用金属材料包括角钢、槽钢、扁钢、圆钢等型钢。在通风空调工程中主要做设备支架、框架、风管支、吊架、风管加固及风管法兰盘等。

（1）角钢。角钢是供热空调工程中应用广泛的型钢，如用于制作通风管道法兰盘、各种箱体容器设备框架、各种管道支架等。规格以"边宽×边宽×厚度"表示，单位为 mm，并在规格前加符号"∟"。

（2）槽钢。槽钢是截面为凹槽形的长条钢材。其规格表示方法，如 120×53×5，表示腰高为 120mm、腿宽为 53mm、腰厚为 5mm 的槽钢，或称 12 号槽钢。腰高相同的槽钢，如有几种不同的腿宽和腰厚也需在型号右边加 a、b、c 予以区别，如 25a 号、25b 号、25c 号等。槽钢主要用来制作箱体框架、设备机座、管道及设备支架等。

（3）扁钢。扁钢主要用来制作风管法兰、加固圈和管道支架等。以"宽度×厚度"表示，如 20mm×4mm。

（4）圆钢。圆钢适用于加工制作 U 形螺栓和抱箍（用于支、吊架）等。

8.2.3　辅助材料

（1）垫料。垫料主要用于风管之间、风管与设备之间的连接，用以保证接口的密封性。

法兰垫料应为不招尘、不易老化和具有一定强度和弹性的材料，厚度为 5～8mm 的垫料有橡胶板、石棉橡胶板、石棉绳、软聚氯乙烯板等。

（2）紧固件。紧固件是指螺栓、螺母、铆钉、垫圈等。

（3）其他材料。通风空调工程中还常用到一些辅助性消耗材料，如氧气、乙炔、煤气、焊条、锯条、水泥、木块等。

8.2.4　主要机具及使用

1. 主要机具

（1）常用下料机械有：剪板机、圆盘剪、带锯机、砂轮切割机、等离子切割机、激光切割机、氧乙炔切割设备、联合冲剪机、钢筋切断机、可倾式压力机、专用铣床、碳弧气刨、跟踪切割、电火花线切割、数控切割、数控冲床。

（2）常用成形机械有：卷板机、折弯机、折边机、辘骨机、辘筋机、辊筋机、弯管机、可倾式压力机、油压机、模压成形机、拉弯成形机、旋压成形机、热成形设备、数控折弯机。

（3）常用组装机械有：组装平台、滚轮架、液压升降工作台、组装胎模、工装夹具、定位焊机。

（4）常用连接机械有：电焊机、气焊设备、激光焊接机、氩弧焊机、CO_2 保护焊机、点焊机、铆接机、咬口合缝机、咬口压实机。

（5）常用矫正机械有：压力机、校直机、平板机、氧乙炔设备。

2. 加工设备的操作

（1）剪板机（图 8.19）操作注意事项。

1）起动前应检查各部位润滑及紧固情况，刀口不得有缺口，起动后空转 1～2min，确认正常后方可作业。

2）本机剪切钢板的厚度不得超过 4mm，不锈钢板不得超过 2mm，不得剪切圆钢、方钢、扁铁和其他型材。

3）要根据被剪材料的厚度及时调整好刀片间隙。

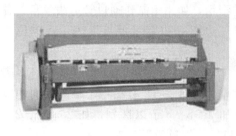

图 8.19　Q11-4×2000 剪板机

（图中剪板机的型号为 Q11-4×2000　可剪钢板最大板厚为 4mm，最大板宽为 2000mm）

4）剪板时只允许在工作台前操作，周围人员应保持适当的人机距离，严防衣服、绳带杂物被运转部件卷入，不得靠附在机器上；机后出料边 2m 内不得站人。

5）调整挡料杆和送料必须在上剪刀停止后进行。严禁将手伸进垂直压力装置内侧；进料时应放平、放正、放稳、对准位置，手指不得接近刀口和压板。

6）剪切前应确保周围无安全隐患，周围人员已安全脱离危险区后才能踩下脚踏操纵杆，操纵杆只能由指定人员一人踩下，其他人员在起动后不得乱踩、误踩。

7）应根据剪切板材厚度调整刀口间隙（钢板厚度 5%～7%），调整时应停车，宜用手盘动，调整后空车试验；制动装置也应根据磨损情况，及时调整。

8）酒后或服用有嗜睡作用的药物后不得操作本机。

9）完工后要做好机床和岗位的清洁卫生工作。

（2）卷板机（图 8.20）操作注意事项。

1）卷板前应检查各部位润滑及紧固情况，上辊压杆必须处于上位。然后空车运行检查各开关按钮是否灵活，准确无误；开车人员必须熟练按钮操作后才能正式进行卷板机操作。

2）本机卷板厚度不得超过 6mm。

3）卷板工作通常是多人合作，必须专人指挥，统一步调。

4）作业时应高度注意安全，卷进端严防人手、衣角卷入，卷出端避免碰撞伤人，

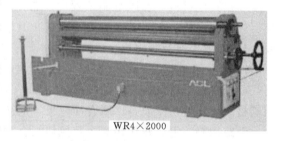

图 8.20　WR4×2000 三滚卷板机

（图中卷板机的型号为 W11-6×1300，可卷钢板最大板厚为 6mm，可卷钢板最大板宽为 1300mm）

操作人员一般应站在钢板两侧，不得站在滚动的钢板上。开车前一定要发出预备口令。

5）用样板找圆时，宜在停机后进行，不得站在滚好的圆筒上找正圆度。

6）卷圆应逐次逼近，上辊不要一次压下过猛，滚到板边时要留有余量，防止塌板。

7）非操作人员不得进入工作区（板长前后各 1m，板侧左右各 1m）。

8）酒后或服用有嗜睡作用的药物后不得操作本机。

9）完工后要做好机床和岗位的清洁卫生工作。

（3）折弯机（图 8.21）、折边机（图 8.22）操作注意事项。

折弯作业前先启动油压机，检查油压系统压力是否正常，然后升落刀具，检查机械系统运行是否正常。

1）根据折弯形状、板厚确定折弯方案。

2）并按此调整行程压力和刀具下模。

3）操作时应站在板料两侧，防止被板边突然上弹碰伤。

图 8.21　数控折弯机　　　　　　　图 8.22　WS1.5×2000 手动折边机

4）送料定位后，手未脱离冲压危险区不得按下下压按钮。

5）多人参与折弯作业时要由专人指挥。注意不要让手动折边机的平衡锤伤人。

6）完工后要做好机床和岗位的清洁卫生工作。

（4）辘骨机（图 8.23）操作注意事项。

1）先对滚轮部分外部检查，确认没问题后开机检查运转情况。

2）根据板料厚度滚轮间距，根据咬口方式调整入口挡板位置。

3）辘筋操作时不能戴手套；操作时要特别注意，防止手指、衣物被滚轮卷入。

4）为了辘筋位置准确，先用边料多做练习，有把握后再辘正料。

5）辘制时要注意方向和反顺，以免费尽功夫，稍一疏忽，全成了废品。

6）辘制时定位导向对料长要求，太短不好掌握。因此短料应画接在一起，一次辘制，然后剪开。

（5）砂轮机、砂轮切割机操作注意事项。

1）用前要检查砂轮、安全罩、搁架、转速、转向以及周边环境情况。

2）运转正常后开磨。磨时站侧边，用力莫猛，更不要让工件撞击砂轮。

3）不总磨一处，不把砂轮磨变形。一有变形，要及时用砂轮修整器修整。

图 8.23　L-12D 辘骨机

4）搁架与砂轮间距保持在 3mm 以内，大了要调整。

5）两个人不要同时磨一个砂轮。

8.2.5　金属风管制作及安装

金属风管主要指的是用普通薄钢板、镀锌薄钢板、不锈钢板及铝板制作的风管，加工工艺基本上可划分为划线和剪切、折方和卷圆、连接、法兰制作等工序。

通风管道规格的验收，风管是以外径或外边长为准的，风道是以内径或内边长为准的。

1. 划线和剪切

（1）划线。放样就是按 1∶1 的比例将风管和管件及配件的展开图划在金属薄板上，以作为下料的剪切的依据。放样是一项基本的操作技能，必须熟练掌握。

常用的划线工具有：钢直尺、角尺量器、划规、划针、洋冲等小型工具。

划线的基本线有：直角线、垂直平分线、平行线、角平分线、直线等分、圆等分等。展开方法宜采用平行线法、放射线法和三角线法。根据图及大样风管不同的几何形状和规格，分别进行划线展开。

（2）剪切。金属薄板的剪切就是按划线的形状进行裁剪下料。板材剪切前必须进行下料的复核，以免有误，按划线形状用机械剪刀和手工剪刀进行剪切。

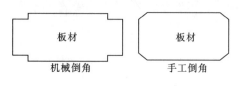

图 8.24 倒角形状

剪切时，手严禁伸入机械压板空隙中。上刀架不准放置工具等物品，调整板料时，脚不能放在踏板上。使用固定式震动剪两手要扶稳钢板，手离刀口不得小于 5cm，用力均匀适当。

板材下料后在轧口之前，必须用倒角机或剪刀进行倒角工作。倒角形状如图 8.24 所示。

2. 连接

按金属板材连接的目的，金属板材的连接可分为拼接、闭合接和延长接 3 种。拼接是指两张钢板板边连接，以增大其面积；闭合接是指将板材卷成风管或配件时对口缝的连接；延长接是指两段风管之间的连接。

按金属板材连接的方法，分咬接、铆接和焊接 3 种，其中咬接使用最广。咬接或焊接使用的界限见表 8.4。

表 8.4   **金属风管的咬接或焊接界限**

板厚（mm）	材 质		
	钢板（不包括镀锌钢板）	不锈钢板	铝板
$\delta \leqslant 1.0$	咬接	咬接	咬接
$1.0 < \delta \leqslant 1.2$		焊接 （氩弧焊及电焊）	
$1.2 < \delta \leqslant 1.5$	焊接（电焊）		焊接 （气焊或氩弧焊）
$\delta > 1.5$			

（1）咬口连接。常用的咬口形式有单平咬口、立咬口、转角咬口、联合角咬口和按扣式咬口等（图 8.25）。

1）单平咬口用于板材拼接缝和圆形风管纵向闭合缝以及严密性要求不高的配件连接。

2）立咬口适用于圆形风管管端的环向接缝，如圆形弯管、圆形来回弯和短节间的连接。

3）转角咬口用于矩形直管的咬缝和有净化要求的空调系统，有时也用于弯管或三通管的转角咬口缝。

4）联合角咬口用于矩形风管、弯管、三通管和四通管转角缝的咬接。

5）按扣式咬口适用于矩形风管和配件的转角

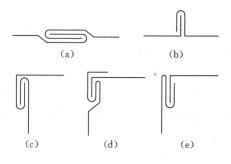

图 8.25 咬口形式
（a）单平咬口；（b）立咬口；（c）转角咬口；
（d）联合角咬口；（e）按扣式咬口

闭合缝加工时，一侧板边加工成有凸扣的插口，另一侧板边加工成折边带有倒钩状的承口。在安装时，将插口插入承口即可组合成型。这是目前较理想的咬口形式。其优点是结构简单，便于运输和组装，便于机械化加工，能提高生产效率，可降低加工噪声；缺点是漏风量较大，用于严密性要求较高的风管时需补加密封措施。

咬口时咬口宽度和留量根据板材厚度，应符合表 8.5 的要求。

表 8.5	咬 口 宽 度 表	单位：mm
钢板厚度	平咬口宽 B	角咬口宽 B
0.7 以下	6~8	6~7
0.7~0.82	8~10	7~8
0.9~1.2	10~12	9~10

（2）焊接。通风空调工程中使用的焊接有电焊、气焊、氩弧焊和锡焊。

1）电焊。电焊用于厚度 $\delta>1.2$mm 的普通薄钢板的连接以及钢板风管与角钢法兰间的连接。

2）气焊。气焊适用于厚度 $\delta=0.8\sim3$mm 的薄钢板板间连接，也用于厚度 $\delta>1.5$mm 的铝板板间连接。

3）氩弧焊。不锈钢板厚度 $\delta>1$mm 和铝板厚度 $\delta>1.5$mm 时，可采用氩弧焊焊接。

4）锡焊。锡焊仅用于厚度 $\delta<1.2$mm 的薄钢板的连接。锡焊焊接强度低，耐温低，故一般用于镀锌钢板风管咬接的密封。

焊缝形式应根据风管的构造和焊接方法而定，可选图 8.26 几种形式。

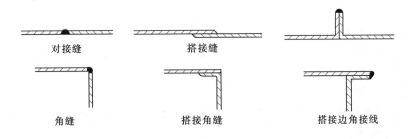

对接缝　　　　搭接缝

角缝　　　　搭接角缝　　　　搭接边角接线

图 8.26 风管焊缝形式

（3）铆钉连接。铆钉连接主要用于风管与角钢法兰之间的固定连接。当管壁厚度 $\delta\leqslant1.5$mm 时，采用翻边铆接，如图 8.27 所示。

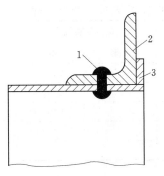

图 8.27 铆接
1—铆钉；2—角钢法兰；3—风管

铆钉连接时，必须使铆钉中心线垂直于板面，铆接应压紧板材密合缝，铆接牢固，铆钉应排列整齐均匀，不应有明显错位现象。板材之间铆接，一般中间可不加垫料，设计有规定时，按设计要求进行。

3．折方和卷圆

（1）折方。咬口后的板料将画好的折方线放在折方机上，置于下模的中心线。操作时使机械上刀片中心线与下模中心线重合，折成所需要的角度。

折方时应互相配合并与折方机保持一定距离，以免被翻转的钢板或配重碰伤。

（2）卷圆。制作圆风管时，将咬口两端拍成圆弧状放在卷圆机上圈圆，按风管圆径规格适当调整上、下辊间距，操作时，手不得直接推送钢板。

折方或卷圆后的钢板用合口机或手工进行合缝。操作时，用力均匀，不宜过重。单、双口确实咬合，无胀裂和半咬口现象。

4. 法兰加工

法兰盘用于风管之间及风管与配件的延长连接，并可增加风管强度。按其断面形状可分为矩形法兰盘（图 8.28）和圆形法兰盘（图 8.29）。

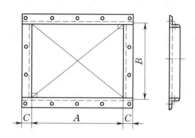

图 8.28　矩形法兰盘

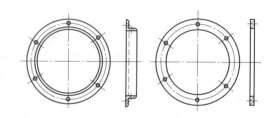

图 8.29　圆形法兰盘

（1）矩形风管法兰加工。

1）矩形法兰由四根角钢组焊而成，划料下料时应注意使焊成后的法兰内径不能小于风管的外径，用型钢切割机按线切断。

2）下料调直后放在冲床上冲击铆钉孔及螺栓孔、孔距不应大于150mm。如采用8501阻燃密封胶条做垫料时，螺栓孔距可适当增大，但不得超过300mm。

3）冲孔后的角钢放在焊接平台上进行焊接，焊接时按各规格模具卡紧。

4）矩形法兰用料规格应符合表 8.6 的规定。

（2）圆形法兰加工。

1）先将整根角钢或扁钢放在冷煨法兰卷圆机上按所需法兰直径调整机械的可调零件，卷成螺旋形状后取下。

2）将卷好后的型钢画线割开，逐个放在平台上找平找正。

3）调整的各支法兰进行焊接、冲孔。

4）圆法兰用料规格应符合表 8.7 的规定。

表 8.6　矩形风管法兰　单位：mm

矩形风管大边长	法兰用料规格
≤630	L24×3
800～1250	L30×4
1600～2500	L40×4
3000～4000	L50×5

注　矩形法兰的四角应设置螺孔。

表 8.7　圆形加风管法兰　单位：mm

圆形风管直径	法兰用料规格	
	扁钢	角钢
≤140	−20×4	L25×3
150～280	−25×4	L30×4
300～500		L40×4
530～1250		
1320～2000		

5. 无法兰加工

无法兰连接风管的接口应采用机械加工，尺寸应正确，形状应规则，接口处应严密。

无法兰矩形风管接口自制四角应有固定措施。

　　风管无法兰连接可采用承插、插条、薄钢板法兰弹簧夹等形式，详见表8.8、表8.9、表8.10。

表8.8　　　　　　　　　　　　　　圆形风管无法兰连接形式

序号	无法兰形式		附件板厚	接口要求	使用范围	备注
1	承插连接			插入深度大于30mm，有密封措施	低压风管	直径小于700mm
2	带加强筋承插			插入深度大于20mm，有密封措施	中、低压风管	
3	角钢加固承插			插入深度大于20mm，有密封措施	中、低压风管	
4	芯管连接		≥管板厚	插入深度大于20mm，有密封措施	中、低压风管	
5	立筋抱箍连接		≥管板厚	四角加90°贴角、并固定	中、低压风管	
6	抱箍连接		≥管板厚	接头尽量靠近不重叠	中、低压风管	宽≥100mm

表8.9　　　　　　　　　　　　　　常用矩形风管无法兰连接形式

序号	无法兰形式		附件板厚（mm）	转角要求	使用范围	备注
1	S形插条		≥0.7	立面插条两端压到两平面各20mm左右	低压风管	单独使用
2	C形插条		≥0.7	立面插条两端压到两平面各20mm左右	中、低压风管	
3	立插条		≥0.7	四角加90°平板条固定	中、低压风管	
4	立咬口		≥0.7	四角加90°贴角并固定	中、低压风管	
5	包边立咬口		≥0.7	四角加90°贴角并固定	中、低压风管	
6	薄钢板法兰插条		≥0.8	四角加90°，贴角	高、中低压风管	
7	薄钢板法兰弹簧夹		≥0.8	四角加90°贴角	高、中低压风管	
8	直角型平插条		≥0.7	四角两端固定	低压风管	采用此法连接时，风管大边尺寸不得大于630mm
9	立联合角插条		≥0.8	四角加90°贴角并固定	低压风管	

表 8.10 圆形风管芯连接

直径 D（mm）	芯管长度 l（mm）	自攻螺丝或抽芯铆钉数量（个）	外径允许偏差（mm）	
			圆管	芯管
120	60	3×2	−1～0	−3～−4
300	80	4×2		
400	100	4×2		
700	100	6×2	−2～0	−4～−5
900	100	8×2		
1000	100	8×2		

不锈钢、铝板风管法兰用料规格应符合表 8.11 的规定。

表 8.11 法 兰 用 料 规 格 单位：mm

圆、矩形不锈钢风管	≤280		−25×4	
	320～560		−30×4	
	630～1000		−35×4	
	1120～2000		−40×4	
圆、矩形铝板风管	≤280	L30×4		−30×6
	320～560	L35×4		−35×8
	630～1000			−40×10
	1120～2000			−40×12
	2000～	L40×4		

在风管内铆法兰腰箍冲眼时，管外配合人员面部要避开冲孔。

矩形风管边长不小于 630mm 和保温风管边长不小于 800mm，其管段长度在 1200mm 以上时均应采取加固措施。边长不大于 800mm 的风管，宜采用楞筋、楞线的方法加固。

中、高压风管的管面长度大于 1200mm 时，应采用加固框的形式加固。

高压几管的单咬口缝应有加强措施。

风管的板材厚度不小于 2mm 时，加固措施的范围可适当放宽。

风管的加固形式详如图 8.30、图 8.31 所示。

楞筋　　　　　立筋　　　　　角钢腰箍　　　　　扁钢腰箍

图 8.30 圆形风管加固形式

表 8.12 圆、矩形风管法兰铆钉规格及铆孔尺寸

类型	风管规格	铆孔尺寸	铆钉规格
方法兰	120～630	φ4.5	φ4×8
	800～2000	φ5.5	φ5×10
圆法兰	200～500	φ4.5	φ4×8
	530～2000	φ5.5	φ5×10

风管与法兰组合成形时，风管与扁钢法兰可用翻边连接；与角钢法兰连接时，风管壁厚不大于 1.5mm 可采用翻边铆接，铆钉规格、铆孔尺寸见表 8.12 的规定。

风管壁厚大于 1.5mm 可采用翻边点焊和沿风管管口周边满焊，点焊时法兰与管壁外表面贴合；满焊时法兰应伸出风管管口 4～5mm，为防止变形，可采用图 8.32 的方法。

图 8.32 中表示常用的几种焊接顺序，大箭头指示总的焊接方向，小箭头表示局部分段的焊接方向，数字表示焊接先后顺序。这样可以使焊件比较均匀地受热和冷却，从而减少变形。

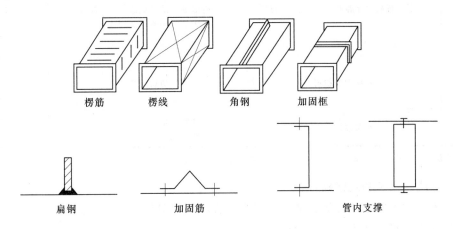

图 8.31　矩形风管加固形式

图 8.32　防止变形的焊法

风管与法兰铆接前先进行技术质量复核，合格后将法兰套在风管上，管端留出 10mm 左右翻边量，管折方线与法兰平面应垂直，然后使用液压铆钉钳或手动夹眼钳用铆钉将风管与法兰铆固，并留出四周翻边。翻边应平整，不应遮住螺孔，四角应铲平，不应出现豁口，以免漏风。

风管与小部件（嘴子、短支管等）连接处、三通、四通分支处要严密、缝隙处应利用锡焊或密封胶堵严以免漏风。使用锡焊，熔漏时锡液不许着水，防止飞溅伤人，盐酸要妥善保管。

风管喷漆防腐不应在低温（低于 5℃）和潮湿（相对湿度不大于 80%）的环境下进行，喷漆前应清除表面灰尘、污垢与锈斑并保持干燥。喷漆时应使漆膜均匀，不得有堆积、漏涂、皱纹、气泡及混色等缺陷。

普通钢板在压口时必须先喷一道防锈漆，保证咬缝内不易生锈。

薄钢板的防腐油漆如设计无要求，可参照表 8.13 的规定执行。

8.2.6　检验与保护

1. 检验基本项目

（1）风管外观质量应达到折角平直，圆弧均匀，两端面平行，无翘角，表面凹凸不平大于 5mm；风管与法兰连接牢固，翻边平整，宽度不大于 6mm，紧贴法兰。

检验方法：拉线、尺量和观察检查。

（2）风管法兰孔距应符合设计要求和施工规范的规定，焊接应牢固，焊缝处不设置螺孔。螺孔具备互换性。

表 8.13   薄 钢 板 油 漆

序号	风管所输送的气体介质	油漆类别	油漆遍数
1	不含有灰尘且温度不高于 70℃ 的空气	内表面涂防锈底漆 外表面涂防锈底漆 外表面涂面漆（调和漆等）	2 1 2
2	不含有灰尘且温度高于 70℃ 的空气	内、外表面各涂耐热漆	2
3	含有粉尘或粉屑的空气	内表面涂防锈底漆 外表面涂防锈底漆 外表面涂面漆	1 1 2
4	含有腐蚀性介质的空气	内外表面涂耐酸底漆 内外表面涂耐酸面漆	≥2 ≥2

注 需保温的风管外表面不涂黏接剂时，宜涂防锈漆两遍。

检验方法：尺量和观察检查。

（3）风管加固应牢固可靠、整齐，间距适宜，均匀对称。

检验方法：观察和手扳方法检查。

（4）不锈钢板、铝板风管表面应无刻痕、划痕、凹穴等缺陷。复合钢板风管表面无损伤。

检验方法：观察检查。

（5）铁皮插条法兰宽窄要一致，插入两端后应牢固可靠。

检验方法：观察检查。

2. 允许偏差项目

风管及法兰制作尺寸的允许偏差和检验方法应符合表 8.14 的规定。

表 8.14   风管及法兰制作尺寸的允许偏差和检验方法

项次	项　目		允许偏差（mm）	检验方法
1	圆形风管外径	ϕ≤300mm	0 −1	用尺量互成 90° 的直径
		ϕ>300mm	0 −2	
2	矩形风管大边	≤300mm	0 −1	尺量检查
		>300mm	0 −2	
3	圆形法兰直径		+2 0	用尺量互成 90° 的直径
4	矩形法兰边长		+2 0	用尺量四边
5	矩形法兰两对角线之差		3	尺量检查
6	法兰平整度		2	法兰放在平台上，用塞尺检查
7	法兰焊缝对接处的平整度		1	

3．成品保护

（1）要保持镀锌钢板表面光滑洁净，放在宽敞干燥的隔潮木头垫架上，叠放整齐。

（2）不锈钢板、铝板要立靠在木架上，不要平叠，以免拖动时刮伤表面。下料时应使用不产生划痕的画线工具操作时应使用木锤或有胶皮套的锤子，不得使用铁锤，以免落锤点产生锈斑。

（3）法兰用料分类理顺码放，露天放置应采取防雨、雪措施，减少生锈现象。

（4）风管成品应码放在平整、无积水、宽敞的场地，不与其他材料、设备等混放在一起，并有防雨、雪措施。码放时应按系统编号，整齐、合理，便于装运。

（5）风管搬运装卸应轻拿轻放、防止损坏成品。

4．应注意的质量问题

金属风管制作时易产生的质量问题和防止措施见表8.15。

表 8.15　　　　　　　　　　风管制作易产生质量问题及防止措施

序号	常产生的质量问题	防　治　措　施
1	铆钉脱落	增强责任心，铆后检查 按工艺正确操作，加长铆钉
2	风管法兰连接不正	用方尺找正使法兰棱垂直管口四边翻边量宽度一致
3	法兰翻边四角漏风	管片压口前要倒角 咬口重叠处翻边时铲平 四角不应出现豁口
4	管件连接孔洞	出现孔洞用焊锡或密封胶堵严
5	风管大边上下有不同程度下沉，两侧面小边稍向外凸出，有明显变形	按 GB50243—1997《通风与空调工程施工及验收规范》选用钢板厚度，咬口形式的采用应根据系统功能按 GB50243—1997 进行加固
6	矩形风管扭曲、翘角	正确下料 板料咬口预留尺寸必须正确，保证咬口宽度一致
7	矩形弯头、圆形弯头角度不准确	正确展开下料
8	圆形风管不同心 圆形三通角度不准、咬合不严	正确展开下料

8.2.7　非金属风管制作及安装

1．材料要求及主要机具

（1）材料要求。所用的无机原料、玻纤布及填充料等应符合设计要求。原料中填充料及含量应有法定检测部门的证明技术文件。

玻璃钢中玻纤布的含量与规格应符合设计要求，玻纤布应干燥、清洁，不得含蜡。

（2）主要机具。主要机具有各类胎具、料桶、刷子、不锈钢板尺、角尺、量角器、钻孔机。

2．安装工艺

（1）工艺流程为：支模→成型（按规范要求一层无机原料一层玻纤布）→检验→固化→打孔→入库。

按大样图选适当模具支在特定的架子上开始操作。风管用1：1经纬线的玻纤布增强，无机原料的重量含量为 $50\%\sim60\%$。玻纤布的铺置接缝应错开，无重叠现象。原料应涂刷均匀，不得漏涂。

玻璃钢风管和配件的壁厚及法兰规格应符合表 8.16 的规定（图 8.33）

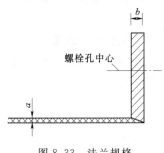

图 8.33 法兰规格

a—管壁厚；b—法兰厚

表 8.16　　玻璃钢风管和配件壁厚及法表规格

单位：mm

矩形风管大边尺寸	管壁厚度 δ	法兰规格 $a \times b$
<500	$2.5\sim3$	40×10
$501\sim1000$	$3\sim3.5$	50×12
$1001\sim1500$	$4\sim4.5$	50×1
$1501\sim2000$	5	50×15

法兰孔径：

风管大边长小于 1250mm　　孔径为 9mm

风管大边长大于 1250mm　　孔径为 11mm

法兰孔距控制在 $110\sim130$mm 之内。

法兰与风管应成一体与壁面要垂直，与管轴线成直角。

风管边宽大于 2m（含 2m）以上，单节长度不超过 2m，中间增一道加强筋，加强筋材料可用 50mm×5mm 扁钢。

所有支管一律在现场开口，三通口不得开在加强筋位置上。

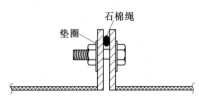

图 8.34 垫料形式

（2）安装工艺。玻璃钢风管连接采用镀锌螺栓，螺栓与法兰接触处采用镀锌垫圈以增加其接触面。法兰中间垫料采用 $\phi6\sim8$ 石棉绳，垫料形式如图 8.34 所示。

支吊托架形式及间距按下列准执行：

风管大边不大于 1000mm　　间距小于 3m（不超过）

风管大边大于 1000mm　　间距小于 2.5m（不超过）

因玻璃钢风管是固化成型且质量易受外界影响而变形，故支托架规格要比法兰高一档（表 8.17）以加大受力接触面。

风管大边大于 2000mm，托盘采用 5 号槽钢为加大受力接触面。要求槽钢托盘上面固定一铁皮条，规格为 100mm（宽）×1.2mm（厚），如图 8.35 所示。

所有风管现场开洞，孔位置规格要正确，要求先打眼后开洞。

玻璃钢风管内表面应平整光滑（手感好），外表面应整齐美观，厚度均匀，边缘无毛刺，不得有气泡（气孔）分层现象，外表面不得扭曲、不平度不大于 3mm，内外壁的直线度每米不大于 5mm。

法兰与风管应成一体与壁面要垂直，与管轴线成直角。不垂直度不大于 2mm。

表 8.17　　支托架规格　单位：mm

风管大边长	托盘	吊杆
<500	L40×4	φ8
501~100	L50×4	φ10
1001~2000	L50×5	φ10
>2000	L50×4.5	φ12

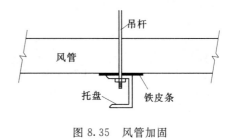

图 8.35　风管加固

法兰自身表面应平整，不平度不大于 2‰。

法兰孔要打在法兰中心线（除去壁厚），并保证在一条直线上。误差不得超过 2mm。

风管两对角线之差不大于 3mm。

管表面气泡数量每平米不得多于 5 个，气泡单个面积不大于 $10mm^2$。

每节管可见裂纹，不得超过 2 处，裂纹不得超过管长的 1/10，裂纹距管边缘不得小于 50mm，管件严禁有贯通性裂纹。

3. 应注意的质量问题

（1）支吊托架的预埋性或膨胀螺栓位置应正确，牢固可靠，不得设在风口或其他开口处。

（2）法兰垫料不是凸出法兰外面，连接法兰的螺栓拉力要均匀，方向一致（螺母在同一侧），以免螺孔受损。

（3）风管在安装时不得碰撞或从架上摔下，连接后不得出现明显扭曲。

学习单元 8.3　风管及部件安装

8.3.1　风管安装

安装流程为：预检→风管制作→确定标高→制作吊架→设置吊点→安装吊架→风管排列→风管连接→安装就位找平找正→检验→评定。

1. 确定标高

按照设计图纸并参照土建基准线找出风管标高。一般矩形风管标注管底标高，圆形风管标注风管中心线标高。

2. 制作吊架

标高确定后，按照风管系统所在的空间位置，确定风管支、吊架形式。

风道支架多采用沿墙、柱敷设的托架及吊架，其支架形式如图 8.36 所示。支吊架的安装是风管安装的重要工序和首要工序，同时其安装的质量直接影响到风管系统的安装质量，是指影响到整个安装的进程。

圆形风管多采用扁钢管卡吊架安装，对直径较大的圆形风管可采用扁钢管卡两侧做双吊杆，以保证其稳固性。吊杆采用圆钢，圆钢规格应根据有关施工图集规定选择。矩形风管多采用双吊杆吊架及墙、柱上安装型钢支架，矩形风道可置放于角钢托架上。

风道支架不仅承受风道及保温层的重力，也需承受输送气体时的动荷载，因此在施工中应按有关图集要求的支架间距安装，不得与土建或其他专业管道支架共用。施工时应保证管中心位置、支架间距，支架应牢固平整。

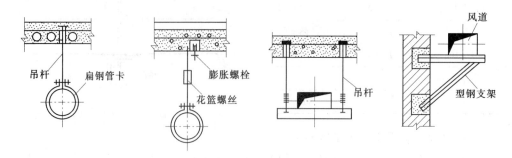

图 8.36 风道支架形式

风管支、吊架的制作应注意的问题：

（1）支架的悬臂、吊架的吊铁采用角钢或槽钢制成；斜撑的材料为角钢；吊杆采用圆钢；扁铁用来制作抱箍。

（2）支、吊架在制作前，首先要对型钢进行矫正，矫正的方法分冷矫正和热矫正两种。小型钢材一般采用冷矫正。较大的型钢须加热到 900℃ 左右后进行热矫正。矫正的顺序应该先矫正扭曲、后矫正弯曲。

（3）钢材切断和打孔，不应使用氧气—乙炔切割。抱箍的圆弧应与风管圆弧一致。支架的焊缝必须饱满，保证具有足够的承载能力。

（4）吊杆圆钢应根据风管安装标高适当截取。套丝不宜过长，丝扣末端不应超出托盘最低点。挂钩应煨成图 8.37 形式。

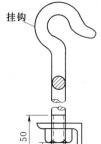

图 8.37 挂钩

（5）风管支、吊架制作完毕后，应进行除锈，刷一遍防锈漆。用于不锈钢、铝板风管的支架，抱箍应按设计要求做好防腐绝缘处理。防止电化学腐蚀。

3. 吊点设置

设置吊点根据吊架形式设置，有预埋件法、膨胀螺栓法、射钉枪法等。

（1）预埋件法。

1）前期预埋。一般由预留人员将预埋件按图纸坐标位置和支、吊架间距，牢固固定在土建结构钢筋上。

2）后期预埋。

（a）在砖墙上埋设支架。根据风管的标高算出支架型钢上表面离地距离，找到正确的安装位置，打出 80mm×80mm 的方洞。洞的内外大小应一致，深度比支架埋进墙的深度大 30mm。打好洞后，用水把墙洞浇湿，并冲出洞内的砖屑。然后在墙洞内先填塞一部分 1∶2 水泥砂浆，把支架埋入，埋入深度一般为 150～200mm。用水平尺校平支架，调整埋入深度，继续填塞砂浆，适当填塞一些浸过水的石块和碎砖，便于固定支架。填入水泥砂浆时，应稍低于墙面，以便土建工种进行墙面装修。

（b）在楼板下埋设吊件。确定吊卡位置后用冲击钻在楼板上打一透眼，然后在地面剔出一个 300mm 长、深 20mm 的槽（图 8.38）。将吊件嵌入槽中，用水泥砂浆将槽填平。

（2）膨胀螺栓法。特点是施工灵活，准确、快速（图 8.39）。

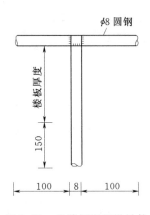

图 8.38　在楼板下埋设吊件

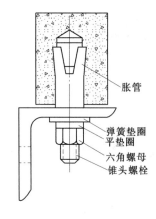

图 8.39　膨胀螺栓

（3）射钉枪法。用于周边小于 800mm 的风管支管的安装。其特点同膨胀螺栓，使用时应特别注意安全（图 8.40）。

4. 安装吊架

按风管的中心线找出吊杆敷设位置，单吊杆在风管的中心线上；双吊杆可以按托盘的螺孔间距或风管的中心线对称安装。

吊杆根据吊件形式可以焊在吊件上，也可挂在吊件上。焊接后应涂防锈漆。

立管管卡安装时，应先把最上面的一个管件固定好，再用线锤在中心处吊线，下面的管卡即可按线进行固定。

当风管较长时，需要安装一排支架时，可先把两端的安好，然后以两端的支架为基准，用拉线法找出中间支架的标高进行安装。

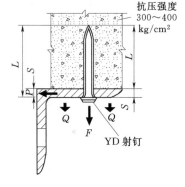

图 8.40　射钉

支吊架的吊杆应平直、螺纹完整。吊杆需拼接时可采用螺纹连接或焊接。连接螺栓应长于吊杆直径 3 倍，焊接宜采用搭接，搭接长度应大于吊杆直径的 8 倍，并两侧焊接。

支、吊架安装应注意的问题如下：

（1）风管安装，管路较长时，应在适当位置增设吊架防止摆动。

（2）支、吊架的标高必须正确，如圆形风管管径由大变小，为保证风管中心线水平，支架型钢上表面标高，应作相应提高。对于有坡度要求的风管，托架的标高也应按风管的坡度要求。

（3）风管支、吊架间距如无设计要求时，对于不保温风管应符合表 8.18 要求。对于保温风管，支、吊架间距无设计要求时按表间距要求值乘以 0.85。螺旋风管的支、吊架间距可适当增大。

（4）支、吊架的预埋件或膨胀螺栓埋入部分不得油漆，并应除去油污。

（5）支、吊架不得安装在风口、阀门，检查孔等处，以免妨碍操作。吊架不得直接吊在法兰上。

表 8.18 支、吊架间距

圆形风管直径或矩形风管长边尺寸（mm）	水平风管间距（m）	垂直风管间距（m）	最少吊架数（副）
≤400	≤4	≤4	2
≤1000	≤3	≤3.5	2
>1000	≤2	≤2	2

（6）保温风管的支、吊装置宜放在保温层外部，但不得损坏保温层。

（7）保温风管不能直接与支、吊托架接触，应垫上坚固的隔热材料，其厚度与保温层相同，防止产生"冷桥"。

5. 风管排列法兰连接

风管与风管、风管与配件部件之间的组合连接采用法兰连接，安装和拆卸都比较方便，日后的维护也容易进行。

风管组合连接时，先把两风管的法兰对口，逐个穿入螺栓并戴上螺母，对正法兰，将各个螺栓拧紧，注意要使螺栓方向一致，拧紧后的法兰间垫料厚度均匀一致。

为保证法兰接口的严密性，法兰之间应有垫料。在无特殊要求情况下，法兰垫料按表 8.19 选用。

表 8.19 法兰垫料选用

应用系统	输送介质	垫料材质及厚度	
		材质	厚度（mm）
一般空调系统及送排风系统	温度低于 70℃的洁净空气或含温气体	8501 密封胶带	3
		软橡胶板	2.5～3
		闭孔海绵橡胶板	4～5
高温系统	温度高于 70℃的空气或烟气	石棉绳	φ8
		耐热胶板	3
化工系统	含有腐蚀性介质的气体	耐酸橡胶板	2.5～3
		软聚氯乙烯板	2.5～3
洁净系统	有净化等级要求的洁净空气	橡胶板	5
		闭孔海绵橡胶板	5
塑料风道	含腐蚀性气体	软聚氯乙烯板	

法兰垫料应注意的问题如下：

（1）了解各种垫料的使用范围，避免用错垫料。擦拭掉法兰表面的异物和积水。法兰垫料不能挤入或凸入管内，否则会增大流动阻力，增加管内积尘。

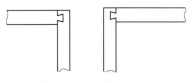

图 8.41 梯形或榫形连接

（2）空气洁净系统严禁使用石棉绳等易产生粉尘的材料。法兰垫料应尽量减少接头，接头应采用梯形或榫形连接，如图 8.41 所示，并涂胶粘牢。法兰均匀压紧后的垫料宽度,应与风管内壁取平。

(3)法兰连接后严禁往法兰缝隙填塞垫料。

垫料 8501 密封胶带使用方法如下:

(1)将风管法兰表面的异物和积水清理掉。

(2)从法兰一角开始粘贴胶带,胶带端头应略长于法兰(图 8.42)。

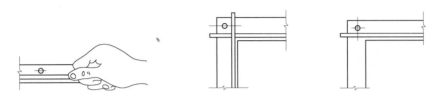

图 8.42　垫料 8501 密封胶带使用方法

(3)沿法兰均匀平整地粘贴,并在粘贴过程中用手将其按实,不得脱落,接口处要严密,各部位均不得凸入风管内。

(4)沿法兰粘贴一周后与起端交叉搭接,剪去多余部分。

(5)剥去隔离纸。

法兰连接时,按设计要求规定垫料,把两个法兰先对正,穿上几条螺栓并戴上螺母,暂时不要上紧。然后用尖冲塞进穿不上螺栓的螺孔中,把两个螺孔撬正,直到所有螺栓都穿上后,再把螺栓拧紧。为了避免螺栓滑扣,紧螺栓时应按十字交叉逐步均匀地拧紧。连接好的风管,应以两端法兰为准,拉线检查风管连接是否平直。

法兰连接应注意的问题如下:

(1)法兰如有破损(开焊、变形等)应及时更换,修理。

(2)连接法兰的螺母应在同一侧。

(3)不锈钢风管法兰连接的螺栓,宜用同材质的不锈钢制成,如用普通碳素钢,应按设计要求喷涂涂料。

(4)铝板风管法兰连接应采用镀锌螺栓,并在法兰两侧垫镀锌垫圈。

6. 风管排列无法兰连接

由于受到材料、机具和施工的限制,每段风管的长度一般在 2m 以内。因此系统内风管法兰接口众多,很难做到所有的接口严密,风管的漏风量也因此比较大。无法兰连接施工工艺把法兰及其附件取消掉,取而代之的是直接咬合、加中间件咬合、辅助加紧件等方式完成风管的横向连接。

无法兰连接的接头连接工艺简单,加工安装的工作量也小,同时漏风量也小于法兰连接的风管,即使漏风也容易处理,而且省去了型钢的用量,降低了风管的造价。

无法兰连接适用于通风与空调工程中的宽度小于 1000mm 风管的连接。

无法兰连接的方式主要有:

(1)抱箍式连接。主要用于钢板圆风管和螺旋风管连接,先将每一管段的两端轧制出鼓筋,并使其一端缩为小口。安装时按气流方向把小口插入大口,外面用钢制抱箍将两个管端的鼓箍抱紧连接,最后用螺栓穿在耳环中固定拧紧(图 8.43)。

（2）插接式连接。主要用于矩形或圆形风管连接。先制作连接管，然后插入两侧风管，再用自攻螺丝或拉铆钉将其紧密固定（图 8.44）。

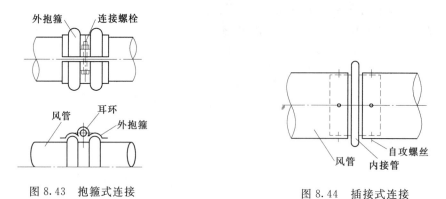

图 8.43 抱箍式连接

图 8.44 插接式连接

（3）插条式连接。主要用于矩形风管连接。将不同形式的插条插入风管两端，然后压实。其形状和接管方法如图 8.45 所示。

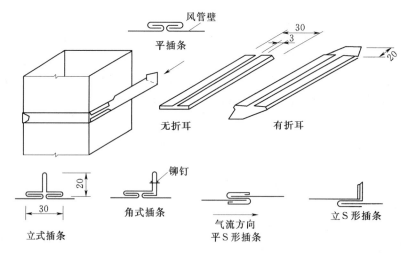

图 8.45 插条式连接

（4）软管式连接。主要用于风管与部件（如散流器、静压箱侧送风口等）的相连。安装时，软管两端套在连接的管外，然后用特制软卡把软管箍紧。

7. 风管安装

根据施工现场情况，可以在地面连成一定的长度，然后采用吊装的方法就位；也可以将风管一节一节地放在支架上逐节连接。一般安装顺序是先干管后支管。具体安装方法见表 8.20 和表 8.21。

8. 风管接长吊装

风管接长吊装是将地面上连接好的风管（一般可接长至 10～20m）用倒链或滑轮将风管升至吊架上的方法。风管吊装步骤如下：

（1）首先应根据现场具体情况，在梁柱上选择两个可靠的吊点，然后挂好倒链或滑轮。

表 8.20　　　　　　　　　　水平管安装方式

建筑物	(单层)厂房、礼堂、剧场(多层)厂房、建筑		走廊风管	穿墙风管
	风管标高			
	≤3.5m	>3.5m		
主风管	整体吊装	分节吊装	整体吊装	分节吊装
安装机具	升降机、倒链	升降机、脚手架	升降机、倒链	升降机、高凳
支风管	分节吊装	分节吊装	分节吊装	分节吊装
安装机具	升降机、高凳	升降机、脚手架	升降机、高凳	长降机、高凳

表 8.21　　　　　　　　　　立风管安装方式

室内	风管标高不大于3.5m		风管标高大于3.5m	
	分节吊装	滑轮、高凳	分节吊装	滑轮、脚手架
室外	分节吊装	滑轮、脚手架	分节吊装	滑轮、脚手架

注　竖风管的安装一般由下至上进行。

(2) 用麻绳将风管捆绑结实。麻绳结扣方法如图 8.46 所示。塑料风管如需整体吊装时,绳索不得直接捆绑在风管上,应用长木板托住风管的底部,四周应有软性材料做垫层,方可起吊。

(3) 起吊时,当风管离地 200～300mm 时,应停止起吊,仔细检查倒链或滑轮受力点和捆绑风管的绳索,绳扣是否牢靠,风管的重心是否正确。没问题后,再继续起吊。

(4) 风管放在支、吊架后,将所有托盘和吊杆连接好,确认风管稳固好,才可以解开绳扣。

9. 风管分节安装

对于不便悬挂滑轮或因受场地限制,不能进行吊装时,可将风管分节用绳索拉到脚手架上,然后抬到支架上对正法兰逐节安装。

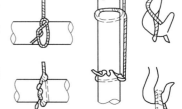

图 8.46　麻绳结扣方法

风管安装时应注意的安全问题如下:

(1) 起吊时,严禁人员在被吊风管下方,风管上严禁站人。

(2) 应检查风管内、上表面有无重物,以防起吊时,坠物伤人。

(3) 对于较长风管,起吊速度应同步进行,首尾呼应,防止由于一头过高,中段风管法兰受力大而造成风管变形。

(4) 抬到支架上的风管应及时安装,不能放置太久。

(5) 对于暂时不安装的孔洞不要提前打开;暂停施工时,应加盖板,以防坠入坠物事故发生。

(6) 使用梯子不得缺挡,不得垫高使用。使用梯子的上端要扎牢,下端采取防滑措施。

(7) 送风支管与总管采用直管形式连接时,插管接口处应设导流装置。

8.3.2 部件安装

1. 弯头

弯头是用来改变通风管道方向的配件。根据其断面形状可分为圆形弯头和矩形弯头，如图 8.47 所示。

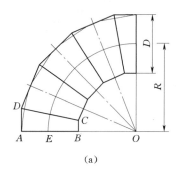
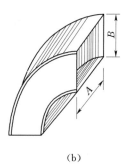

图 8.47　弯头

(a) 圆形弯头侧面图图；(b) 矩形弯头示意图

2. 来回弯

来回弯在通风管中用来跨越或让开其他管道及建筑构件。根据其断面形状可分为圆形来回弯和矩形来回弯，如图 8.48 所示。

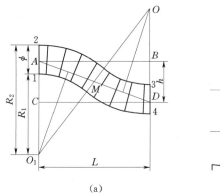
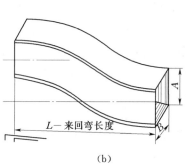

图 8.48　来回弯

(a) 圆形来回弯侧面图；(b) 矩形来回弯示意图

3. 三通

三通是通风管道的分叉或汇集的配件。根据其断面形状可分为圆形三通和矩形三通，如图 8.49 所示。

4. 阀门

通风系统中的阀门主要用于启动风道，关闭风道、风口，调节管道内空气量，平衡阻力等。阀门装于风机出口的风道、主下风道、分支风道或空气分布器之前等位置。常用的阀门有插板阀和蝶阀。

蝶阀的构造如图 8.50 所示，多用于风道分支处或空气分布器前端。转动阀板的角度即可改变空气流量。蝶阀使用较为方便，但严密性较差。

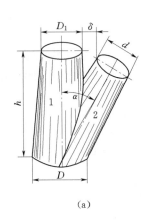 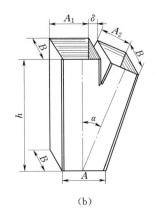

图 8.49 三通

(a) 圆形三通示意图；(b) 矩形三通示意图

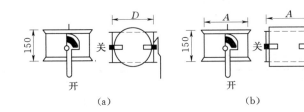

图 8.50 蝶阀构造示意图

(a) 圆形；(b) 方形；(c) 矩形

插板阀的构造如图 8.51 所示，多用于风机出口或主干风道处用作开关。通过拉动手柄来调整插板的位置即可改变风道的空气流量。其调节效果好，但占用空间大。

风管上阀门的安装要求如下：

（1）风管各类调节装置应安装在便于操作的部位。

（2）防火阀安装，方向位置应正确，易熔件应迎气流方向。排烟阀手动装置（预埋导管）不得出现死弯及瘪管现象。内保温风管穿越楼板帘式防火阀安装详图如图 8.52 所示。

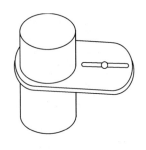

图 8.51 插板阀构造示意图

（3）止回阀宜安装在风机压出端，开启方向必须与气流方向一致。

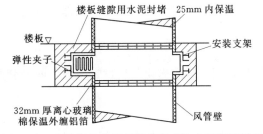

图 8.52 内保温风管穿越楼板帘式防火阀安装详图

（4）变风量末端装置安装，应设独立支吊架，与风管连接前应做动作试验。

（5）各类排气罩安装宜在设备就位后进行。风帽滴水盘或槽安装要牢固，不得渗漏。凝结水应引流到指定位置。

（6）手动密闭阀安装时阀门上标志的箭头方向应与受冲击波方向一致。

5. 柔性短管

为了防止风机的振动通过风管传到室内引起噪声，常在通风机的入口和出口处装设柔性短管，如图 8.53 所示，长度 150～200mm。一般通风系统的柔性短管都用帆布做成，输送腐蚀性气体的通风系统用耐酸橡皮或 0.8～1.0mm 厚的聚氯乙烯塑料布制成。

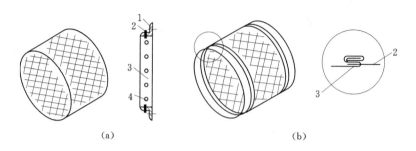

图 8.53　帆布连接管
1—角钢法兰；2—铆钉；3—铁皮条；4—法兰孔

风管与部件安装过程中应注意的质量问题见表 8.22。

表 8.22　　　　　　　　　　　　风管与部件安装应注意的质量问题

序号	常产生的质量问题	防　治　措　施
1	支、吊架不刷油、吊杆过长	增强责任心，制完后应及时刷油，吊杆截取时应仔细核对标高
2	支、吊架间距过大	贯彻规范，安装完后，认真复查有无间距过大现象
3	法兰、腰箍开焊	安装前仔细检查，发现问题，及时修理
4	螺丝漏穿，不紧、松动	增加责任心，法兰孔距应及时调整
5	帆布口过长，扭曲	铆接帆布应拉直、对正，铁皮条要压紧帆布，不要漏铆
6	修改管、铆钉孔未堵	修改后应用锡焊或密封胶堵严
7	垫料脱落	严格按工艺去做，法兰表面应清洁
8	净化垫料不涂密封胶	认真学习规范
9	防火阀动作不灵活	阀片阀体不得碰擦检查执行机构与易熔片
10	各类风口不灵活	叶片应平行、牢固不与外框碰擦
11	风口安装不合要求	严格执行规程规范对风口安装的要求

8.3.3　检验与保护

1. 检验基本项目

（1）输送产生凝结水或含有潮湿空气的风管安装坡度符合设计要求，底部的接缝均做密封处理。接缝表面平整、美观。

检验方法：尺量和观察检查。

（2）风管的法兰连接对接平行，严密，螺栓紧固。螺栓露出长度适宜一致，同一管段的法兰螺母在同一侧。

检验方法：扳手拧拭和观察检查。

（3）风口安装位置正确，外露部分平整美观，同一房间内标高一致，排列整齐。

检验方法：观察和尺量检查。

（4）柔性短管松紧适宜，长度符合设计要求和施工规范规定，无开裂和扭曲现象。

检验方法：尺量和观察检查。

（5）罩类安装位置正确，排列整齐，牢固可靠。

检验方法：尺量和观察检查。

2．允许偏差项目

风管、风口安装的允许偏差和检验方法见表8.23。

表 8.23　　　　　　　　　　　　风管、风口安装的允许偏差和检验方法

项次	项　目		允许偏差（mm）	检　验　方　法
1	明装风管	水平度	每米 3	拉线、液体连通器和尺量检查
			总偏 20	
2		垂直度	每米 2	吊线和尺量检查
			总偏差 20	
3	单个风口	水平度	3‰	拉线、液体连通器和尺量检查
		垂直度	2‰	吊线和尺量检查

注　暗装风管位置应正确，无明显偏差。

3．成品保护

安装完的风管要保护风管表面光滑洁净，室外风管应有防雨防雪措施。

暂停施工的系统风管时，应将风管开口处封闭，防止杂物进入。

风管伸入结构风道时，其末端应安装上钢板网，以防止系统运行时，杂物进入金属风管内。

交叉作业较多的场地，严禁以安装完的风管作为支、吊、托架，不允许将其他支、吊架焊在或挂在风管法兰和风管支、吊架上。

运输和安装不锈钢、铝板风管时，应避免产生刮伤表面现象。安装时，尽量减少与铁质物品接触。

运输和安装阀件时，应避免由于碰撞而产生的执行机构和叶片变形。露天堆放应有防雨、防雪措施。

学习单元 8.4　空调水管道安装

8.4.1　空调水系统种类

空调冷水系统一般包括冷（热）水系统、冷却水系统、冷凝水系统。

1．空调冷（热）水系统

（1）双管制和四管制。

1）双管制。只设一根供水管和一根回水管，冬季供热水，夏季供冷水。

2）四管制。设两根供水管，两根供回水。其中一组供冷水，一组供热水。

3）优缺点比较。四管制初投资高，但若采用建筑物内部热源的热泵提供热量时，运

行很经济,并且容易满足不同房间的空调要求(比如说有的房间要供冷,有点要供热)。一般情况下不采用四管制,宜采用二管制。

(2) 异程式与同程式。风机盘管分设在各个房间内,按其并联于供水干管和回水干管的各机组的循环管路,总长是否相等,可分为异程式与同程式两种,如图8.54所示。

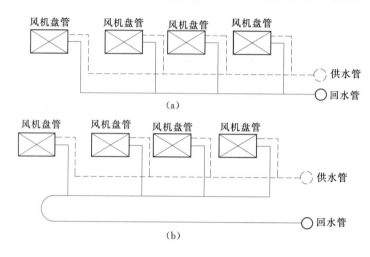

图 8.54 空调水循环系统形式
(a) 异程式;(b) 同程式

优缺点比较:

同程式:各并联环路管长相等,阻力大致相同,流量分配较平衡,可减少初次调整的困难,但初投资相对较大。

异程式:管路配置简单,管材省,但各并联环路管长不相等,因而阻力不等,流量分配不平衡,增加了初次调整的困难。

2. 冷却水系统

当冷水机组或独立式空调机采用水冷式冷凝器时,应设置冷却水系统,它是用水管将制冷机、冷凝器和冷却塔、冷却水泵等串联组成的循环水系统。

3. 冷凝水排放系统

夏季,空调器表冷器表面温度通常低于空气的露点温度,因而表面会结露,需要用水管将空调器底部的接水盘与下水管或地沟连接,以及时排放接水盘所接的冷凝水。这些排放空调器表冷器表面因结露形成的冷凝水的水管就组成了冷凝水排放系统。

8.4.2 空调水系统安装

空调水系统,当管径 $DN125$ 时,可采用镀锌钢管,当管径 $DN125$ 时,采用无缝钢管。高层的建筑一般采用无缝钢管。

1. 空调水系统安装应注意的问题

(1) 冷水机组,水泵等管道的进出口处,均安装工作压力为 1MPa 的球型橡胶减震软接头。

(2) 所有自动或手动阀门的公称压力应为 1MPa。阀门手柄禁止向下安装。

(3) 冷(热)水系统的所有立管的最高点都应安装自动排气阀,最低点设手动排污阀。

(4) 竖向安装的水管必须垂直，不得有倾斜偏歪现象。

(5) 从水平管接出的支管，一般应从顶部或侧面接出，不能接成∩形弯，以免气阻。

(6) 凡暗装于顶棚上或管井内的水管，在设有阀门处，都必须设置检查门或活动天花板检修口。

(7) 在水泵的吸入口管上应安装除污器或 Y 形过滤器，用以清除和过滤水中的杂质，防止管路堵塞和保证各类设备的正常功能。

(8) 在立管上为避免保温层下坠，应在立管上每隔 2～3m 预先焊上高 20m 的 25mm×4mm 扁铁 2～3 块，然后再保温。

(9) 安装空调冷（热）水管时，应避免与金属支架直接接触产生冷桥。在冷（热）水管与支架间应隔以木垫，木垫需先作防腐处理。

(10) 冷凝水管的水平段应有不小于 0.01 的坡度。坡向应与预定的水流排放方向一致。

(11) 膨胀水箱应连接在冷（热）水水泵的吸入侧，而且箱底标高至少要高出水管系统最高点 1m。箱体与系统的连接管尽量从箱底垂直接入。

2. 水系统的施工工艺及安装要求

(1) 无缝钢管的施工工艺及要求。

1) 无缝钢管进场后，首先应检查规格、型号是否符合要求，是否具有生产厂家出具的产品合格证，并应有各种化学元素的成分比例以及楷模性能试验指标数据，否则应不予使用。

2) 检查管道有无表面裂纹、皱皮、严重锈蚀斑痕，管皮厚薄是否均匀，椭圆度是否超标，否则不予以采用。

3) 各种管道附件、阀门、辅材等规格、型号、品种、数量是否符合要求，是否均具有合格证。

4) 现场施工人员在熟悉图纸后，应按照施工图的位置、标高、走向、坡度等要求下料、组对、施焊，进行就地组装。

5) 在组装前，必须清除管道内部杂质，以保持管道内部清洁，为今后正式使用打好良好的基础。

6) 在下料时，应考虑层高，平面位置以及支架位置情况与和段和度的关系，以利于施工安装。

(2) 镀锌钢管的施工工艺及要求。管径≤DN125 情况下，均采用成品镀锌钢管。

1) 在管材进货时，首先应检查规格、型号是否符合要求，是否具有生产厂家出具的产品合格证，并应有各种化学元素的成分比例以及楷模性能试验指标数据，否则应不予使用。

2) 检查管道有无表面裂纹、皱皮、严重锈蚀斑痕，管皮厚薄是否均匀，椭圆度是否超标，否则不予以采用。

3) 按施工图所示位置、标高、走向、坡度进行下料加工，加工时一般采用机械或人工工具加工管锥螺纹丝扣，操作人员应按照操作规程进行操作，坏丝与断线数不得超标，在套丝的过程中，应注意油脂对丝扣的润滑与冷却，套丝的次数是按操作规程与实物质量相接合的原则进行，否则会出现不合格的丝扣。

4）阀门、管件应进行检验，砂眼、锈蚀等均不得采用。

5）密封填料应均匀缠绕在管螺纹上，而且应顺丝扣拧进的方向缠绕，丝扣松紧程度应适度，过紧或过松均会出现质量问题。

（3）管道支架、阀门及管道附件的安装工艺及要求如下：

1）根据图纸设计的要求，进行选材、切割、焊接，并编号或布置到相应的安装区域，支架安装前一定要先涂好防锈漆。

2）空调水管的支吊架采用角钢或槽钢焊接而成，多管道共用支架，支架间距根据现场梁柱间距调整，并进行复核。

3）大口径管道支吊架的制作需作特别加工，如图 8.55 所示。

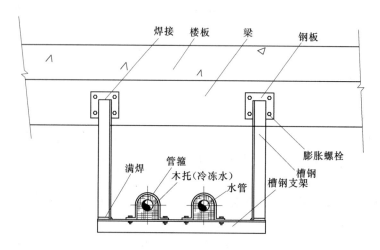

图 8.55 大口径管道支吊架示意图

4）热水管、冷水管在做支架时必须考虑保温、防结露的木质管托高度，并考虑支架上各条管道口径大小（外径）、距墙位置、相互间距、流向、坡度，每个支架间距可按图纸施工。

5）管道支架必须牵线敷设，作为型钢水平支架，每个必须横平竖直，成排支架的平面必须有调高度的余地。所以管道安装的质量好坏与否直接与支吊架敷设有相当大的联系，所以务必引起操作人员的注意。

学习单元 8.5 空调及通风设备安装

8.5.1 通风机安装

通风机按其工作原理，可以分为离心式通风机和轴流式通风机两种。

小型直联（电机轴与风机轴直联合一）传动的离心风机可以用支架安装在墙上、柱上及平台上，或者通过地脚螺栓安装在混凝土基础上，如图 8.56（a）所示。大中型皮带传动的离心风机一般都安装在混凝土基础上，如图 8.56（b）所示。对隔振有一定要求时，则应安装在减振台座上。

轴流风机往往安装在风管中间或者墙洞内。在风管中间安装时，可将风机装在用角钢制成的支架上，再将支架固定在墙上、柱上或混凝土楼板的下面。图 8.57 是在墙上安装的示意图。

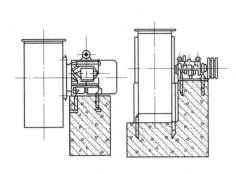

图 8.56　离心风机在混凝土基础上安装　　　　图 8.57　轴流风机在墙上安装

通风机安装工艺流程为：基础验收→开箱检查→搬运→清洗→安装、找平、找正→试运转、检查验收。

1. 通风安装前的准备工作

（1）按设备装箱清单，核对叶轮、机壳和其他部位的主要尺寸，进、出风口的位置方向是否符合设计要求，做好检查记录。

（2）叶轮旋转方向应符合设备技术文件的规定。

（3）进、出风口应有盖板严密遮盖。检查各切削加工面，机壳的防锈情况和转子是否发生变形或锈蚀、碰损等。

（4）风机设备搬运应配合起重工专人指挥，使用的工具及绳索必须符合安全要求。

（5）风机设备安装前，应将轴承、传动部位及调节机构进行拆卸、清洗，装配后使其转动，调节灵活。

（6）用煤油或汽油清洗轴承时严禁吸烟或用火，以防发生火灾。

2. 基础验收

（1）风机安装前应根据设计图纸对设备基础进行全面检查，核对是否符合尺寸要求。

（2）风机安装前，应在基础表面铲出麻面，以使二次浇灌的混凝土或水泥砂浆能与基础紧密结合。

3. 风机安装

（1）风机设备安装就位前，按设计图纸并依据建筑物的轴线、边缘线及标高线放出安装基准线。将设备基础表面的油污、泥土、杂物和地脚螺栓预留孔内的杂物清除干净。

（2）整体安装的风机，搬运和吊装的绳索不得捆缚在转子和机壳或轴承盖的吊环上。

（3）整体安装风机吊装时直接放置在基础上，用垫铁找平找正，垫铁一般应放在地脚螺栓两侧，斜垫铁必须成对使用。设备安装好后同一组装铁应点焊在一起，以免受力时松动。

（4）风机安装在无减振器支架上，应垫上 4～5mm 厚的橡胶板，找平找正后固定牢。

（5）风机安装在有减振器的机座上时，地面要平整，各组减振器承受的荷载压缩量应均匀，不偏心，安装后采取保护措施，防止损坏。

（6）通风机的机轴必须保持水平度，风机与电动机用联轴节连接时，两轴中心线应在同一直线上。

（7）通风机与电动机用三角皮带传动时进行找正，以保证电动机与通风机的轴线互相平行，并使两个皮带轮的中心线相重合。三角皮带拉紧程度一般可用手敲打已装好的皮带中间，以稍有弹跳为准。

（8）通风机与电动机安装皮带轮时，操作者应紧密配合，防止将手碰伤。挂皮带时不要把手指入皮带轮内，防止发生事故。

（9）风机与电动机的传动装置外露部分应安装防护罩，风机的吸入口或吸入管直通大气时，应加装保护网或其他安全装置。

（10）通风机出口的接出风管应顺叶轮旋方向接出弯管。在现场条件允许的情况下，应保证出口至弯管的距离 A 大于或等于风口出口长边尺寸 1.5～2.5 倍（图 8.58）。如果受现场条件限制达不到要求，应在弯管内设导流叶片弥补（图 8.59）

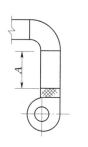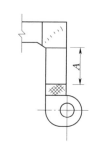

图 8.58 通风机出口弯管

（11）现场组装的风机、绳索的捆缚不得损伤机件表面，转子、轴颈和轴封等处均不应作为捆缚部位。通风机散装部件的吊装方式如图 8.60 所示。

（12）输送特殊介质的通风机转子和机壳内如涂有保护层，应严加保护，不得损坏。

（13）大型轴流风机组装，叶轮与机壳的间隙应均匀分布，并符合设备技术文件要求。叶轮与进风外壳的间隙见表 8.24。

（14）通风机附属的自控设备和观测仪器。仪表安装应按设备技术文件规定执行。

（15）风机经过全面检查手动盘车，供应电源相序正确后方可送电试运转，运转前必须加上适度的润滑油；并检查各项安全措施；叶轮旋转方向必须正确；在额定转速下试运转时间不得少于 2h。运转后，再检查风机减震基础有无移位和损坏现象，做好记录。

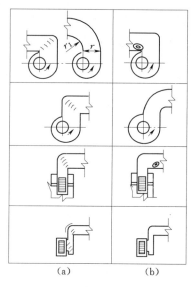

(a)　　　　　(b)

图 8.59 弯管内导流叶片

表 8.24　　叶轮与主体风筒对应两侧间隙允差　　单位：mm

叶轮直径	≤600	600～1200	1200～2000	3000～3000	3000～5000	3000～5000	＞8000
对应两侧半径径间隙之差不应超过	0.5	1	1.5	2	3.5	5	6.5

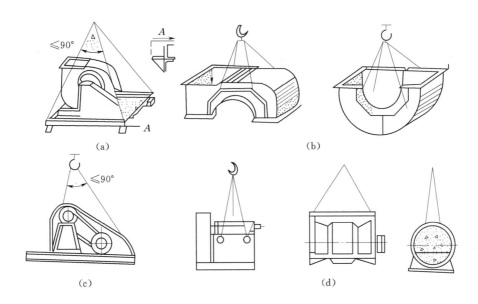

图 8.60　通风机散装部件的吊装方式

（a）吊索装整机；（b）吊装机罩；（c）吊装传动机构；（d）吊装机制

4. 质量标准

（1）保证项目。

1）风机叶轮严禁与壳体碰擦。

检验方法：盘动叶轮检查。

2）散装风机进风斗与叶轮的间隙必须均匀并符合技术要求。

检验方法：尺量和观察检查。

3）地脚螺栓必须拧紧，并有防松装置；垫铁放置位置必须正确，接触紧密，每组不超过 3 块。

检验方法：小锤轻击，扳手拧拭和观察检查。

4）试运转时，叶轮旋转方向必须正确。经不少于 2h 的运转后，滑动轴承温升不超过 35℃，最高温度不超过 70℃，滚动轴承温升不超过 40℃，最高温度不超过 80℃。

检验方法：检查试运转记录或试车检查。

（2）允许偏差项目。通风机安装的允许偏差和检验方法应符合表 8.25 的规定。

表 8.25　　　　　　　　　　通风机安装的允许偏差和检验方法

项次	项　　目		允许偏差	检　验　方　法
1	中心线的平面位移（mm）		10	经纬仪或拉线和尺量检查
2	标高（mm）		±10	水准仪或水平仪、直尺、拉线和尺量检查
3	皮带轮轮宽中心平面位移（mm）		1	在主、从动皮带轮端面拉线和尺量检查
4	传动轴水平度		0.2/1000	在轴或皮带轮 0°和 180°的两个位置上，用水平仪检查
5	联轴器同心度	径向位移（mm）	0.05	在联轴器互相垂直的 4 个位置上，用百分表检查
		轴向倾斜	0.2/1000	

段 基础知识部分

5. 应注意的质量问题

（1）风机运转中皮带滑下或产生跳动。应检查两皮带轮是否找正，并在一条中线上，或调整两皮带轮的距离；如皮带过长应更换。

（2）风机产生与转速相符的振动。应检查叶轮重量是否对称，或叶片上是否有附着物；双进通风机应检查两侧进气量是否相等。如不等，可调节挡板，使两侧进气口负压相等。

（3）通风机和电动机整体振动。应应检查地脚螺栓是否松动，机座是否紧固；与通风机相连的风管是否加支撑固定；柔性短管是否过紧。

（4）用型钢制作的风机支座，焊接后应保证支座的平整，若有扭曲，校正好后方能安装。

（5）风机减振器所承受压力不均。应适当调整减振器的位置，或检查减振器的底板是否同基础固定。

8.5.2 风机机组的安装

8.5.2.1 风机盘管及诱导器的安装

风机盘管有立式和卧式两种；按安装方式分明装型和暗装型。根据诱导器的外形，安装方式有立式和卧式两种。卧式（水平悬吊式）挂于天花板下；立式（窗台式）装于窗台下。按诱导风能否进行局部处理分为简易诱导器和冷热诱导器两类。

风机盘管及诱导器安装工艺流程：

预检→施工准备→电机检查试转→表冷器水压检验→吊架制安→风机盘管安装诱导器安装→连接配管→检验

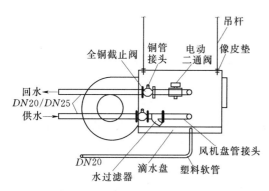

图 8.61 风机盘管接管详图

风机盘管接管详图如图 8.61 所示。

（1）风机盘管在安装前应检查每台电机壳体及表面交换器有无损伤、锈蚀等缺陷。

（2）风机盘管和诱导器应每台进行通电试验检查，机械部分不得摩擦，电气部分不得漏电。

（3）风机盘管和诱导器应逐台进行水压试验，试验强度应为工作压力的 1.5 倍，定压后观察 2～3min 不渗不漏。

（4）卧式吊装风机盘管和诱导器，吊架安装平整牢固，位置正确。吊杆不应自由摆动，吊杆与托盘相联应用双螺母紧固找平正。

（5）诱导器安装前必须逐台进行质量检查，检查项目如下：

1）各联接部分不能松动、变形和产生破裂等情况；喷嘴不能脱落、堵塞。

2）静压箱封头处缝隙密封材料，不能有裂痕和脱落；一次风调节阀必须灵活可靠，并调到全开位置。

（6）诱导器经检查合格后按设计要求的型号就位安装，并检查喷嘴型号是否正确。

1）暗装卧式诱导器应由支、吊架固定，并便于拆卸和维修。

230

2）诱导器与一次风管连接处应严密，防止漏风。

3）诱导器水管接头方向和回风面朝向应符合设计要求。立式双面回风诱导器为利于回风，靠墙一面应留 50mm 以上空间。卧式双回风诱导器，要保证靠楼板一面留有足够空间。

（7）冷热媒水管与风机盘管、诱导器连接直采用钢管或紫铜管，接管应平直。紧固时应用扳手卡住六方接头，以防损坏铜管。凝结水管宜软性连接，软管长度不大于 300mm 材质宜用透明胶管，并用喉箍紧固严禁渗漏，坡度应正确、凝结水应畅通地流到指定位置，水盘应无积水现象。

（8）风机盘管、诱导器同冷热媒管连接，应在管道系统冲洗排污后再连接，以防堵塞热交换器。

（9）暗装的卧式风机盘管、吊顶应留有活动检查门，便于机组能整体拆卸和维修。

风机盘管和诱导器运至现场后要采取措施，妥善保管，码放整齐。应有防雨、防雪措施。冬期施工时，风机盘管水压试验后必须随即将水排放干净，以防冻坏设备。风机盘管诱导器安装施工要随运随装，与其他工种交叉作业时要注意成品保护，防止碰坏。立式暗装风机盘管，安装完后要配合好土建安装保护罩。屋面喷浆前应采取防护措施，保护已安装好的设备，保证清洁。

8.5.2.2　质量标准

1. 保证项目

（1）风机盘管、诱导器安装必须平稳、牢固。

检验方法：用水平尺和线坠测量。

（2）风机盘管、诱导器与进出水管的连接严禁渗漏，凝结水管的坡度必须符合排水要求，与风口及回风室的连接必须严密。

检验方法：尺量，观察检查和检查试验记录。

2. 基本项目

风机盘管、诱导器风口连接严密不得漏风。

检验方法：观察检查。

3. 应注意的质量问题

应注意的质量问题见表 8.26。

表 8.26　　　　　　　　　　　常见质量问题及防治措施

序号	常产生的质量问题	防治措施
1	冬季施工易冻坏表面交换器	试水压后必须将水放净以防冻坏
2	风机盘管运输时易碰坏	搬运时单排码放轻装轻卸
3	风机盘管表冷器易堵塞	风机盘管和管道连接后未经冲洗排污，不得投入运行以防堵塞
4	风机盘管结水盘易堵塞	风机盘管运行前应清理结水盘内杂物保证凝结水畅通

8.5.3　空气处理室安装

8.5.3.1　空气处理室安装

空气处理室安装工艺流程：设备基础验收→空气处理设备开箱检查→现场运输→分段

式组对就位/整体式安装就位→找平找正→质量检验。

1. 设备开箱检查

会同建设单位和设备供应部门共同进行开箱检查。随设备所带资料和产品合格证应完备。进口设备必须具有商检部门的检验合格文件。将检验结果做好记录，参与开箱检查责任人员签字盖章，作为交接资料和设备技术档案依据。

2. 设备现场运输

设备水平搬运时应尽量采用小拖车运输。设备起吊时，应在设备的起吊点着力，吊装无吊点时，起吊点应设在金属空调箱的基座主梁上。

3. 空调机组分段组对安装

组合式空调机组是指不带冷、热源、用水、蒸汽为媒体，以功能段为组合单元的定型产品，安装时按下列步骤进行：

（1）安装时首先检查金属空调箱各段体与设计图纸是否相符，各段体内所安装的设备、部件是否完备无损，配件必须齐全。

（2）准备好安装所用的螺栓、衬垫等材料和必需的工具。

（3）安装现场必须平整，加工好的空调箱槽钢底座就位（或浇注的混凝土墩）并找正找平。

（4）当现场有几台空调箱安装时，注意不要将段位拉错，分清左式、右式（视线顺气流方向观察或按厂家说明书）。段体的排列顺序必须与图纸相符。安装前对各段体进行编号。

（5）从空调设备上的一端开始，逐一将段体抬上底座校正位置后，加上衬垫，将相邻的两个段体用螺栓连接严密牢固。每连接一个段体前，将内部清除干净。

（6）与加热段相连接的段体，应采用耐热片作衬垫，表面或换热器之间的缝隙应用耐热材料堵严。

（7）用于冷却空气用的表面式换热器，在下部应设排水装置。

（8）安装完的组合式空调机组，其各功能段之间的连接应严密、整体平直。检查门开启灵活水路畅通。

（9）现场组装的空气调节机组，应做漏风量测试。漏风率要求见表8.27。

表8.27　　　　　　　　　　　　空气调节机组漏风率要求

机 组 性 质	静压（Pa）	漏风率（%）
一般空调机组	保持700	≤3
低于1000级洁净用	保持1000	≤2
高于、等于1000级洁净用	保持1000	≤1

4. 整体空调机组安装

安装前认真熟悉图纸、设备说明书以及有关的技术资料。空调机组安装的地方必须平整，一般应高出地面100~150mm。空调机组如需安装减震器，应严格按设计要求的减震器型号、数量和位置进行安装、找平找正。

8.5.3.2　空气处理室安装质量标准

1. 保证项目

（1）空气处理室分段组装连接必须严密，喷淋段严禁渗水。

检验方法：观察检查。

（2）高效过滤器安装方向必须正确；用波纹板组合的过滤器在竖向安装时，波纹板必须垂直于地面。过滤器与框架之间的连接严禁渗漏、变形、破损和漏胶等现象。

检验方法：观察检查和检查漏风试验记录。

（3）洁净系统的空调箱、中效过滤器室等安装后必须保证内壁清洁，无浮尘、油污、锈蚀及杂物等。

检验方法：观察或白绸布擦拭检查。

2. 基本项目

（1）空气处理室整体安装或分段安装时，安装平稳、平正。牢固，四周无明显缝隙。一次、二次回风调节阀及新风调节阀调节灵活。

检验方法：尺量和观察检查。

（2）密闭检视门应符合门及门框平正、牢固、无渗漏，开关灵活的要求，凝结水的引流管（槽）畅通。

检验方法：泼水和启闭检查。

（3）表面式热交换器的安装应框架平正、牢固，安装平稳。热交换器之间和热交换器与围护结构四周缝隙封严。

检验方法：手扳和观察检查。

（4）空气过滤器的安装应安装平正、牢固；过滤器与框架、框架与围护结构之间缝隙封严；过滤器便于拆卸。

检验方法：手扳和观察检查。

（5）窗式空调器安装应符合固定牢固、遮阳、防雨措施，不阻挡冷凝器排风，凝结水盘应有坡度与四周缝隙封闭。正面横平竖直与四周缝隙封严，与室内协调美观。

检验方法：观察检查。

3. 允许偏差项目

空气处理室设备安装允许偏差值和检验方法应符合表 8.28。

表 8.28　　　　　　　　　设备安装允许偏差和检验方法

项　目		允许偏差（mm）	检　验　方　法
金属空调设备	水平误差　每 1m	≤3	拉线、液体连通器和尺量检查
	垂直度　每 1m	≤2	吊线和尺量检查
	5m 以上	≤10	

空调设备安装时应注意的质量问题见表 8.29。

8.5.4　消音器安装

8.5.4.1　消声器安装

在通风空调系统中，常用的消声器有管式消声器、声流式消声器和其他类型消声器。

消声器制作中，各种金属板材加工应采用机械加工，如剪切、折方、折边、咬口等，做到一次成型，减少手工操作。镀锌钢板施工时，应注意使镀锌层不受破坏，尽量采用咬接或铆接。

表 8.29 空调设备安装时应注意的质量问题

序号	常产生的质量问题	防治措施
1	坐标、标高不准、不平不正	加强责任心，严格按设计和操作工艺要求进行
2	段体之间连接处，垫料规格不按要求作，有漏垫现象	加强责任心，严格按设计和操作工艺要求进行
3	表冷器段体存水排不出	加强责任心，严格按设计和操作工艺要求进行
4	高效过滤器框架或高效风口有泄漏现象	严格按设计和操作工艺执行

（1）消声器安装前，其消声材料应有完整的包装措施，两端法兰口面应有防尘保护措施，法兰口面不得向上，防止消声材料被雨淋受潮和尘土污染。

（2）消声器的气流方向必须正确。

（3）消声片单体安装时应达到：位置正确，片距均匀；消声片与周边缝隙必须填实，不得漏风；消声片的消声材料不得有明显下沉，消声片与周边固定必须牢固可靠。

（4）消声器与消声弯头应单独设置支、吊架，其数量不得少于两副，消声器的重量不得由风管承担，这样也有利于单独拆卸、检查和更换。

消声器成品应在平整、无积水的室内场地上码放整齐，下部设有垫托，并有必要的防水措施。成品应按规格、型号进行编号。妥善保管，不得遭受雨雪，泥土、灰尘和潮气的侵蚀。

8.5.4.2 消声器安装质量标准

1. 保证项目

（1）消声器的型号、尺寸必须符合设计要求，并标明气流方向。

检验方法：尺量和观察检查。

（2）消声器框架必须牢固，共振腔的隔板尺寸正确，隔板与壁板结合处紧贴，外壳严密不漏。

检验方法：手扳和观察检查。

（3）消声片单体安装，固定端必须牢固，片距均匀。

检验方法：手扳和观察检查。

（4）消声器安装方向必须正确，并单独设置支吊架。

检验方法：观察检查。

2. 基本项目

（1）消声材料的敷设应达到片状材料粘贴牢固，平整；散状材料充填均匀、无下沉。

检验方法：观察检查。

（2）消声材料的覆盖面应顺气流向拼接，拼接整齐，无损坏；穿孔板无毛刺，孔距排列均匀。

检验方法：观察检查。

学习单元8.6 通风空调系统运行调试及验收

空调系统的测试与调整统称为调试，这是保证空调工程质量，实现空调功能不可缺少的重要环节，对于新建成的空调系统，在完成安装交付之前，需要通过测试、调整和试运转，来检验设计、施工安装和设备性能等各方面是否符合生产工艺和使用要求。对于是已投入使用的空调系统，当发现某些方面不能满足生产工艺和使用要求时，也需要通过测试查明原因，以便采取措施予以解决。

正由于调试如此重要，所以GB50243—97《通风与空调工程施工及验收规范》作了如下规定。

8.6.1 通风与空调系统的测定和调整

（1）设备单机试运转。主要包括水泵、风机、空调机组、风冷热泵、制冷机、冷却塔、除尘器、空气过滤器、风机盘管等设备的试运转。

设备的试运行要根据各种设备的运行操作规程进行，着重检查设备运行时的振动、声响、紧固件、运行参数等并做好原始记录。

（2）无负荷联合试运转。在单机试运转合格的基础上，可进行设备的无负荷系统联合试运转。

通风与空调工程的无负荷联合试运转。应包括以下内容：通风机的风量、风压、转速、电机工作电流等的测定；系统与风口的风量平衡；制冷系统的工作压力、温度等各项技术数据的测定。

（3）无生产负荷系统联合试运转的测定和调整。无生产负荷系统联合试运转是指室内没有工艺设备或有工艺设备但并未投入运转、也无生产人员的情况下进行的联合试运转。在试运转过程中应充分考虑到各种因素的干扰，如建筑物装修材料的干燥程度、室内热湿度负荷是否符合设计条件等。

（4）带生产负荷的综合效能试验的测定和调整。

1）使用的仪表性能应稳定可靠，精度应高于被测定对象的级别，并应符合国家有关计量法规的规定。

2）通风与空调系统的无生产负荷联合试运转的测定和调整应由施工单位负责，设计单位、建设单位参与配合；带生产负荷的综合效能试验的测定和调整，应由建设单位负责，设计、施工及监理单位配合。

8.6.2 调试的准备

1. 资料的准备

（1）设计图纸和设计说明书。掌握设计构思、空调方式和设计参数等。

（2）主要设备（空调机组、末端装置等）产品安装使用说明书。了解各种设备的性能和使用方法。

（3）弄清风系统、水系统和自动调节系统以及相互间的关系。

2. 现场准备

（1）检查空调各个系统和设备安装质量是否符合设计要求和施工验收规范要求。尤其要检查关键性的监测表（例如户式空调机进出水口是否装有压力表、温度计）和安全保护装置是否安全，安装是否合格。如有不合要求之处，必须整改合格，具备调试条件后，方可进行调试。

（2）检查电源、水源和冷、热源是否具备调试条件。

（3）检查空调房间建筑围护结构是否符合设计要求以及门窗的密闭程度。

3．制定调试计划

调试计划的内容包括以下几个方面：

（1）调试的依据。设计图纸、产品说明书以及设计、施工与验收规范等。

（2）调试的项目、程序及调试要求。

（3）调试方法和使用仪表及精度。

（4）调试时间和进度安排。

（5）调试人员及其资质等级。

（6）预期的调试成果报告。

8.6.3 调试的项目和程序

由于空调系统的性质的控制精度不同，所以调试的项目和要求也有所不同。对于空调精度要求较高的空调系统，调试项目和程序有以下几个方面。

（1）空调系统电气设备与线路的检查测试（该项工作通常是在空调制冷专业人员配合下，由电气专业调试人员操作）。

（2）空调设备单机的空载试运转。

1）制冷机或制冷机组试运转，按有关规范一般由制造厂商进行。

2）水泵单机无负荷运转。水泵试运转前应注油并塞满填料，连接法兰和密封装置等不得有渗漏。

3）空调机组内通水试运转。检查供水管压力是否正常、有无漏水等。

4）空气过滤装置试运转。按设计要求和产品说明书检查运转是否正常。

（3）空调设备的空载联合试运转。联合试运转包括同风系统、水系统以及制冷系统，在无生产负荷的情况下，同时启动运转，应进行如下项目的测试与调整。

1）测定新风机的风量、风压等。

2）风管系统及风口的风量测试与平衡；要求实测风量与设计风量的偏差不大于10%。

3）制冷系统的压力、温度、流量的测试与调整。要求各项技术参数应符合有关技术文件的规定。空调系统带冷（热）源的正常联合试运转不少于8h。

（4）空调系统带生产负荷的综合效能调试。该项试验应由建设单位负责，设计单位和施工单位配合进行，根据工艺和设计要求进行测试和调整以下内容。

1）室内空气参数的测定与调整。

2）室内气流组织的测定。

3）室内洁净度和正压的测定。

4）室内噪声的测定。

5）自动调节系统的参数整定和联动调试。

复 习 思 考 题

1. 通风空调安装工程施工图应包含哪些图纸？通常应该按何种顺序识图？
2. 通风空调风管常用哪些材料？各使用在什么场合？
3. 风管系统制作和安装有哪些要求？
4. 通风工程安装包含哪些内容？
5. 简述空调水系统安装的施工工艺及安装要求。
6. 通风空调系统主要有哪些设备？安装这些设备时有哪些要求？
7. 简述通风空调系统调试的项目和程序。

学习情境 9   管道及设备防腐与保温施工

【学习目标】

(1) 能够进行管道及设备的除污及清洗。

(2) 能够选择涂料并进行刷漆。

(3) 了解涂料的基本组成和常用涂料的涂覆方法。

(4) 掌握保温层、防潮层、保护层及管件的保温方法。

(5) 了解各种保温材料、保温结构,能够进行管道及设备的保温结构敷设。

学习单元 9.1   管 道 及 设 备 防 腐

腐蚀主要是材料在外部介质影响下所产生的化学作用或电化学作用,使材料破坏和质变。由于化学作用引起的腐蚀属于化学腐蚀,金属与氧气、氯气、二氧化硫、硫化氢等干燥气体或汽油、乙醇、苯等非电解质接触所引起的腐蚀都是化学腐蚀。在潮湿条件下,由电化学作用引起的腐蚀称为电化学腐蚀。一般情况下,管道和设备表面同时受到两种腐蚀作用,但以电化学腐蚀为主。

在供热、通风、空调等系统中,常常因为管道被腐蚀而引起系统漏水、漏气,这样既浪费能源,又影响生产。对于输送有毒、易燃、易爆炸的介质,还会污染环境,甚至造成事故或重大损失。因此,为保证正常的生产秩序和生活秩序,延长系统的使用寿命,除了正常选材外,采取有效的防腐措施是十分必要的。

防腐的方法很多,如采用金属镀层、金属钝化、电化学保护、衬里及涂料工艺等。在管道及设备的防腐方法中,采用最多的是涂料工艺。对于明装的管道和设备,一般采用油漆涂料,对于设置在地下的管道,则多采用沥青涂料。

管道防腐一般常用的材料有:

(1) 防锈漆、面漆、沥青等。

(2) 稀释剂。汽油、煤油、醇酸稀料、松香水、酒精等。

(3) 其他材料。高岭土、七级石棉、石灰石粉或滑石粉、玻璃丝布、矿棉纸、油毡、牛皮纸、塑料布等。

管道及设备防腐的施工工艺流程为:表面去污除锈→调配涂料→刷或喷涂施工→养护。

9.1.1   表面去污除锈

1. 表面去污

为了使防腐材料能起较好的防腐作用,除所选涂料能耐腐蚀外,还要求涂料和管道、设备表面能很好地结合。一般管道和设备表面总有各种污物,如灰尘、污垢、油渍、锈斑等。为了增加油漆的覆着力和防腐效果,在涂刷底漆前必须将管道或设备表面的污物清除干净，并保持干燥。管道（设备）防腐前必须根据金属表面锈蚀程度分成 A、B、C、D 四级，见表 9.1。

表 9.1　　　　　　　　　　　　　　**钢材表面原始锈蚀等级**

腐蚀等级	锈 蚀 状 况
A 级	覆盖着完整的氧化皮或只有极少量绣的钢材表面
B 级	部分氧化皮已松动，翘起或脱落，已有一定绣的钢材表面
C 级	氧化皮大部分翘起或脱落，大量生锈，但用目测还看不到腐蚀的钢材表面
D 级	氧化皮几乎全部翘起或脱落，大量生锈，目测能看到腐蚀的钢材表面

为了增加油漆的附着力和防腐效果，在涂刷底漆前，必须将管道或设备表面的污物清除干净，并保持干燥。金属表面处理方法有手工方法、机械方法和化学方法 3 种，可根据具体情况或设计要求选用。金属表面去污方法见表 9.2。在选取以上方法进行金属表面处理前，应先对系统进行清洗、吹扫。

表 9.2　　　　　　　　　　　　　　**金 属 表 面 去 污**

去 污 方 法		适用范围	施工要点
溶剂清洗	煤焦油溶剂（甲苯、二甲苯等），石油矿物溶剂（溶剂汽油、煤油）、氯代烃类（过氯乙烯、三氯乙烯等）	除油、油脂、可溶污物和可溶涂层	有的油垢要反复溶解和稀释。最后要用干净溶剂清洗。避免留下薄膜
碱液	氢氧化钠 30g/l 磷酸三钠 15g/l 水玻璃 5g/l 水适量 也可购成品	除掉可皂化的油、油脂和其他污物	清洗后要作充分冲净。并做钝化处理，用含有 0.1％ 左右重的铬酸、重铬酸钠或重铬酸钾溶液清洗表面
乳剂除污	煤油 67％ 松节油 22.5％ 月酸 5.4％ 三乙醇胺 3.6％ 丁基溶纤剂 1.5％	除油、油脂和其他污物	清洗后用蒸汽或热水将残留物从金属表面上冲洗净

2. 表面除锈

（1）人工除锈。用刮刀、锉刀将管道、设备及容器表面的氧化皮、铸砂除掉，再用钢丝刷将管道、设备及容器表面的浮锈除去，然后用砂纸磨光，最后用棉丝将其擦净。

（2）机械除锈。先用刮刀、锉刀将管道表面的氧化皮、铸砂去掉。然后一人在除锈机前，一人在除锈机后，将管道放在除锈机反复除锈，直至露出金属本色为止。在刷油前，用棉丝再擦一遍，将其表面的浮灰等去掉。

（3）喷砂除锈。喷砂除锈是采用 0.35～0.5MPa 的压缩空气，把粒度为 1.0～2.0mm 的砂子喷射到有锈污的金属表面上，靠砂粒的打击去除金属表面的锈蚀、氧化皮等。

喷砂除锈操作简单、效率高、质量好，但喷砂过程中产生大量的灰尘，污染环境，影响人们的健康。为减少尘埃的飞扬，可用喷湿砂的方法来除锈。

9.1.2 管道、设备及容器防腐

1. 涂料种类

涂料可分为两大类：油基漆（成膜物质为干性油类）和树脂基漆（成膜物质为合成树脂）。它是通过一定的涂覆方法涂在物体表面，经过固化而形成薄涂层，从而保护设备、管道和金属结构等表面免受化工、大气及酸等介质的腐蚀作用。

（1）涂料的基本组成。涂料的品种虽然很多，但就其组成而言，大体上可分为3部分，即主要成膜物质、次要成膜物质和辅助成膜物质，见表9.3。

（2）常用涂料。防锈漆和底漆涂料按其所起的作用，可分为底漆和面漆两种。先用底漆打底，再用面漆罩面。

防锈漆和底漆都能防锈。它们的区别是：底漆的颜料较多，可以打磨，涂料着重在对物面的附着力；而防锈漆其漆料偏重在满足耐水、耐酸等性能的要求。防锈漆一般分为钢铁表面的防锈漆和有色金属表面的防锈漆两种。底漆在涂层中占有重要的地位，它不但能增强涂料与金属表面的附着力，而

表9.3 涂料的组成

主要成膜物质	油基漆	干性油
		半干性油
	树脂基漆	天然树脂
		合成树脂
次要成膜物质	着色颜料	
	防锈颜料	
	体质颜料	
辅助成膜物质	稀料	溶剂
		稀释剂
	辅助材料	催化剂、固化剂
		增塑剂、触变剂

且对防腐蚀也起到一定的作用。以下是几种常用的底漆：①生漆；②漆酚树脂漆；③酚醛树脂漆；④环氧-酚醛漆；⑤环氧树脂涂料；⑥过氧乙烯漆；⑦沥青漆。

管道工程中常用的防腐涂料及其性能、使用温度和主要用途见表9.4。

表9.4 常用涂料

涂料名称	主 要 性 能	耐温（℃）	主 要 用 途
红丹防锈漆	与钢铁表面附着力强、隔潮、防水、防锈力强	150	钢铁表面打底，不应暴露于大气中，必须用适当面漆覆盖
铁红防锈漆	覆盖性强、薄膜坚韧，涂漆方便，防锈能力较红丹防锈漆差些	150	钢铁表面打底或盖面
铁红醇酸底漆	附着力强，防锈性能和耐气候型较好	200	高温条件下黑色金属打底
灰色防锈漆	耐气候性较调和漆强		做室内外钢铁表面上的防锈底漆的罩面漆
锌黄防锈漆	对海洋性气候及海水侵蚀有防锈性		适用于铝金属或其他金属上防锈
环氧红丹漆	快干，耐水性强		用于经常与水接触的钢铁表面
磷化底漆	能延长有机涂层寿命	60	有色及黑色金属的底层防锈漆
后漆（铅油）	漆膜较软、干燥慢，在炎热而潮湿的天气有发黏现象	60	用清油稀释后，用于室内钢、木表面打底或盖面
油性调和漆	附着力及耐气候性均好，在室外使用优于磁性调和漆	60	做室内外金属、木材、砖墙面漆
铝粉漆		150	专供采暖管道、散热器做面漆

续表

涂料名称	主要性能	耐温（℃）	主要用途
耐温铝粉漆	防锈不防腐	≤300	黑色金属表面漆
有机硅耐高温漆		400～500	黑色金属表面漆
生漆（大漆）	漆层机械强度高，耐酸力强，有毒，施工困难	200	用于钢、木表面防腐
过氧乙烯漆	抗酸性强，耐浓度不大的碱性，不易燃烧，防水绝缘性好	60	用于钢、木表面，以喷涂为佳
耐碱漆	耐碱腐蚀	≤60	用于金属表面
耐酸树脂磁漆	漆膜保光性、耐气候型和耐汽油型好	150	适用于金属、木材及玻璃布的涂刷
沥青漆（以沥青为基础）	干燥快、涂膜硬，但附着力及机械强度差，具有良好的耐水、防潮、防腐及抗化学腐蚀性。但耐气候、保光性差，不宜暴露在阳光下，户外容易收缩龟裂		主要用于水下、地下钢铁构件、管道、木材、水泥面的防潮、防水、防腐

涂料命名原则：

全名＝颜料或颜色名称＋成膜物质名称＋基本名称

管道、设备及容器防腐刷油，一般按设计要求进行防腐刷油，当设计无要求时，应按下列规定进行：

（1）明装管道、设备及容器必须先刷一道防锈漆，待交工前再刷两道面漆。如有保温和防结露要求应刷两道防锈漆。

（2）暗装管道、设备及容器刷两道防锈漆，第二道防锈漆必须待第一道漆干透后再刷，且防锈漆稠度要适宜。

（3）埋地管道做防腐层时，其外壁防腐层的做法可按表9.5的规定进行。

表9.5　　　　　　　　　　管道防腐层种类

防腐层层次（从金属表面起）	正常防腐层	加强防腐层	特加强防腐层
1		冷底子油	冷底子油
2	冷底子油	沥青涂层	沥青涂层
3	沥青涂层	加强包扎层（封闭层）	加强保护层
	外包保护层		（封闭层）
4			沥青涂层
5			加强包扎层
		沥青涂层	（封闭层）
6		外包保护层	沥青涂层
7			外包保护层
防腐层厚度不小于（mm）	3	6	9
厚度允许偏差（mm）	-0.3	-0.5	-0.5

注　1. 用玻璃丝布做加强包扎层，须涂一道冷底子油封闭层。

2. 做防腐内包扎层，接头搭接长度为30～50mm，外包保护层，搭接长度为10～20mm。

3. 未连接的接口或施工中断处，应作成每层收缩为80～100mm的阶梯式接茬。

4. 涂刷防腐冷底子油应均匀一致，厚度一般为0.1～0.15mm。

5. 冷底子油的重量配比：沥青：汽油＝1：2.25。

当冬季施工时，宜用橡胶溶剂油或航空汽油溶化 30 甲或 30 乙石油沥青。其重量比为沥青：汽油＝1：2。

2. 常用防腐涂漆的方法

工程中用漆种类繁多，底、面漆不相配会造成防腐失败。

（1）根据设计要求按不同管道、不同介质、不同用途及不同材质选择油漆涂料。

（2）管道涂色分类。管道应根据输送介质选择漆色，如设计无规定，参考表 9.6 选择涂料颜色。

表 9.6　　管道涂色分类

管道名称	颜　色	
	底色	色环
热水送水管	绿	黄
热水回水管	绿	褐

（3）将选好的油漆桶开盖，根据原装油漆稀稠程度加入适量稀释剂。油漆的调和程度要考虑涂刷方法，调和至适合手工涂刷或喷涂的稠度。喷涂时，稀释剂和油漆的比可为 1：1 至 1：2。用棍棒搅拌均匀，以可刷不流淌，不出刷纹为准，即可准备涂刷。

3. 油漆涂刷

（1）手工涂刷。用油刷、小桶进行。每次油刷沾油要适量，不要弄到桶外污染环境。手工涂刷要自上而下、从左到右、先里后外、先斜后直、先难后易、纵横交错地进行。漆层厚薄均匀一致，不得漏刷和漏挂。多遍涂刷时每遍不宜过厚。必须在上一遍涂膜干燥后才可涂刷第二遍。

（2）浸涂。用于形状复杂的物件防腐。把调和好的漆倒入容器或槽里，然后将物件浸在涂料液中，浸涂均匀后抬出涂件，搁置在干净的排架上，待第一遍干后，再浸涂第二遍。

（3）喷涂法。常用的有压缩空气喷涂、静电喷涂、高压喷涂。喷涂时喷射的漆流应和喷漆面垂直，喷漆面为平面时，喷嘴与喷漆面应相距 250～350mm，喷漆面如为圆弧面，喷嘴与喷漆面的距离应为 400mm 左右。喷涂时，喷嘴的移动应均匀，速度宜保持在 10～18m/min，喷漆使用的压缩空气压力为 0.2～0.4MPa。

4. 油层深层养护

（1）油漆施工条件。不应在雨天、雾天、露天和 0℃ 以下环境施工。

（2）油漆涂层的成膜养护。溶剂挥发型涂料靠溶剂挥发干燥成膜，温度为 15～250℃。氧化—聚合型涂料成膜分为溶剂挥发和氧化反应聚合阶段才达到强度。烘烤聚合型的磁漆只有烘烤养护才能成膜。固化型涂料分常温固化和高温固化满足成型条件。

涂漆的施工程序一般分为涂底漆或防锈漆、涂面漆、罩光漆 3 个步骤。底漆或防锈漆直接涂在管道或设备表面，一般涂 1～2 遍，每层涂层不能太厚，以免起皱和影响干燥。若发现有不干、起皱、流挂或漏底现象，要进行修补或重新涂刷。面漆一般涂刷调和漆或瓷漆，漆层要求薄而均匀，无保温的管道涂刷刷一遍调和漆，有保温的管道涂刷两遍调和漆。罩光漆层一般由一定比例的清漆和瓷漆混合后涂刷一遍。不同种类的管道设备涂刷油漆的种类和涂刷次数见表 9.7。

涂刷油漆前应清理被涂刷表面上的锈蚀、焊渣、毛刺、油污、灰尘等，保持涂物表面清洁干燥。涂料施工宜在 15～30℃，相对湿度不大于 70%，无灰尘、烟雾污染的环境温

表 9.7　　　　　　　　　　　　　管道设备涂刷油漆种类和涂刷次数

分　类	名　　　称	先刷油漆名称和次数	再刷油漆名称和次数
不保温管道和设备	室内布置管道设备	2 遍防锈漆	1~2 遍油性调和漆
	室外布置的设备和冷水管道	2 遍环氧底漆	2 遍醇酸磁漆或环氧磁漆
	室外布置的气体管道	2 遍云母氧化铁酚醛底漆	2 遍云母氧化铁面漆
	油管道和设备外壁	1~2 遍醇酸底漆	1~2 遍醇酸磁漆
	管沟中的管道	2 遍防锈漆	2 遍环氧沥青漆
	循环水、工业管和设备	2 遍防锈漆	2 遍沥青漆
	排气管	1~2 遍耐高温防锈漆	—
保温管道设备	介质小于 120℃的设备和管道	2 遍防锈漆	—
	热水箱内壁	2 遍耐高温防锈漆	—
其他	现场制作的支吊架	2 遍防锈漆	1~2 遍银灰色调和漆
	室内钢制平台扶梯	2 遍防锈漆	1~2 遍银灰色调和漆
	室外钢制平台扶梯	2 遍云母氧化铁酚醛底漆	2 遍云母氧化铁面漆

度下进行，并有一定的防冻防御措施。漆膜应附着牢固、完整、无损坏，无剥落、皱纹、气泡、针孔、流淌等缺陷。涂层的厚度应符合设计文件要求。对安装后不宜涂刷的部位，在安装前要预先刷漆，焊缝及其标记在压力试验前不应刷漆。有色金属、不锈钢、镀锌钢管、镀锌钢板和铝板等表面不宜刷漆，一般可进行钝化处理。

9.1.3　埋地管道的防腐

埋地管道的防腐层主要由冷底子油、石油沥青玛琋脂、防水卷材及牛皮纸等组成。冷底子油的成分见表 9.8。

表 9.8　　　　　　　　　　　　　冷 底 子 油 的 成 分

使用条件	沥青：汽油（重量比）	沥青：汽油（体积比）
气温在 +5℃以上	1：2.25~2.5	1：3
气温在 +5℃以下	1：2	1：2.5

调制冷底子油的沥青，是牌号为 30 号甲建筑石油沥青。熬制前，将沥青打成 1.5kg 以上的小块，放入干净的沥青锅中，逐步升温和搅拌，并使温度保持在 180~200℃范围内（最高不超过 200℃），一般应在这种温度下熬制 1.5~2.5h，直到不产生气泡，即表示脱水完结。按配合比将冷却至 100~120℃的脱水沥青缓缓倒入计量好的无铅汽油中，并不断搅拌至完全均匀混合为止。

在清理管道表面后 24h 内刷冷底子油，涂层应均匀，厚度为 0.1~0.15mm。

沥青玛琋脂的配合比为沥青：高岭土＝3：1。

沥青应采用 30 号甲建筑石油沥青或 30 号甲与 10 号建筑石油沥青的混合物。将温度在 180~200℃的脱水沥青逐渐加入干燥并预热到 120~140℃的高岭土中，不断搅拌，使其混合均匀。然后测定沥青玛琋脂的软化点、延伸度、针入度等 3 项技术指标，达到表 9.9 中的规定时为合格。

表 9.9 　　　　　　　　　　　　　　　　沥青玛琋脂技术指标

施工气温（℃）	输送介质温度（℃）	软化点（环球法）（℃）	延伸度（25℃）（cm）	针入度（0.1mm）
−25～5	−25～25	56～75	3～4	—
	25～56	80～90	2～3	25～35
	56～70	85～90	2～3	20～25
5～30	−25～25	70～80	2.5～3.5	15～25
	25～56	80～90	2～3	10～20
	56～70	90～95	1.5～2.5	10～20
30 以上	−25～25	80～90	2～3	—
	25～56	90～95	1.5～2.5	10～20
	56～70	90～95	1.5～2.5	10～20

涂抹沥青玛琋脂时，其温度应保持在 160～180℃，施工气温高于 30℃时，温度可降低到 150℃。热沥青玛琋脂应涂在干燥清洁的冷底子油层上，涂层要均匀。最内层沥青玛琋脂如用人工或半机械化涂抹时，应分成 2 层，每层各厚 1.5～2mm。

防水卷材一般采用矿棉纸油毡或浸有冷底子油的玻璃网布，呈螺旋形缠包在热沥青玛琋脂层上，每圈之间允许有不大于 5mm 的缝隙或搭边，前后两卷材的搭接长度为 80～100mm，并用热沥青玛琋脂将接头黏合。

缠包牛皮纸时，每圈之间应有 15～20mm 搭边，前后两卷的搭接长度不得小于 100mm，接头用热沥青玛琋脂或冷底子油黏合。牛皮纸也可用聚氯乙烯塑料布或没有冷底子油的玻璃网布带代替。

制作特强防腐层时，两道防水卷材的缠绕方向宜相批。

已做了防腐层的管子在吊运时，应采用软吊带或不损坏防腐层的绳索，以免损坏防腐层。管子下沟前，要清理管沟，使沟底平整，无石块、砖瓦或其他杂物。上层如很硬时，应先在沟底铺垫 100mm 松软细土，管子下沟后，不许用撬杠移管，更不得直接推管下沟。

防腐层上的一切缺陷，不合格处以及检查和下沟时弄坏的部位，都应在管沟回填前修补好，回填时，宜先用人工回填一层细土，埋过管顶，然后再用人工或机械回填。

9.1.4 质量检验

1. 基本要求

(1) 埋地管道的防腐层应符合的规定。材质和结构符合设计要求和施工规范规定。卷材与管道以及各层卷材间粘贴牢固，表面平整，无皱折、空鼓、滑移和封口不严等缺陷。

检验方法：观察或切开防腐层检查。

(2) 管道、箱类和金属支架涂漆应符合的规定。油漆种类和涂刷遍数符合设计要求，附着良好，无脱皮、起泡和漏涂，漆膜厚度均匀，色泽一致，无流坠及污染现象。

检验方法：观察检查。

2. 成品保护

已做好防腐层的管道及设备之间要隔开，不得粘连，以免破坏防腐层。刷油前先清理好周围环境，防止尘土飞扬，保持清洁，如遇大风、雨、雾、雪不得露天作业。涂漆的管道、设备及容器，漆层在干燥过程中应防止冻结、撞击、振动和温度剧烈变化。

3．应注意的质量问题

（1）管材表面脱皮、返锈。主要原因是管材除锈不净。

（2）管材、设备及容器表面油漆不均匀，有流坠或有漏涂现象，主要是刷子沾油漆太多和刷油不认真。

学习单元 9.2　管道及设备保温

保温又称绝热，目的是为了减少管道和设备向外传递热量而采取的一种工艺措施。保温的目的是减少管道和设备系统的冷热损失；改善劳动条件，防止烫伤，保障工作人员安全；保护管道和设备系统；保证系统中输送介质品质。根据所起的作用，绝热工程可分为保温、加热保温和保冷 3 种。

管道及设备保温一般常用的材料有：

（1）预制瓦块。有泡沫混凝土、珍珠岩、蛭石、石棉瓦块等。

（2）管壳制器。有岩棉、矿渣棉、玻璃棉、硬聚氨酯泡沫塑料、聚苯乙烯泡沫塑料管壳等。

（3）卷材。有聚苯乙烯泡沫塑料、岩棉等。

（4）其他材料。有铅丝网、石棉灰，或用以上预制板块砌筑或粘接等。

保护壳材料有麻刀、白灰或石棉、水泥、麻刀；玻璃丝布、塑料布、浸沥青油的麻袋布、油毡、工业棉布、铝箔纸、铁皮等。

管道及设备保温的一般要求如下：

（1）管道及设备的保温应在防腐及水压试验合格后方可进行，如需先做保温层，应将管道的接口及焊缝处留出，待水压试验合格后再将接口处保温。

（2）建筑物的吊顶及管井内需要做保温的管道，必须在防腐试压合格，保温完成隐检合格后，土建才能最后封闭，严禁颠倒工序施工。

（3）保温前必须将地沟管井内的杂物清理干净，施工过程遗留的杂物，应随时清理，确保地沟畅通。

（4）保温作业的灰泥保护壳，冬季施工时要有防冻措施。

9.2.1　管道保温工程施工

1．管道胶泥结构保温涂抹法

工艺流程为：配制与涂抹→缠草绳→缠镀锌铁丝网→干燥→保护层→防锈漆。

（1）配制与涂抹。先将选好的保温材料按比例称量并混合均匀，然后加水调成胶泥状，准备涂抹使用。$DN \leqslant 40mm$ 时保温层厚度较薄，可以一次抹好。$DN > 40mm$ 时可分几次抹。第一层用较稀的胶泥散敷，厚度一般为 $2 \sim 5mm$；待第一层完全干燥后再涂抹第二层，厚度为 $10 \sim 15mm$；以后每层厚度均为 $15 \sim 25mm$。达到设计要求的厚度为止。表面要抹光，外面再按要求作保护层。

（2）缠草绳。根据设计要求，在第一层涂抹后缠草绳，草绳间距为 $5 \sim 10mm$，然后再于草绳上涂抹各层石棉灰，达到设计要求的厚度为止。

（3）缠镀锌铁丝网。保温层的厚度在 100mm 以内时，可用一层镀锌铁丝网缠于保温管道外面。若厚度大于 100mm 时可做两层镀锌铁丝网。具体做法如图 9.1 所示。

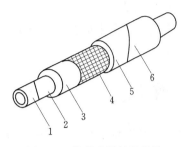

图 9.1 管道胶泥保温结构

1—管道；2—防锈漆；3—保温层；
4—铁丝网；5—保护层；6—防腐体

（4）加温干燥。施工时环境温度不得低于 0℃，为加快干燥可在管内通入高温介质（热水或蒸汽），温度应控制在 80～150℃。

（5）法兰、阀门保温时两侧必须留出足够的间隙（一般为螺栓长度加 30～50mm），以便拆卸螺栓。法兰、阀门安装紧固后再用保温材料填满充实做好保温。

（6）管道转弯处，在接近弯曲管道的直管部分应留出 20～30mm 的膨胀缝，并用弹性良好的保温材料填充。

（7）高温管道的直管部分每隔 2～3m、普通供热管道每隔 5～8m 设膨胀缝，在保温层及保护层留出 5～10mm 的膨胀缝并填以弹性良好的保温材料。

2. 管道棉毡、矿纤等结构保温绑扎法

（1）棉毡缠包保温。先将成卷的棉毡按管径大小裁剪成适当宽度的条带（一般为 200～300mm），以螺旋状包缠到管道上。边缠边压边抽紧，使保温后的密度达到设计要求。当单层棉毡不能达到规定保温层厚度时，可用两层或三层分别缠包在管道上，并将两层接缝错开。每层纵横向接缝处必须紧密接合，纵向接缝应放在管道上部，所有缝隙要用同样的保温材料填充。表面要处理平整、封严，如图 9.2 所示。

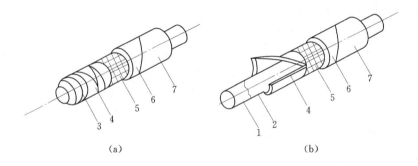

（a）   （b）

图 9.2 棉毡缠包保温

1—管道；2—防锈漆；3—镀锌铁丝；4—保温毡；5—铁丝网；6—保护层；7—防腐漆

保温层外径不大于 500mm 时，在保温层外面用直径为 1.0～1.2mm 的镀锌铁丝绑图 9.2 缠包法保温结构扎，绑扎间距为 150～200mm，每处绑扎的铁丝应不小于两圈。当保温层外径大于 500mm 时，还应加镀锌铁丝网缠包，再用镀锌铁丝绑扎牢。如果使用玻璃丝布或油毡做保护层时就不必包铁丝网了。

（2）矿纤预制品绑扎保温。保温管壳可以用直径 1.0～1.2mm 镀锌铁丝等直接绑扎在管道上。绑扎保温材料时应将横向接缝错开，采用双层结构时双层绑扎的保温预制品内外弧度应均匀并盖缝。若保温材料为管壳应将纵向接缝设置在管道的两侧。

用镀锌铁丝或丝裂膜绑扎带时，绑扎的间距不应超过 300mm，并且每块预制品至少应绑扎两处，每处绑扎的铁丝或带不应少于两圈。其接头应放在预制品的纵向接缝处，使得接头嵌入接缝内。然后将塑料布缠绕包扎在壳外，圈与圈之间的接头塔接长度应为 30

～50mm，最后外层包玻璃丝布等保护层，外刷调和漆。

（3）非纤维材料的预制瓦、板保温。

1）绑扎法。适用于泡沫混凝土硅藻土、膨胀珍珠岩、膨胀蛭石、硅酸钙保温瓦等制品。保温材料与管壁之间涂抹一层石棉粉、石棉硅藻土胶泥。一般厚度为3～5mm，然后再将保温材料绑扎在管壁上。所有接缝均应用石棉粉、石棉硅藻土或与保温材料性能相近的材料配成胶泥填塞。其他过程与矿纤预制品绑扎保温施工相同。绑扎法保温结构如图9.3所示。

2）粘贴法。将保温瓦块用黏接剂直接贴在保温件的面上，保温瓦应将横向接缝错开，粘贴住即可。涂刷粘贴剂时要保持均匀饱满，接缝处必须填满、严实。

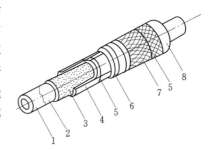

图 9.3　绑扎法保温结构
1—管道；2—防锈漆；3—胶泥；4—保温材料；5—镀锌铁丝；6—沥青油毡；7—玻璃丝布；8—保护层（防腐漆及其他）

（4）管件绑扎保温。管道上的阀门、法兰、弯头、三通、四通等管件保温时应特殊处理，以便于启闭检修或更换。其做法与管道保温基本相同。

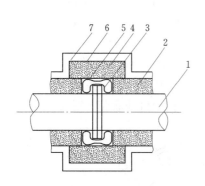

图 9.4　法兰保温结构
1—管道；2—管道保温层；3—法兰；4—法兰保温层；5—填充保温材料；6—镀锌铁丝网；7—保护层

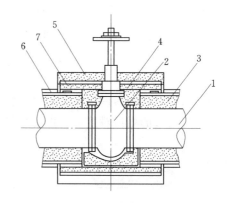

图 9.5　阀门保温结构
1—管道；2—阀门；3—管道保温层；4—绑扎钢带；5—散状保温材料；6—镀锌铁丝；7—保护层

先将法兰两旁空隙用散状保温材料填充满，再用镀锌铁丝将管壳或棉毡等材料绑扎好外缠玻璃丝布等保护层。做法如图9.4、图9.5所示。

1）弯管绑扎保温施工。对于预制管壳结构，当管径小于80mm时，其结构如图9.6所示。施工方法是将空隙用散状保温材料填充，再用镀锌铁丝将裁剪好的直角弯头管壳绑扎好，外做保护层。当管图径大于100mm时，其结构如图9.7所示。施工方法是按照管径的大小和设计要求选好保温管壳，再根据管壳的外径及弯管的曲率半径做虾米腰的样板，用样板套在管壳外，划线裁剪成段，再用镀锌铁丝将每段管壳按顺序绑扎在弯管上，外做保护层即可，若每段管壳连接处有空隙可用同样的保料保温温材料填充至无缝为止。当管道采用棉毡或其他材料时，弯管也可用同样的材料保温。

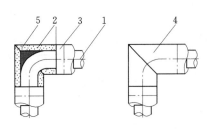

图 9.6 弯管的保温结构 （DN<80mm）

1—管道；2—预制管壳；3—镀锌铁丝；

4—铁皮壳；5—填料保温材料

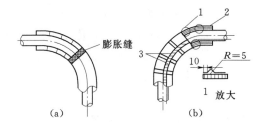

图 9.7 弯管的保温结构 （DN>100mm）

（a）保温层（硬质材料）；（b）金属保护层

1—0.5mm铁皮保护层；2—保护层；

3—半圆头自攻螺钉（4×6）

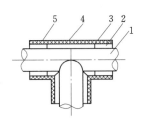

图 9.8 三通保温结构

1—管道；2—保温层；3—镀锌铁丝；

4—镀锌铁丝网；5—保护层

2）三通、四通绑扎保温。三通、四通在发生变化时，各个方向的伸缩量都不一样，很容易破坏保温结构，所以一定要认真仔细地绑扎牢固，避免开裂。其结构如图 9.8 所示。三通预制管壳做法如图 9.9 所示。

3）膨胀缝。管道转弯处，用保温瓦做管道保温层时，在直线管段上，相隔 7m 左右留一条间隙 5mm 的膨胀缝。保温管道的支架处应留膨胀缝。接近弯曲管道的直管部分也应留膨胀缝，缝宽均为 20～30mm，并用弹性良好的保温材料填充。弯管处留膨胀缝的位置如图 9.10 所示。

（5）橡塑保温材料保温。先把保温管用小刀划开，在划口处涂上专用胶水，然后套在管子上，将两边的划口对接，若保温材料为板材则直接在接口处涂胶、对接。

图 9.9 三通保温管壳

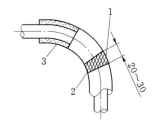

图 9.10 弯管处留膨胀缝位置示意图

1—膨胀缝；2—石棉绳或玻璃棉；3—硬质保温瓦

3. 预制瓦块保温

工艺流程为：散瓦→断镀锌钢丝→和灰→抹填充料→合瓦→钢丝绑扎→填缝→抹保护壳。

（1）各种预制瓦块运至施工地点，在沿管线散瓦时必须确保瓦块的规格尺寸与管道的管径相配套。

（2）安装保温瓦块时，应将瓦块内侧抹 5～10mm 的石棉灰泥，作为填充料。瓦块的纵缝搭接应错开，横缝应朝上下。

（3）预制瓦块根据直径大小选用 18～20 号镀锌钢丝进行绑扎，固定，绑扎接头不宜过长，并将接头插入瓦块内。

（4）预制瓦块绑扎完后，应用石棉灰泥将缝隙处填充，勾缝抹平。

（5）外抹石棉水泥保护壳（其配比石棉灰∶水泥＝3∶7）按设计规定厚度抹平压光，设计无规定时，其厚度为 10～15mm。

（6）立管保温时，其层高小于或等于 5m，每层应设一个支撑托盘，层高大于 5m，每层应少于 2 个，支撑托盘应焊在管壁上，其位置应在立管卡子上部 200mm 处，托盘外露厚度不大于保温层的厚度。

（7）管道附件的保温除寒冷地区室外架空管道及室内防结露保温的法兰、阀门等附件按设计要求保温外，一般法兰、阀门、套管伸缩器等不应保温，并在其两侧应留 70～80mm 的间隙，在保温端部抹 60°～70°的斜坡。设备容器上的人孔、手孔及可拆卸部件的保温层端部应做成 40°斜坡。

（8）保温管理工作道的支架处应留膨胀伸缩缝，并用石棉绳或玻璃棉填塞。

（9）用预制瓦块做管道保温层，在直线管段上每隔 5～7m 应留一条间隙为 5mm 的膨胀缝，在弯管处管径小于或等于 300mm 膨胀缝，膨胀缝用石棉绳或玻璃棉填塞，其做法如图 9.11 所示。

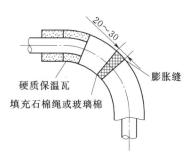

图 9.11　预制瓦块保温

（10）用管壳制品作保温层，其操作方法一般由两人配合，一人将管壳缝剖开对包在管上，整体优势和用力挤住，另外一人缠裹保护壳，缠裹时用力要均匀，压茬要平整，粗细要一致。

若采用不封边的玻璃丝布作保护壳时，要将毛边折叠，不得外露。

（11）块状保温材料采用缠裹式保温（如聚乙烯泡沫塑料），按照管径留出搭茬余量，将料裁好，为确保其平整美观，一般应将搭茬留在管子内侧。

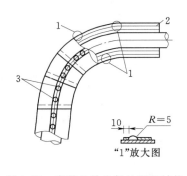

图 9.12　弯管处铁皮保护层的结构
1—0.5mm 铁皮保护层；2—保温层；
3—半圆头自攻螺钉 4×16

（12）管道保温用铁皮做保护层，其纵缝搭口应朝下，铁皮的搭接长度，环形为 30mm。弯管处铁皮保护层的结构如图 9.12 所示。

（13）设备及箱罐保温一般表面比较大，目前采用较多的有砌筑泡沫混凝土块，或珍珠岩块，外抹麻刀、白灰、水泥保护壳。

采用铅丝网石棉灰保温做法，是在设备的表面外部焊一些钩钉固定保温层，钩钉的间距一般为 200～250mm，钩钉直径一般为 6～10mm，钩钉高度与保温层厚度相同，将裁好的钢丝网用钢丝与钩钉固定，再往上抹石棉灰泥，第一次抹得不宜太厚，防止粘接不住下垂脱落，待第一遍有一定强度后，再继续分层抹，直至达到设计要求的厚度。待保温层完成，并有一定的强度，再抹保护壳，要求抹光压平。

9.2.2 设备保温工程施工

设备保温层施工分设备胶泥结构保温、设备绑扎结构保温、设备自锁垫圈结构保温 3 类进行介绍。

1. 设备胶泥结构保温

(1) 工艺流程为：保温钩钉制作安装→涂抹与外包。

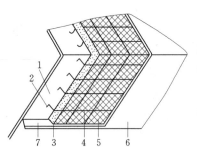

图 9.13 胶泥保温结构图
1—热力设备；2—保温钩钉；3—保温层；
4—镀锌铁丝；5—镀锌铁丝网；
6—保护层；7—支承板

(2) 施工准备。

1) 材料。材料有硅藻土石棉粉（鸡毛灰）、碳酸镁石棉粉、碳酸钙石棉粉、重质石棉粉（一级、二级）、镀锌铁丝、镀锌铁丝网、钩钉。

2) 工作条件。设备安装就位，管道、阀门、仪表均要安装完毕。试压或试验验收合格。油漆防腐工程均已完成。施工环境温度宜在 0℃ 以上。

(3) 设备胶泥保温结构的做法及所用的保温材料与管道保温基本相同，如图 9.13 所示。

(4) 保温钩钉。保温钩钉用 $\phi=5\sim6mm$ 的圆钢制作，详图如图 9.14 所示。将设备壁清扫干净，焊保温钩钉，间距 250～300mm。

(5) 涂抹与外包。刷防锈漆后，再将已经拌和好的保温胶泥分层进行涂抹。

第一层可用较稀的胶泥散敷，厚度为 3～5mm，待完全干燥后再敷第二层，厚度为 10～15mm，第二层干燥后再敷第三层，厚度为 20～25mm。以后分层涂抹，直至达到设计要求厚度为止。

然后外包镀锌铁丝网一层，用镀锌铁丝绑在保温钩钉上。如果保温厚度在 100mm 以上或形状特殊，保温材料容易脱落的，可用两层镀锌铁丝网，外面再做 15～20mm 的保护层。保护层应抹成表面光滑无裂缝。

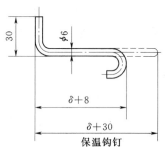

图 9.14 保温钩钉

(6) 保温层厚度均匀，结构牢固，无空鼓；表面平整度允许偏差 10mm；厚度允许偏差 −5‰～10‰。

(7) 质量通病及其防治。

1) 保温层脱落。主保温层要用镀锌铁丝网和镀锌铁丝绑紧，并用钩钉钩住，留出规定的膨胀缝。做保护层时不要踩在做完的保温层上。

2) 保温层厚度不均匀，表面不平。涂抹前根据厚度制作测量样针，边涂抹，边检测，边抹平。

2. 设备绑扎结构保温

(1) 工艺流程为：保温钩钉制作、焊接→保温。

(2) 施工准备。施工前应准备板类保温材料（表 9.10）、镀锌铁丝网、镀锌铁丝、保温钩钉。

(3) 平壁设备保温结构。平壁设备主要包括：给水箱、回水箱以及其他平板壁形设备，保温结构如图 9.15 所示。

表 9.10　　　　　　　　　常用设备绑扎结构保温材料表

序号	材　料　名　称	密度（kg/m³）	导热系数［W/（m·K）］	适用温度（℃）
1	水泥珍珠岩板、管壳	300～400	0.058～0.131	≤600
2	水玻璃珍珠岩板、管壳	200～300	0.056～0.065	≤600
3	硅藻土保温管及板	＜550	0.063～0.077	＜900
4	岩棉保温板（半硬质）	80～200	0.047～0.058	−268～500
5	硅酸铝纤维板	150～200	0.047～0.059	≤1000
6	可发性聚苯乙烯塑料板、管壳	20～50	0.031～0.047	−80～75
7	硬质聚氨酯泡沫塑料制品	30～50	0.023～0.029	−80～100
8	硬质聚氯乙烯泡沫塑料制品	40～50	≤0.043	−35～80

先将设备表面清扫干净，焊保温钩钉，涂刷防锈漆。保温钩钉的间距应根据保温板材的外形尺寸来布置，一般在 350mm 左右。但每块保温板不少于两个保温钩钉，同时要以绑扎方便为准。然后敷上预制保温板，再用镀锌铁丝借助保温钩钉交叉绑牢。

保温预制板的纵横接缝要错开。如果保温板的厚度满足不了设计要求的厚度，可采用两层或多层结构。但每层要分别固定，而且内外层纵横接缝要错开，板与板之间的接缝必须用相同的保温材料填充。

当保温板材有缺陷时，应当修补好，避免增加热损失。在外面再包上镀锌铁丝网，平整地绑在保温钩钉上，为做保护层做准备。

最后做石棉水泥或其他保护层，涂抹时必须有一部分透过镀锌铁丝网与保温层接触。外表面一定要抹得平整、光滑、棱角整齐，而且不允许有铁丝或铁丝网露出保护层外表面。

（4）立式圆形设备保温结构。属于该类设备有立式热交换器、给水箱、软水罐、塔类等。保温结构如图 9.16 所示。

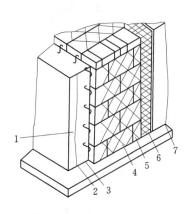

图 9.15　平壁设备保温结构
1—平壁设备；2—防锈漆；3—保温钩
钉；4—预制保温板；5—镀锌铁丝；
6—镀锌铁丝网；7—保护层

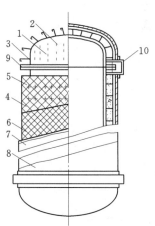

图 9.16　立式圆形设备保温结构
1—立式设备；2—防锈漆；3—保温
钩钉；4—预制保温板；5—镀锌
铁丝；6—镀锌铁丝网；7—保
护层；8—色漆；9—法兰；
10—法兰保护罩

251

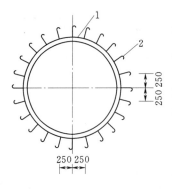

图 9.17 筒体上保温钩钉布置

1—筒体；2—保护钩钉

施工方法与平壁设备保温结构基本相同，敷设保温板材宜是根据筒体弧度制成的弧形瓦，如果筒体直径很大时，可用平板的保温板材进行施工。

最难施工的部位是顶部封头及底部封头。其保温钩钉布置如图 9.17、图 9.18 所示。尤其是底部的封头更加困难，在安装保温板时需要进行支撑，用镀锌铁丝绑牢，否则会因自重而下沉。

板与板之间的缝隙必须用相同的保温材料填充。圆形设备有一定曲度缝隙可能大些，填充时更要填好。然后敷设镀锌铁丝网并做好石棉水泥保护层或其他保护层。

（5）卧式圆形设备保温结构。这类设备有热交换器、除氧器以及其他设备。保温结构如图 9.19 所示。

施工方法基本与立式圆形设备相同，筒体上焊保温钩钉时。上半部要稀些。要在封头及筒体中间焊接水平支承板，支承板的宽度为保温层厚度的 3/4。支承板厚度为 5mm。

筒体保温钩钉及支撑板布置如图 9.20 所示；封头上保温钩钉及支撑板布置如图 9.21 所示。

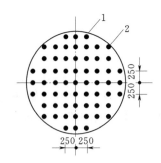

图 9.18 顶部及底部封头
保温钩钉的布置

1—顶部或底部封头；2—保温钩钉

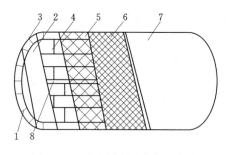

图 9.19 卧式圆形设备保温结构

1—圆形设备；2—防锈漆；3—保温钩钉；
4—坤温预制板；5—镀锌铁丝；6—镀锌
铁丝网；7—保护层；8—支承板

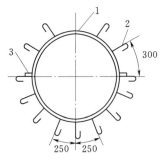

图 9.20 卧式设备筒体上保温
钩钉及支承板布置

1—卧式圆形设备筒体；2—保温
钩钉；3—支承板

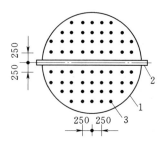

图 9.21 封头上保温钩钉及
支承板的布置

1—封头；2—支承板；
3—保温钩钉

卧式圆形设备上半部施工比较方便，封头及下半部施工较困难。铁丝必须绑紧，防止下部出现下坠现象。外面包上镀锌铁丝网，再包保护层。

（6）保温材料必须紧贴管道表面，绑扎牢固，防止脱落。搭、对接缝处严密无间隙，表面平整光滑。保温层表面平整度允许偏差5mm，保温层厚度允许偏差−5%～10%。

（7）质量通病及其防治。

1）保温层隔热功能不良。制品应在室内堆放码垛，在室外垂放时，下面应设垫板，上面设置防雨设施。预制保温材料吸湿受潮，降低保温效果。

2）外形缺陷和拼缝过大，降低保温效果。制品运输要有包装，装卸要轻拿轻放。对缺棱、掉角处，断块处与拼缝不严处，应使用与制品材料相同的材料填补充实。

3）保温层脱落。主保温层一定要绑扎牢固，使用保温钩钉、镀锌铁丝都能起到作用，并留出膨胀缝。做保护层时，不得踩在保温层上施工。

3. 设备自锁垫圈结构保温

（1）工艺流程为：保温钉及自锁垫圈制作→保温。

（2）施工准备。

1）材料。各种保温预制板或各种棉毡、镀锌铁丝网、保温钉、自锁垫圈。

2）工作条件。设备安装就位，管道、阀门、仪表均已安装完毕。试压或试验验收合格。油漆防腐工程均已完成。

（3）施工程序及方法与设备绑扎结构基本相同，所不同的是，绑扎结构用带钩的保温钉，是用镀锌铁丝绑扎。而自锁垫圈结构中用的保温钉是直的，利用自锁垫圈直接卡在保温钉上从而固定住保温材料，如图9.22所示。

（4）保温钉及自锁垫圈的制作。各种不同类型的保温钉分别用ϕ6mm的圆钢、尼龙、白铁皮制作。保温钉的直径应比自锁垫圈上的孔大0.3mm。

自锁垫圈用$\delta=0.5$mm镀锌钢板制作，制作工艺如下：下料→冲孔→切开→压筋。用模具及冲床冲制，如图9.23所示。

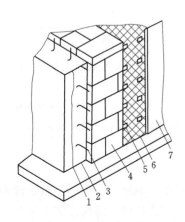

图 9.22　自锁垫圈保温结构
1—平壁设备；2—防锈漆；3—保温钉；
4—预制保温板；5—自锁垫圈；
6—镀锌铁丝网；7—保护层

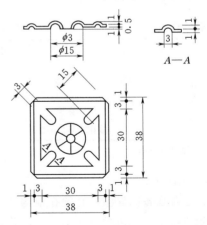

图 9.23　自锁垫圈

用于温度不高的设备保温时，可购买塑料保温钉及自锁垫圈。也可单独购买自锁垫圈，然后自己制作保温钉来完成保温。

（5）施工方法。先将设备表面除锈，清扫干净，焊保温钉，涂刷防锈漆，保温钉的间距应按保温板材或棉毡的外形尺寸来确定，一般为 250mm 左右，但每块保温板不少于两个保温钉为宜。然后敷设保温板，卡在保温钉上，使保温钉露出头，再将镀锌铁丝网敷上，用自锁垫圈嵌入保温钉上，压住压紧铁丝网，嵌入后保温钉至少应露出 5～6mm。镀锌铁丝网必须平整并紧贴在保温材料上，外面做保护层。

圆形设备、平壁设备施工作法相同，但底部封头施工比较麻烦，敷上保温材料就要嵌上自锁垫圈，然后再敷设镀锌铁丝网，在镀锌铁丝网外面再嵌一个自锁垫圈，这样做是防止底部或曲率过大部分的保温材料下沉或翘起，最后做保护层。

（6）保温材料必须紧贴管道表面，自锁垫圈压牢，防止保温层脱落。搭、对接缝处严密，无间隙，表面平整。保温层表面平整度允许偏差 5mm，保温层厚度允许偏差－5%～10%。

（7）质量通病及其防治。

1）外形缺陷和拼缝过大，保温隔热层功能不良。制品运输要有包装，装卸要轻拿轻放。对缺棱掉角处，断块处与拼缝不严处，应使用与制品材料相同的材料填补充实。制品堆放要防潮、防雨。

2）保温层脱落。主保温层一定要用自锁垫圈压牢。自锁垫圈上的孔要比保温钉小 0.3mm。整个保温层要留出膨胀缝。做保护层时不得踩在保温层上施工。

9.2.3 检验与保护

1．检验项目

（1）基本项目。保温层表面平整，做法正确，搭荐合理，封口严密，无空鼓及松动。检验方法：观察检查。

（2）允许偏差项目见表 9.11。

表 9.11　　　　　　　　　　保温层允许偏差

项 目 名 称		允许偏差（mm）	检 验 方 法
保温层厚度		$+0.1\delta$ -0.05δ	用钢针刺入保温层和尺量检查
表面平整度	卷材或板材	5	用 2m 靠尺和楔形塞尺检查
	涂抹或其他	10	

注　δ 为保温层厚度。

2．成品保护

管道及设备的保温，必须在地沟及管井内已进行清理，不再有下落不明道工序损坏保温层的前提下，方可进行保温。一般管道保温应在水压试验合格，防腐已完方可施工，不能颠倒工序。保温材料进入现场不得雨淋或存放在潮湿场所。保温后留下的碎料，应由负责施工的班组自行清理。明装管道的保温，土建若喷浆在后，应有防止污染保温层的措施。

如有特殊情况需拆下保温层进行管道处理或其他工种在施工中损坏保温层时，应及时按原要求进行修复。

3. 应注意的质量问题

（1）保温材料使用不当，交底不清，作法不明。应熟悉图纸，了解设计要求，不允许擅自变更保温做法，严格按设计要求施工。

（2）保温层厚度不按设计要求规定施工。主要是凭经验施工，对保温的要求理解不深。

（3）表面粗糙不美观。主要是操作不认真，要求不严格。

（4）空鼓、松动不严密。主要原因是保温材料大小不合适，缠裹时用力不均匀，搭茬位置不合理。

复 习 思 考 题

1. 简述管道腐蚀的原因。

2. 管道防腐常用的材料有哪些？

3. 除锈方法有几种？除锈合格的质量标准是什么？

4. 简述涂料防腐的结构。

5. 管道保温施工的方法有哪些？

6. 设备保温施工的方法有哪些？

下篇 实 训 部 分

实训项目1 给排水系统施工图识读

给排水施工图识读训练任务书

1. 给排水施工图识图题目

某办公楼给排水施工图。

2. 任务目的

通过典型工程的给排水施工图识读训练，使学生掌握给排水施工图的阅读程序和方法；进一步了解给排水工程的设计内容、常用材料、设备、施工特点以及与其他专业的现场配合要求，为参与建设安装工程的施工、管理奠定基础。

3. 任务内容

(1) 给排水设计、施工说明的识读。

(2) 给排水平面图的识读。

(3) 给排水大样图的识读。

(4) 给水轴测图、原理图的识读。

(5) 排水轴测图、原理图的识读。

(6) 消防给水平面图的识读。

(7) 消防给水轴测图、原理图的识读。

4. 识图要求

(1) 掌握给排水施工图的一般知识。

(2) 熟悉给排水施工图的常用图例符号与文字符号。

(3) 了解给排水施工图的阅读程序。

(4) 掌握给排水系统图的识读方法。

(5) 熟悉给排水大样图的识读方法。

5. 识图成果

独立撰写给排水施工图识读实训报告一份，报告应包括以下具体内容：

(1) 给排水施工图的设计内容。

(2) 给排水施工图中采用的管材、器具、阀门附件种类以及型号。

(3) 生活给水方式、消防给水方式、排水方式、排水通气系统形式。

(4) 给排水平面图、系统图分析。

1) 根据系统图绘制生活给水、消防给水或生活排水系统、雨水系统流程方块图。

2) 确认管道的预留洞位置；洞口尺寸；洞口标高；预埋套管的类型、尺寸，并在图纸中标注。确认一个给水或排水系统的工程量，上交计算表。

（5）识图的其他心得体会。识图报告要求不得少于 1 千字，并要加封面装订成册，识图结束后一周内和图纸统一上交给指导教师。

给排水施工图识读训练指导书

1. 建筑给排水施工图的图样类别

建筑给排水施工图的图样一般有给排水设计施工说明、给排水平面图、给排水系统轴测图或流程图、给排水大样图、图例及设备材料表等。

（1）设计施工说明。设计说明主要体现设计依据、设计内容、给排水系统方式、给排水系统主要技术指标、给水计量方式、给水系统工作压力和控制方式等。

施工说明主要体现管材、阀门的选择安装要求；管道敷设、设备基础的施工要求；管道设备的油漆防腐、保温、管道容器的试压和冲洗要求；标准图集的采用等。

（2）图例。图例是用表格的形式列出该系统中使用的图形符号或文字符号，其目的是使读图者容易读懂图样。

（3）设备材料表。设备材料表一般都要列出系统主要设备及主要材料的规格、型号、数量、具体参数要求。

（4）给排水平面图。给排水平面图是在建筑平面图上表示用水点位置，给水排水、消防给水管道平面布置，立管位置及编号，灭火器放置地点等；底层平面图上还有引入管、排出管、水泵结合器等与建筑物的平面定位尺寸，管道穿外墙的标高、防水套管的形式等。

（5）给排水系统图。给排水系统图用 45°轴测方向按比例绘制。主要表明给排水管道的管径、管道走向、安装的仪表和阀门、控制点标高和管道坡度；系统编号，各楼层卫生设备和工艺用水设备连接点的位置。建筑楼层标高、层数、室内外建筑平面标高差。

给排水卫生间一般单独具有管道轴侧图。

（6）给排水展开系统原理图。反映给排水系统的整体概念、管道的来龙去脉、设备参数的正确性，反映管道、设备的连接情况；图面上楼地面线等距离绘制，左端标注楼层层数和建筑标高；图面上管道的阀门和附件、各种设备及构筑物、水箱、水池、水泵、气压罐、消毒器、水加热器等均要有表示；图面上表明管道管径，排水立管上的检查口和通气帽与楼面的距离。

（7）大样图。安装大样图一般是平面无法表达清楚的节点和设备用房大样。大样平面主要绘制设备或设备基础外框、管道位置、设备型号规格、管径、阀件、起吊设备、计量设备位置尺寸。大样剖面主要绘制设备和设备基础的剖面尺寸标高、管线、阀门、仪表附件的安装高度等。

2. 阅读建筑给排水工程施工图的一般程序

阅读建筑给排水施工图，应了解建筑给排水施工图的特点，按照一定阅读程序进行阅读，这样才能比较迅速、全面地读懂图纸，以完全实现读图的意图和目标。

一套建筑给排水施工图所包括的内容比较多，图纸往往有很多张，一般应按以下顺序依次阅读，有时还需进行相互对照阅读。

（1）看图纸目录及标题栏。了解工程名称项目内容、设计日期、工程全部图纸数量、图纸编号等。

（2）看总设计说明。了解工程总体概况及设计依据，了解图纸中未能表达清楚的各有关事项，如水源、水压、系统形式、管材附件使用要求、管路敷设方式和施工要求，图例符号，施工时应注意的事项等。

（3）看给排水平面布置图。平面布置图看图顺序为：

地下室→底层→楼层→屋面→大样图。

要求了解各层平面图上用水点位置，给水排水、消防给水管道平面布置，立管位置及编号，灭火器放置地点等；引入管、排出管、水泵结合器等与建筑物的平面定位尺寸，管道穿外墙的标高、防水套管的形式等，了解给排水平面对土建施工、建筑装饰的要求，进行工种协调，统计平面上器具、设备、附件的数量，管线的长度作为给排水工程预算和材料采购的依据。

（4）看给排水系统图。系统图或流程图看图顺序为：

给水引入管→蓄水加压装置→给水干管→给水立管 →用水设备 →给水控制附件→仪表附件→管道标高。

卫生器具→器具排水管→排水横管→排水立管→排出管→排水高度标高→排水坡度→排水附件→排水通气系统。

雨水斗→雨水立管→雨水排出管。

系统图一般和平面图对照阅读，要求了解系统编号，管道的来龙去脉，管径、管道标高、设备附件的连接情况；立管上设备附件的连接数量和种类。了解给排水管道在土建工程中的空间位置，建筑装饰所需的空间。统计系统图上设备、附件的数量，管线的长度作为给排水工程预算和材料采购的依据。

（5）看安装大样图。大样图看图顺序为：

设备平面布置图→基础平面图→剖面图→流程图或轴测图。

了解管道井、卫生间或设备用房平面布置，定位尺寸、基础要求、管道平面位置，管道、设备平面高度，管道设备的连接要求，仪表附件的设置要求等。

（6）看设备材料表。设备材料表提供了该工程所使用的主要设备、材料的型号、规格和数量，是编制工程预算，编制购置主要设备、材料计划的重要参考资料。

严格地说，阅读工程图纸的顺序并没有统一的硬性规定，可以根据需要，自己灵活掌握，并应有所侧重。有时一张图纸需反复阅读多遍。为更好地利用图纸指导施工，使之安装质量符合要求，阅读图纸时，还应配合阅读有关施工及检验规范、质量检验评定标准以及全国通用给排水标准图集，以详细了解安装技术要求及具体安装方法。

实训项目2 钢管的安装

镇锌管的管径一般为 $DN \leqslant 100mm$，适用于使用温度 $-40 \sim 200℃$ 的市政给水、建筑给水、一般工业供水等场合。镇锌管的强度高，但镇锌表面不平滑，易生锈和结垢，压力损失大。由于锌容易燃烧，因此，镇锌管不适宜用焊接连接而常采用螺纹连接；当与带法兰的阀门连接时，法兰与管子的连接常采用螺纹连接，若采用焊接连接时必须做好焊接部位的防锈处理。镇锌管螺纹连接的步骤为：测量长度→切断→套螺纹→缠绕填料→连接。

镇锌管螺纹连接常用的管件如实训图2.1所示。

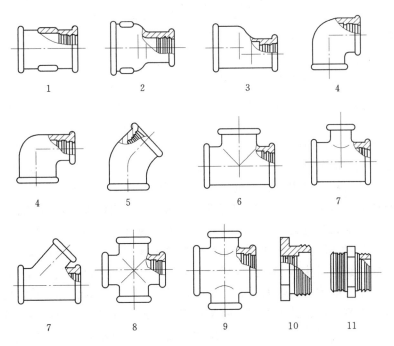

实训图2.1　常用管件

1—直通；2—大小头；3—弯头；4—异径弯头；5—45°弯头；6—三通；
7—异径；8—四通；9—异径四通；10—补芯；11—内接头

2.1 管子长度的测算

（1）螺纹连接时的测算。如实训图2.2所示的管段，把两管件（或阀门）中心线之间的长度称为构造长度 L_1，管段中管子的实际长度称为下料长度 S，管道连接过程中，当待连接处所需管子的长度小于6m时（市场上出售的镇锌管其长度为6m），才需要进行管子实际下料长度的测算。

测算方法如下：将两管件（或阀门）按构造长度 L 摆在相应的位置，测出两管件

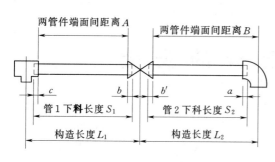

实训图 2.2 管子长度测算简图

（或阀门）端面间的距离 A 或 B，然后加上管子拧入两管件（或阀门）的长度 a、b、b'、c 即为所需的管子实际下料长度。

实际下料长度 $S_1 = A + c + b$

$S_2 = B + a + b'$

管子拧入管件的螺纹深度见实训表 2.1，实际施工时因管子直径及螺纹的松紧不同，实际拧入长度与表中数值会有出入。当管子与阀门相连时，管子拧入阀门的最大长度可在阀门上直接量出。

实训表 2.1 　　　　　　　　　　管子拧入管件的螺纹深度参见表　　　　　　　　单位：mm

公称直径 DN	15	20	25	32	40	50	65	80
拧入深度	10.5	12	13.5	15.5	16.5	17.5	21.5	24

（2）法兰连接时管子实际下料长度的测算方法与螺纹连接时相似。

2.2 管子的切断方法

镀锌管常用的切断方法主要有手工锯割、手工刀割、机械切割等。

（1）手工锯割。手工锯割所用的工具为锯弓架和锯条，一般适用于切断 $DN200$mm 以下的管子；钢锯条可按每 25mm 长度内的齿数分为粗齿（小于 14 齿）、中齿、细齿（大于 22 齿）3 种规格，锯割时要求有 3 个齿同时参与切割，否则容易卡掉锯齿，因此锯割时应根据管子的壁厚合理选择锯条；一般地说，$DN40$mm 以下的管子宜选用细齿锯条，$DN50\sim200$mm 的管子可用中、粗齿锯条。为保证切割断面与管子中心线垂直，锯割前需沿垂直于管子中心线方向，先用样板划好管子切断线；划线样板可采用较厚的纸张等不易折断的材料制成，样板长度为 $\pi \times (D-2)$（其中 D 为管子外径），宽度 $50\sim100$mm，划线时将样板的一侧对准下料尺寸线处，并使样板紧紧包住管子，用划针或石膏笔沿样板侧面绕管子画一圈。锯割时将管子夹持在管子台虎钳（又称管压钳）上，锯割过程中要始终保持锯条与管子中心线垂直，若发现锯口歪斜，可将锯弓反方向偏移，待锯缝回复原线后再扶正锯弓继续锯割，锯割较大的管子时可适当地向锯口处滴入机油以减少摩擦力；快要锯断时，锯割速度要减缓，力度要小，必须用锯断的方式而不能剩余一些用折断来代替锯割，以免管子变形而影响螺纹的套制及安装质量。

夹持管子时，管子台虎钳（实训图 2.3）型号应与管子的规格相适应，若用大号管子台虎钳夹持小管子，容易压扁管子，不同型号管子台虎钳适用范围见实训表 2.2。

实训表 2.2 　　　　　　　　　　　管子台虎钳适用范围

管子台虎钳型号	1 号	2 号	3 号	4 号	5 号
适用管子公称直径（mm）	$15\sim50$	$25\sim65$	$50\sim100$	$65\sim125$	$100\sim150$

（2）手工刀割。用管子割刀（又称割管器）（实训图 2.4）切割管子的方法称为刀割。割刀由滚刀、压紧滚轮、滑动支座、螺杆、螺母及手轮等组成；割刀的选用见实训表 2.3。

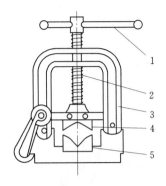

实训图 2.3　管子台虎钳

1—手柄；2—丝杆；3—龙门架；4—上钳口；5—下钳口

实训表 2.3 　　　　　　　　　　　　**割 刀 型 号 表**

割刀型号	1 号	2 号	3 号	4 号
适用管子公称直径（mm）	15～25	25～50	50～80	80～100

　　割管时必须将管子穿在割刀的两个压紧轮与滚刀之间，刀刃对准管子上的切断线，转动把手使两个滚轮适当压紧管子，但压紧力不能太大，否则转动切刀将很困难，还可能压扁管子。转动割刀之前，先在割断处和滚刀刃上加适量机油，以减少刀刃的磨损。每转动割刀一圈拧紧把手一次，滚刀即可不断地切入管子直至切断。若滚刀的刀刃不锋利或有蹦缺要及时更换滚刀。

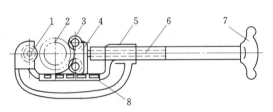

实训图 2.4　割管器

1—滚刀；2—被割管子；3—压紧滚轮；4—滑动支座；
5—螺母；6—螺杆；7—把手；8—滑道

　　刀割的优点是切口平齐，操作简单，易于掌握，其切割速度较锯割快，但管子切断面因受刀刃挤压而使切口内径变小，为避免因管口断面缩小而增加管道阻力，可用锉刀或刮刀将缩小的部分去除。

　　（3）机械切割。机械切割可以减轻工人的劳动强度，常用的方法有弓锯床锯割、磨割、在电动套丝机上用切刀割断等。

　　弓锯床锯割一般适用于壁厚大于 10mm 的管子，对较小的管子不适用；在套丝机上切割后面再详述。此处只讨论磨割。

　　磨割是使用砂轮切割机切断管子，切割时电动机带动砂轮片高速旋转，砂轮片不断磨切管子直至磨断为止，砂轮切割机结构如实训图 2.5 所示，切割方法如下：

　　1）将划好线的管子放在切割机的夹紧装置内，用手压下手柄使砂轮片靠近管子，调整管子的左右位置使砂轮片对准切割位置，然后夹紧管子。

　　2）启动切割机，压下手柄使砂轮片切入管子直至切断为止；切割时压手柄的力不可过猛，以免砂轮片因受力过大而破裂，切割过程中人不可站在砂轮片一侧，以防砂轮破裂飞出伤人，若发现砂轮片转动不平稳或有冲击、振动现象，应立即停机检查砂轮片有无缺口，对已出现缺口的砂轮片必须及时更换，不得继续使用。

3）若切口部位有较大的毛刺可在砂轮上磨去，或用锉刀锉平。

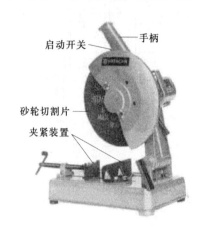

手柄

启动开关

砂轮切割片

夹紧装置

实训图 2.5　砂轮切割机

2.3　螺纹的套制

管道螺纹连接采用英制55°角的管螺纹，阀件、连接件由专业厂按标准制造，其内螺纹是圆柱形，为加强接口的防水效果，要求管端加工成圆锥形外螺纹；管子套螺纹的方法分手工套制和机械套制两种，套制的螺纹其质量要求如下。

（1）螺纹端正、不偏扣、不乱扣、光滑无毛刺，断口和缺口的总长度不超过螺纹全长的10%，且在纵方向上不得有断缺处相连。

（2）螺纹要有一定的锥度，松紧程度要适中，螺纹套好后要用连接件试拧，以用手能拧进2～3圈为宜，过松则连接后的严密性差，过紧则连接时容易将管件或阀门胀裂，或因大部分管螺纹露在管件外面而降低连接强度（螺纹的松紧与套制时扳牙位置的调整和套入管子的长度有关）。

（3）螺纹安装到管件后以尚外露2～3扣为宜，管端的螺纹加工长度见实训表2.4。

实训表 2.4　　　　　　　　　　管端的螺纹加工长度参见表

管子公称直径		螺纹外径（mm）	螺纹内径（mm）	螺纹最大长度（mm）		连接阀门端螺纹长度（mm）
mm	in			一般连接	长螺纹连接	
15	1/2	20.96	13.63	14	45	12
20	3/4	26.44	24.12	16	50	13.5
25	1	33.25	30.29	18	55	15
32	11/4	41.91	38.95	20	65	17
40	11/2	47.81	44.85	22	70	19
50	2	59.62	55.66	24	75	21
65	21/2	75.19	72.23	27	85	23.5
80	3	87.88	84.98	30	95	26
100	4	113	110.08	36	106	—

2.3.1　手工套螺纹

手工套螺纹常用的工具有普通式铰扳和轻便式铰扳，管道工程施工中多选用普通式铰扳，轻便式铰扳一般用于管道的维修等工作量较小的场合。

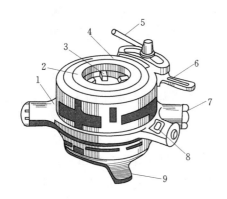

管子铰板117型

实训图 2.6　普通铰板及结构

1—铰扳本体；2—固定盘；3—扳牙；4—活动标盘；5—标盘固定把手；
6—扳牙松紧把手；7—手柄；8—棘轮子；9—后卡爪手柄

1. 用普通式铰扳套螺纹

由于 3in 以上的大直径管子套螺纹劳动强度大，一般用机器套制，因此，常见的普通式铰扳是 2in 的，它的结构如实训图 2.6 所示，通过更换扳牙，可分别套制 1/2in、3/4in、1in、1in、1in、2in 6 种规格的管螺纹，相应的扳牙规格有 1/2in～3/4in、1in～1in、1in～2in 3 组，每组扳牙由 4 块组成，将扳牙装入铰扳本体时必须按每个扳牙上所标的顺序号（1～4）对号入座（顺时针方向），否则将套丝乱扣或无法套丝；使用时须在手柄孔上装接一根或两根长手柄。

用普通式铰扳套螺纹的步骤如下：

（1）用毛刷清理干净铰扳本体，将与管子公称直径相对应的一组扳牙按顺序插入铰扳本体的扳牙室内，为保证套出合格的螺纹以及减轻切削力，套制时吃刀不宜过深，一般 $DN25mm$ 以下的管子可一次套成，$DN25$ 以上的管子宜分 2～3 次套成，根据以上条件，参照固定盘上的刻度将活动标盘旋转至相应的位置并固定。

（2）将管子夹紧在合适的管子台虎钳上，管端伸出台虎钳约 150mm，注意管口不得有椭圆、斜口、毛刺及喇叭口等缺陷。

（3）转动铰扳的后卡爪手柄使后卡爪张开至比管子外径稍大，把铰扳套入管子（后端先进），然后转动后卡爪手柄将铰扳固定在管子上，移动铰扳使扳牙有 2～3 扣夹在管子上，并压下扳牙开合把手。

（4）套丝操作时，人面向管子台虎钳两脚分开站在右侧，左手用力将铰扳压向管子，右手握住手柄顺时针扳动铰扳，当套出 2～3 扣丝后左手就不必加压，可双手同时扳动手柄。开始套螺纹时，动作要平稳，不可用力过猛，以免套出的螺纹与管子不同心而造成啃扣、偏扣。套制过程中要间断地向切削部位滴入机油，以使套出的螺纹较光滑以及减轻切削力。当套至接近规定的长度时，边扳动手柄边缓慢地松开扳牙开合把手套出 1～2 扣螺纹，以使螺纹末端有合适的锥度。

（5）转动铰扳的后卡爪手柄使后卡爪张开，取出铰扳，若是分次套制的，则重新调整扳牙并重复步骤（2）～（5）直至完全套好为止。

2. 用轻型铰扳套丝

在一套轻型铰扳中，有一个铰扳和若干个已装入不同规格扳牙的扳牙体，套丝时根据管径选取相应的一个可换扳牙体放入铰扳即可使用。由于这种铰扳体积较小，除了在工作台上套制螺纹外，还可在已安装的管道系统中就地套螺纹。

用轻型铰扳套螺纹的步骤如下：

（1）将管子夹紧在合适的管子台虎钳上，管端伸出台虎钳约 150mm，注意管口不得有椭圆、斜口、毛刺及喇叭口等缺陷。

（2）根据管径选取相应的一个可换扳牙体放入铰扳，将铰扳套进管子，拨动拨叉使铰扳能顺时针带着可换扳牙体转动；套丝操作时，人面向管子台虎钳两脚分开站在右侧，左手用力将铰扳压向管子，右手握住手柄顺时针扳动铰扳，当套出 2～3 扣丝后左手就不必加压，可双手同时扳动手柄；开始套丝时，动作要平稳，不可用力过猛，以免套出的螺纹与管子不同心而造成啃扣、偏扣，套制过程中要间断地向切削部位滴入机油，以使套出的螺纹较光滑以及减轻切削力；当套至规定的长度时，拨动拨叉使铰扳逆时针带着可换扳牙体转动退出管子即可。

若要在长度 100mm 左右的短管的两端套丝，由于如此短的管子夹持到管子台虎钳后，伸出的长度小于铰扳的厚度而无法套丝，为此，可先在一根较长的管子上套好一端的螺纹，然后按所需的长度截下，再将其拧入带有管箍（直通）的另一根管子上即可夹紧在管子台虎钳上进行套丝。

2.3.2 在电动套丝机上切断、套丝

1. 机器的组成及操作时的安全注意事项

（1）机器的组成。电动套丝机可进行管子的切断、套丝和扩口，实训图 2.7 是 EM-ERSON 牌 RT-2 型电动套丝机的结构图，需要说明的是不同厂家、不同规格的机器在结构和外观上会略有不同，但主要的功能是一样的。

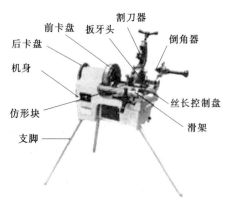

实训图 2.7　电动套丝机结构

（2）操作时的安全注意事项。

1）机器必须安放稳固，以确保机器不会翻倒伤人。

2）必须使用有接地的三芯电源插座和插头，现场电源与机器标牌上指明的电源一致；维修机器时应断开电源。

3）每天开机前先检查油箱中的润滑油是否足够，并用油壶给机身上的两个油孔注入 3～4 滴机油以润滑主轴。

4）严禁戴手套操作机器，头发长的操作者应戴上工作帽，操作时避免穿太宽松的衣服。

5）不可在潮湿的环境或雨中作业。

2. 操作方法

（1）管子的装夹和拆卸方法。管子的装夹和拆卸方法如实训图 2.8 所示，在进行切断、扩口、套丝操作前，必须将管子先夹紧在套丝机上，操作完毕再把管子拆卸下来。

1）松开前后卡盘，从后卡盘一端将管子穿入（管子较短时也可从前卡盘穿入）使管子伸出适当的长度。

2）用右手抓住管子，使管子大约处于 3 个卡爪的中心，用左手朝身体方向转动捶击盘捶击直至将管子夹紧（也可在夹住管子后，换用右手转动捶击盘将管子夹紧），若管子较长还需旋紧后卡盘。

3）拆卸管子时，朝相反方向转动捶击盘和后夹盘。

（2）切断方法（实训图 2.9）。

1）若扳牙头、倒角器、割刀器不在闲置位置，则将它们扳起至空闲位置。

实训图 2.8 装拆管子

2）按前述方法将管子夹紧在卡盘上。

3）放下割刀器，用手拉动割刀器手柄使管子位于割刀与滚子之间，若割刀器开度太小，则转动割刀器手柄增大其开度。

4）转动滑架手轮移动割刀器，使割刀刃对准需切断的位置，并转动割刀器手柄使割刀与管子接触。

5）启动机器，用双手同时转动割刀器手柄使割刀切入管子直至切断为止；但转动割刀器手柄的力不能过猛，否则，将会造成割刀蹦刃和管子变形。

完成切断后，反方向转动割刀器手柄增大其开度，并将割刀器扳至空闲位置，若无需进行其他操作，则关闭机器，拆下管子。

（3）管端扩口操作方法。一般情况下管子切断后接着对管口进行倒角扩口（实训图 2.10）。

实训图 2.9 管子的切断

实训图 2.10 管端扩口操作

1）扳下倒角器至工作位置，将倒角杆推向管口，转动倒角杆手柄使其上的销子卡进槽内。

2）启动机器，转动滑架手轮将倒角器的刃口压向管口，将管口内因切断时受挤压缩小的部分切去并倒出一小角。

实训图 2.11　套丝操作

3）完成倒角后，转动滑架手轮使倒角器的刃口离开管口，转动倒角杆手柄使其上的销子从槽内退出，同时拉出倒角杆，将倒角器扳起至空闲位置，接着进行套丝（或停机）。

（4）套丝操作方法（实训图 2.11）。

1）检查扳牙头上所装的扳牙及所调的位置是否与管子大小相符，丝长控制盘的刻度是否与管子大小相对应，否则，先调整好。

2）放下扳牙头使滚子与仿形块接触。

3）启动机器，转动滑架手轮将扳牙头压向管口直至扳牙头在管子上套出 2～3 扣螺纹后松手，此时机器自动套丝，当扳牙头的滚子超过仿形块时，扳牙头会自动落下而张开扳牙，结束套丝。

4）停机，退回滑架直至整个扳牙头全部退出管子，然后一手拉出扳牙头锁紧销，一手扳起扳牙头至空闲位置。

2.4　管道的螺纹连接

2.4.1　常用工具

管道螺纹连接时常用的工具是管钳（俗称水管钳）、链钳、活动扳手、呆扳手等，扳手适用于内接等带方头的管件及小规格阀门的连接。

1. 管钳

管钳外形如实训图 2.12 所示。管钳的规格是以钳头张口中心到钳把尾端的长度来标称的，选用管钳时可参照实训表 2.5，若用大规格的管钳拧紧小口径的管子，虽然因钳把长而省力，但也容易因用力过大拧得过紧而胀破管件或阀门，反之，若用小管钳去拧紧大管子则费力且不易拧紧，而且容易损坏管钳。由于钳口上的齿是斜向钳口的，因此，拧紧和拧松操作时钳口的卡进方向是不同的，使用时卡进方向应与加力方向一致；为保证加力时钳口不打滑，使用时可一手按住钳头，另一手施力于钳把，扳转钳把

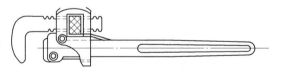

实训图 2.12　管钳

时要平稳，不可用力过猛或用整个身体加力于钳把，防止管钳滑脱伤人，特别是双手压钳把用力时更应注意。

实训表 2.5　　　　　　　　管 钳 选 用 参 照 表

管钳规格	钳口宽度（mm）	适用管子范围（mm）	管钳规格	钳口宽度（mm）	适用管子范围（mm）
200	25	DN3～15	450	60	DN32～50
250	30	DN3～20	600	75	DN40～80
300	40	DN15～25	900	85	DN65～100
350	45	DN20～32	1025	100	DN80～125

2. 链钳

链钳主要运用于大口径管子的连接；当施工场地受限制用张开式管钳旋转不开时，如在地沟中操作或所安装的管子离墙面较近时也使用链钳；高空作业时采用链钳较安全和便于操作。

链钳的使用方法是：把链条穿过管子并箍紧管子后卡在链钳另一侧上，转动手柄使管子转动即可拧紧或松开管子的连接。其规格及适用管径见实训表2.6。

实训表 2.6   **链 钳 规 格 表**

链钳规格	适用管径	链钳规格	适用管径	链钳规格	适用管径
350	DN25～32	600	DN50～80	1200	DN100～200
450	DN32～50	900	DN80～125		

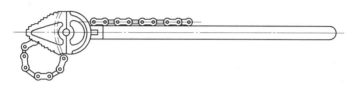

实训图 2.13 链钳

2.4.2 常用填料

螺纹连接的两连接面间一般要加填充材料，填充材料有两个作用：一是填充螺纹间的空隙以增加管螺纹接口的严密性；二是保护螺纹表面不被腐蚀。常用的填料及其用途见实训表2.7。

实训表 2.7   **常用的填料及其用途参照表**

填 料 种 类	适 用 介 质
聚四氟乙烯生料带（俗称水胶布）	供水、煤气、压缩空气、氧气、乙炔、氨、其它腐蚀性常温介质
麻丝、麻丝＋白铅油	供水、排水、压缩空气、蒸汽
白铅油（铅丹粉拌干性油）	供水、排水、煤气、压缩空气
一氧化铅、甘油调和剂	煤气、压缩空气、乙炔、氨
一氧化铅、蒸馏水调和剂	氧气

2.4.3 连接步骤

（1）缠绕（或涂抹）填料。连接前清除外螺纹管端上的污染物、铁屑等，根据输送的介质、施工成本选择合适的填料；当选用水胶布或麻丝时，应注意缠绕的方向必须与管子（或内螺纹）的拧入方向相反（或人对着管口时顺时针方向），缠绕量要适中，过少起不了密封作用，过多则造成浪费，缠绕前在螺纹上涂上一层铅油可以较好地保护螺纹不锈蚀。

（2）缠绕（或涂抹）填料后，先用手将管子（或管件、阀门等）拧入连接件中2～3圈，再用管钳等工具拧紧，如果是三通、弯头、直通之类的管件拧劲可稍大，但阀门等控制件拧劲不可过大，否则极易将其胀裂；连接好的部位一般不要回退，否则容易引起渗漏。

水暖管道安装实训任务书、指导书

1. **实训目的**

根据高等职业教育的培养目标以及我国建设行业劳动力市场的特点，以提高学习者的实践能力和职业素养为宗旨，倡导以学生为中心的教育培训理念和建立多样性与选择性相统一的教学机制，通过具体的职业技术实践活动，帮助学生积累实际工作经验，突出职业教育的特色。考虑到我国现有经济、技术、社会和职业教育与培训的发展水平和特点，为提高学生技术应用能力和技术服务能力，加强学生动手、实际能力，特安排本次工种操作实训。通过本次实训，使学生动手、实际能力有较大的提高，并熟练掌握所实训的工种的操作技能，为今后的学习乃至工作打下坚实的基础。

2. **实训内容及步骤**

(1) 由专业的教师作实训动员报告和安全教育。

(2) 常用给排水管道材质及安装机（工）具的选择。

1) 主要工具。主要工具有手动打压泵、砂轮锯、电动套丝机、管子台虎钳、手锤、火扳、管子钳、管子铰扳、钢锯、割管器、套筒扳手、铁剪刀、钢丝钳。

2) 材料选择要求。

(a) 管材。包括碳素钢管、无缝钢管。管材不得弯曲、锈蚀，无毛刺、重皮及凹凸不平现象；塑料管、复合管管材和管件的内外壁应光滑平整，无气泡、裂口、裂纹、脱皮、凹陷色泽基本一致；热水管管材上必须有醒目的标志；管材的端部应与其轴线垂直。

(b) 管件。管件应平整、无缺损、无变形，合模缝浇口应平整，无开裂，无偏扣、方扣、乱扣、断丝和角度不准确现象。

(3) 给水管道加工与连接。实训题目见项目1~2，各单位可根据具体情况选择。

(4) 室内给水系统试压。

1) 水压实验。室内给水管道的水压实验必须符合设计要求。当设计未注明时，各种材料的给水管道系统试验压力均为工作压力的 1.5 倍，但不得小于 0.6MPa。

2) 检验方法。金属及复合管给水管道系统在实验压力下观测 10min，压力降不大于 0.02MPa，然后降到工作压力进行检查，应不渗不漏；塑料管给水管道系统应在试验压力下稳压 1h，压力降不得超过 0.05MPa，然后在工作压力的 1.15 倍状态下稳压 2h，压力降不得超过 0.03MPa，同时检查各连接处不得渗漏。

3. **实训注意事项**

(1) 实训一定要注意安全。

(2) 要遵守作息时间，服从指导教师的安排。

(3) 积极、认真进行每一工种的操作实训，真正有所收获。

(4) 做好实训现场卫生打扫工作。

(5) 每一工种的操作结束后，要写出实训报告（总结）。

4. 实训成绩考评

考评等级分为优、良、中、及格、不及格。由指导教师给出的成绩汇总确定。

管 道 加 工 与 连 接

1. 实训目的

通过实训，使学生了解管道加工和连接的基本知识，熟悉管道加工、连接的常用工具及其使用方法，初步掌握管道的加工和连接的基本技能，对几种常用管道和连接加工的方法，能达到独立操作、产品质量合格的水平。

2. 实训内容

(1) 钢管手工锯断。

1) 手工操作。

(a) 按金属材料厚度选用锯条。薄材料宜用细齿锯条，厚材料宜用粗齿锯条。

(b) 安装锯条时应将锯齿向前，有齿边和无齿边均应在同一平面上。

(c) 锯管时，应将管子卡紧，以免颤动折断锯条。

(d) 手工操作时，一手在前一手在后。向前推时，应加适当压力，以增加切割速度；往回拉时，不宜加压以减少锯齿磨损。

(e) 锯条往返一次的时间不宜少于 1s。

(f) 锯割过程中，应向锯口处加适量的机油，以便润滑和降温。

2) 要求。

(a) 掌握锯条的构造、规格及使用方法。

(b) 掌握锯割钢管的工作原理及正确的操作方法。

(c) 锯断时，切口平整。

(2) 钢管手工割断。

1) 手工操作。

(a) 应将刀片对准线迹并垂直于管子轴线。

(b) 每旋转一次进刀量不宜过大，以免管口明显缩小，或刀片损坏。

(c) 切断的管子铣去缩小管口的内凹边缘。

(d) 每进刀（挤压）一次绕管子旋转一次，如此不断加深沟痕。

2) 要求。

(a) 掌握管子割刀的构造规格、使用方法。

(b) 掌握割断钢管的工作原理及正确的操作方法。

(c) 割断时，切口断面整齐。

(3) 手工钢管套丝。

1) 工艺操作。

(a) 套丝时应在板牙上加少量机油，以便润滑及降温。

(b) 为保证螺纹质量和避免损坏板牙，不应用大进刀量的办法减少套丝次数。

2) 螺纹标准。

(a) 螺纹表面应光洁、无裂纹，但允许微有毛刺。

(b) 螺纹的工作长度允许短 15%，不应超长。

(c) 螺纹断缺总长度，不得超过规定长的 10%，各断缺处不得连贯。

(d) 螺纹高度减低量不得超过 15%。

3）要求。

(a) 掌握铰板（代丝）的构造、规格、使用方法。

(b) 掌握钢管套丝的工作原理及正确的操作方法。

(c) 套丝后，螺纹质量能达到标准。

(4) 钢管的螺纹连接。

1）手工操作。

(a) 连接时选择适合管径规格的管钳拧紧管件（阀件）。

(b) 操作用力要均匀，只准进不准退，上紧后，管件（阀件）处应露 2 扣螺纹。

(c) 将残留的填料清理干净。

2）要求。

(a) 掌握普通管钳的规格和使用方法。

(b) 认识常用管件及钢管螺纹连接的操作方法。

(c) 连接紧密。

(5) 钢管法兰连接。

1）工艺操作。

(a) 一付法兰只垫一个垫片，不允许加双垫片或偏垫片。

(b) 垫片的内径不小于管子直径，不得凸入管内而减小过流面积。

(c) 垫片上应加涂料。

(d) 用合适的扳手（活扳子）在各个对称的螺栓上加力，并受力要均匀。

(e) 应使螺杆外露长不小于螺栓直径的一半。

(f) 应保证法兰和管子中心线垂直，垂直偏差不超过 1～2mm 为合格。

2）要求。

(a) 了解平焊钢法兰的连接方法。

(b) 掌握丝扣法兰连接的操作方法。

3．实训安排

(1) 钢管锯断操作演示与介绍。

(2) 钢管锯断操作练习。

(3) 钢管割断操作演示与介绍。

(4) 钢管割断操作练习。

(5) 钢管套丝操作演示与介绍。

(6) 钢管套丝操作演示练习。

(7) 钢管螺纹连接、法兰连接介绍、示范及操作练习。

4．考试内容及评分方法

现场操作，根据操作技术水平和产品质量确定成绩。

钢管锯断   20 分

钢管割断   20 分

钢管套丝   20 分

钢管螺纹连接   20 分

钢管丝扣、法兰连接   20 分

平时表现不好，适当扣减分数。

实训项目 3　PE、PP－R塑料管道的连接

3.1　常用连接方法及管件

常用管件如实训图 3.1 所示。

实训图 3.1　常用管件

PE（聚乙烯）管、PP－R（聚丙烯）管常用的连接方式是熔接，按接口形式和加热方式可分为：

（1）热熔连接。热熔承插连接、热熔鞍形连接、热熔对接连接。

（2）电熔连接。电熔承插连接、电熔鞍形连接。

3.2　安装的一般规定

（1）管道连接前，应对管材和管件及附属设备按设计要求进行核对，并应在施工现场进行外观检查，符合要求方可使用。主要检查项目包括耐压等级、外表面质量、配合质量、材质的一致性等。

（2）应根据不同的接口形式采用相应的专用加热工具，不得使用明火加热管材和管件。

（3）采用熔接方式相连的管道，宜采用同种牌号材质的管材和管件，对于性能相似的必须先经过试验，合格后方可进行。

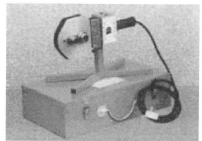

实训图 3.2　热熔承插焊机

（4）在寒冷气候（－5℃以下）和大风环境条件下进行连接时，应采取保护措施或调整连接工艺。

（5）管材和管件应在施工现场放置一定的时间后再连接，以使管材和管件温度一致。

（6）管道连接时管端应洁净，每次收工时管口应临时封堵，防止杂物进入管内。

（7）管道连接后应进行外观检查，不合格者马上返工。

3.3　热熔连接

（1）热熔承插连接是将管材外表面和管件内表面同时无旋转地插入熔接器的模头中加热数秒，然后迅速撤去熔接器，把已加热的管子快速地垂直插入管件，保压、冷却的连接

过程。一般用于 4in 以下小口径塑料管道的连接。连接流程为：

检查→切管→清理接头部位及划线→加热→撤熔接器→找正→管件套入管子并校正→保压、冷却。

热溶承插焊机如实训图 3.2 所示。

1) 检查、切管、清理接头部位及划线的要求和操作方法与 PVC－U 管粘接类似，但要求管子外经大于管件内径，以保证熔接后形成合适的凸缘（实训图 3.3）。

2) 在管材上按插入深度划线（实训图 3.4）。

3) 加热（实训图 3.5）。将管材外表面和管件内表面同时无旋转地插入熔接器的模头中（模头已预热到设定温度）加热数秒，加热温度为 260℃，加热时间见实训表 3.1。

实训图 3.3   检查

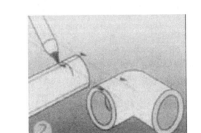

实训图 3.4   划插入线

实训图 3.5   管子加热

实训表 3.1   管材内、外表面加热参数表

管材外径（mm）	熔接深度（mm）	热熔时间（s）	接插时间（s）	冷却时间（s）
20	14	5	≤4	2
25	16	7	≤4	2
32	20	8	≤6	4
40	21	12	≤6	4
50	22.5	18	≤6	4
63	24	24	≤8	6
75	26	30	≤8	8
90	29	40	≤8	8
110	32.5	50	≤10	8

注   当操作环境温度低于 0℃时，加热时间应延长 1/2。

4) 插接。管材管件加热到规定的时间后，迅速从熔接器的模头中拔出并撤去熔接器，快速找正方向，将管件套入管端至划线位置，套入过程中若发现歪斜应及时校正。找正和校正可利用管材上所印的线条和管件两端面上成十字形的四条刻线作为参考（实训图 3.6）。

实训图 3.6 插接

5）保压、冷却。冷却过程中，不得移动管材或管件，完全冷却后才可进行下一个接头的连接操作。

（2）热熔鞍形连接是将管材连接部位外表面和鞍形管件内表面加热熔化，然后把鞍形管件压到管材上，保压、冷却到环境温度的连接过程。一般用于管道接支管的连接或维修因管子小面积破裂造成漏水等场合。其连接过程为：管子支撑→清理连接部位及划线→加热→撤熔接器→找正→鞍形管件压向管子并校正→保压、冷却。

1）连接前应将干管连接部位的管段下部用托架支撑、固定。

2）用刮刀、细砂纸、洁净的棉布等清理管材连接部位氧化层、污物等影响熔接质量的物质，并做好连接标记线。

3）用鞍形熔接工具（已预热到设定温度）加热管材外表面和管件内表面，加热完毕迅速撤除熔接器，找正位置后将鞍形管件用力压向管材连接部位，使之形成均匀凸缘，保持适当的压力直到连接部位冷却至环境温度为止。鞍形管件压向管材的瞬间，若发现歪斜应及时校正。

（3）热熔对接连接是将与管轴线垂直的两管子对应端面与加热板接触使之加热熔化，撤去加热板后，迅速将熔化端压紧，并保压至接头冷却，从而连接管子。这种连接方式无需管件，连接时必须使用对接焊机（实训图 3.7）。其连接步骤为：装夹管子→铣削连接面→加热端面→撤加热板→对接→保压、冷却。

1）将待连接的两管子分别装夹在对接焊机的两侧夹具上，管子端面应伸出夹具 20～30mm，并调整两管子使其在同一轴线上，管口错边不宜大于管壁厚度的 10%。

2）用专用铣刀同时铣削两端面，使其与管轴线垂直，两个待连接面相吻合；铣削后用刷子、棉布等工具清除管子内外的碎屑及污物。

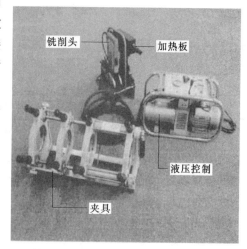

铣削头　　加热板

液压控制

夹具

实训图 3.7 对接焊机

3）当加热板的温度达到设定温度后，将加热板插入两端面间同时加热熔化两端面，加热温度和加热时间按对接工具生产厂或管材生产厂的规定，加热完毕快速撤出加热板，接着操纵对接夹具使其中一根管子移动至两端面完全接触并形成均匀凸缘，保持适当压力直到连接部位冷却到室温为止（实训图 3.8）。

3.4 电熔连接

电熔连接是先将两管材插入电熔管件，然后用专用焊机（实训图 3.9）按设定的参数（时间、电压等）给电熔管件通电，使内嵌电热丝的电熔管件的内表面及管子插入端的外表面同时熔化，冷却后管材和管件即熔合在一起。其特点是连接方便迅速、接头质量好、外界因素干扰小、但电熔管件的价格是普通管件的几倍至几十倍（口径越小相差越大），一般适合于大口径管道的连接。

实训图 3.8　对接操作

实训图 3.9　自动电熔焊机

（1）电熔承插连接的程序为：

检查 → 切管 → 清洁接头部位 → 管子插入管件→ 校正 → 通电熔接 → 冷却。

1）切管。管材的连接端要求切割垂直，以保证有足够的熔融区。常用的切割工具有旋转切刀、锯弓、塑料管剪刀等；切割时不允许产生高温，以免引起管端变形。

2）清洁接头部位并标出插入深度线。用细砂纸、刮刀等刮除管材表面的氧化层，用干净棉布擦除管材和管件连接面上的污物；标出插入深度线。

3）管件套入管子。将电熔管件套入管子至规定的深度，将焊机的电极与管件的电极连好。

4）校正。调整管材或管件的位置，使管材和管件在同一轴线上，防止偏心造成接头熔接不牢固、气密性不好。

5）通电熔接。通电加热的时间、电压应符合电熔焊机和电熔管件生产厂的规定，以保证在最佳供给电压、最佳加热时间下获得最佳的熔接接头。

6）冷却。由于 PE 管接头只有在全部冷却到常温后才能达到其最大耐压强度，冷却期间其他外力会使管材、管件不能保持同一轴线，从而影响熔接质量，因此，冷却期间不得移动被连接件或在连接处施加外力。

（2）电熔鞍形连接。这种连接方式适用于在干管上连接支管或维修因管子小面积破裂造成漏水等场合。连接流程为：清洁连接部位 → 固定管件 → 通电熔接 → 冷却。

1）用细砂纸、刮刀等刮除连接部位管材表面的氧化层，用干净棉布擦除管材和管件连接面上的污物。

2）固定管件。连接前，干管连接部位应用托架支撑固定，并将管件固定好，保证连接面能完全吻合。

通电熔接和冷却过程与承插熔接相同。

实训项目 4   铝 塑 复 合 管 的 安 装

铝塑复合管是由铝管和塑料管复合而成的，在塑料和铝层间为黏接剂；最里层和最外层均为聚乙烯塑料，中间层为铝（实训图 4.1）。兼有塑料管和金属管的优点；主要用于自来水管、燃气管、压缩空气管、氧气管、化工管道以及食品、饮料、医药等工业和农业用管，目前在住宅供水管道中的使用量也很大。

实训图 4.1   铝塑复合管

4.1   铝塑复合管的特点

（1）耐腐蚀。可抵御强酸、强碱等大多数强腐蚀性液体的腐蚀。

（2）流阻小。内壁光滑、不结垢，比相同内径的镀锌管的流量大 25%～30%。

（3）密度小。约为钢管质量的 1/7。

（4）安装简便。管子较长、易弯曲且弯曲后不回弹、接头少，不必套丝，切割、连接很容易。

4.2   铝塑复合管的安装

铝塑复合管的连接方式有螺纹连接和压接两种。

（1）螺纹连接是使用带螺纹的接头进行管道连接的方法，常用管件形式如实训图 4.2 所示。图实训 4.3 表示接头的连接形式。

实训图 4.2   常用管件形式

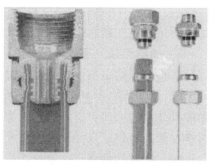

实训图 4.3   接头的连接形式

（2）压接头连接的步骤如下：

1）用专用塑料管剪刀剪取所需的管子长度；要求剪切口平齐并与管子中心线垂直，为减少管子的变形，剪切开始至切开一半时可上下摆动剪刀，如实训图 4.4 所示。

2）用整圆器把管子两端口整圆，如实训图 4.5 所示。

实训图 4.4 剪管操作

实训图 4.5 管口整圆

实训图 4.6 安装接头

实训图 4.7 弯曲管子

3）将管子移至安装位置，将螺母和 C 形铜环套入连接端，将接头本体插入管内，插入前注意检查接头本体上的胶环是否完好，如实训图 4.6 所示。

4）根据安装位置的需要，可直接对铝塑复合管进行弯曲，一般允许弯曲半径为管子内径的 5 倍，若在管内插入外径与管子内径相同的软弹簧，则弯曲半径可更小，如实训图 4.7 所示。

5）用扳手紧固接头，如实训图 4.8 所示。

实训图 4.8 紧固接头

塑料复合管连接、打压

1. 实训目的

通过实训，使学生了解铝塑复合管连接关键类型、规格、结构；掌握连接工具的使用方法；掌握铝塑复合管连接的操作技能。

2. 实训内容

（1）工艺操作。

1）熟悉各种管材、管件。

2）熟悉各种工具。

3）连接练习。

（2）实训要求。

1）熟练掌握铝塑管道连接内容。

2）系统水压试验，应无渗漏、无损伤。

3．实训安排

（1）本项目时间安排可根据具体情况确定。

（2）指导教师示范、讲解。

（3）连接练习。

（4）考试。

4．考试内容及评分方法

口试	20 分
操作	60 分
水压试验	20 分

平时表现不好，适当扣减分数。

实训项目 5 PVC - U、ABS 塑料管道安装

5.1 塑料管和管件的验收

（1）管材和管件应具有质量检验部门的质量合格证，并应有明显的标志表明生产厂家和规格。包装上应标有批号、生产日期和检验代号。

（2）管材和管件的外观质量应符合下列规定：

1）管材与管件的颜色应一致，无色泽不均及分解变色线。

2）管材和管件的内外壁应光滑、平整，无气泡、裂口、裂纹、脱皮和严重的冷斑及明显的痕纹、凹陷。

3）管材轴向不得有异向弯曲；管材必须平整并垂直于管轴线。

4）管件应完整，无缺损、变形，合模缝、浇口应平整，无开裂。

5）管材在同一截面内的壁厚偏差不得超过 14%；管件的壁厚不得小于相应的管材的壁厚。

6）管材和管件的承插黏接面必须表面平整、尺寸准确。

7）胶黏剂不得有分层现象和析出物，不得有团块、不溶颗粒和其他影响黏接强度的杂质。供水管道系统不得采用有毒的胶黏剂。

5.2 塑料管和管件的存放

（1）管材应按不同的规格分别堆放；$DN25$ 以下的管子可进行捆扎，每捆长度应一致，且重量不宜超过 50kg；管件应按不同品种、规格分别装箱。

（2）搬运管材和管件时，应小心轻放，严禁剧烈撞击、与尖锐物品碰撞、抛摔滚拖；管材和管件应存放在通风良好、温度不超过 40℃ 的库房或简易棚内，不得露天存放，距离热源 1m 以上。

（3）管材应水平堆放在平整的支垫物上，支垫物的宽度不应小于 75mm，间距不大于 1m，管子两端外悬不超过 0.5m，堆放高度不得超过 1.5m。管件逐层码放，不得叠置过高。

（4）胶黏剂等易燃易爆品应存放在阴凉干燥的危险品仓库中，严禁明火。

5.3 管道施工的一般规定

（1）管道安装工程施工前，应具备以下条件：

1）设计图纸及其他技术文件齐全，并业经会审通过。

2）按批准的施工方案或施工组织设计，已进行技术交底。

3）材料、施工力量、机具等能保证正常施工。

4）施工场地及施工用水、用电、材料、贮放场地等临时设施能满足施工需求。

（2）管道安装前，应了解建筑物的结构，熟悉设计图纸、施工方案及其他工种的配合措施。

（3）管道系统安装前，应检查材料的质量，清除管材和管件内外的污垢和杂物。

（4）管道系统安装间断或完毕的敞口处应随时封堵，以防杂物进入管内。

（5）管道穿墙、楼板及嵌墙暗敷时，应配合土建预留孔槽；若设计无规定，可按下列要求施工：

1）预留孔洞尺寸宜较管子外经大 50～100mm。

2）嵌墙暗管墙槽尺寸宽度比管子外径大 60mm，深度为管子外径加 30mm。

3）架空管顶上部净空不宜小于 100mm。

（6）管道穿过地下室或地下构筑物的外墙时，应采取严格的防水措施。

（7）管道系统的横管宜有 2‰～5‰的坡度坡向泄水装置。

（8）管道系统的坐标、标高的允许偏差应符合实训表 5.1 的要求。

实训表 5.1　　　　　　　　　管道系统的坐标、标高的允许偏差

项　　目			允许偏差（mm）
坐标	室外	埋地	50
		架空或地沟	20
	室内	埋地	15
		架空或地沟	10
标高	室外	埋地	±15
		架空或地沟	±10
	室内	埋地	±10
		架空或地沟	±5

（9）水平横管的纵、横方向的弯曲，立管垂直度，平行管道和成排阀门的安装应符合实训表 5.2 的规定。

实训表 5.2　　　　　　　　　水平横管安装的相关规定

项　　目		允许偏差（mm）
水平管道纵、横方向弯曲	每米	5
	每 10m	≤10
	室外架空、埋地每 10m	≤15
立管垂直度	每米	3.0
	高度超过 5m	≤10
	10m 以上每 10m	≤10
平行管道和成排阀门	在同一直线上间距	3

（10）饮用水管道在使用前应采用每升水中含 20～30mg 的游离氯的清水灌满管道进行消毒，含氯水在管中静置 24h 以上；消毒后再用饮用水冲洗管道，并经卫生部门取样检验符合 GB 5749—2006《生活饮用水卫生标准》后方可使用。

5.4　塑料管道的黏接

黏接连接适用于管外径小于 160mm 塑料管道的连接；PVC－U 管、ABS 管的连接可采用黏接连接的方法，黏接时必须根据管子、管件的材料以及管道的用途选用相应的黏接剂，黏接剂在出售管材的门店即可购得。

管道黏接不宜在湿度大于 80％、温度－20℃ 以下的环境下进行，操作场所应通风良好并远离火源 20m 以上，操作者应戴好口罩、手套等必要的防护用品；当施工现场与材料的存放处温差较大时，应于安装前将管材和管件在现场放置一定时间，使其温度接近施工现场的环境温度。

（1）PVC－U、ABS常用管件如实训图5.1所示。

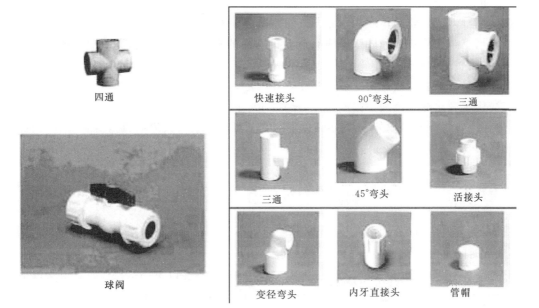

实训图5.1　常用管件

（2）黏接步骤如实训图5.2所示：检查管材和管件 → 切断 → 清理 → 做标记 → 涂胶 → 插接 → 静置固化。

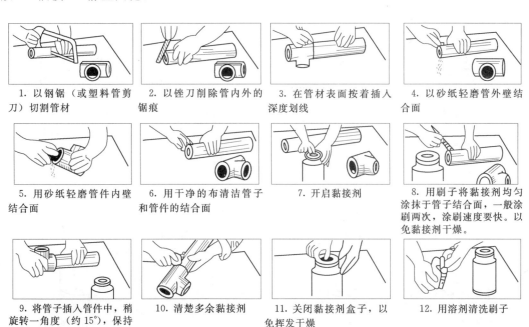

1. 以钢锯（或塑料管剪刀）切割管材

2. 以锉刀削除管内外的锯痕

3. 在管材表面按着插入深度划线

4. 以砂纸轻磨管外壁结合面

5. 用砂纸轻磨管件内壁结合面

6. 用干净的布清洁管子和管件的结合面

7. 开启黏接剂

8. 用刷子将黏接剂均匀涂抹于管子结合面，一般涂刷两次，涂刷速度要快。以免黏接剂干燥。

9. 将管子插入管件中，稍旋转一角度（约15°），保持1s～1min使其固着（时间依管径大小而定）

10. 清楚多余黏接剂

11. 关闭黏接剂盒子，以免挥发干燥

12. 用溶剂清洗刷子

实训图5.2　塑料管道黏接施工步骤示意图

1）检查管材和管件的外观和接口配合的公差，要求承口与插口的配合间隙为0.005～0.010mm（单边）。

2）用割刀按需要的长度切下管子，切割时应使断面与管子中心线垂直。

3）用干布、清洁剂和砂纸等清除待黏接表面的水、尘埃、油脂类、增塑剂、脱模剂等影响黏接质量的物质，并适当使表面粗糙些。

4）在管子外表面按规定的插入深度做好标记。

5）用鬃刷涂抹黏接剂，鬃刷的宽度约为承口内径的1/2～1/3，必须先涂承口再涂插口，涂抹承口时应由里向外（φ25mm以下的管子可不涂承口只涂插口），黏接剂应涂抹均匀、适量；涂抹后应在20s内完成黏接，否则，若涂抹黏接剂出现干涸，必须清除掉干涸的黏接剂后再重新涂抹。

6）将插口快速插入承口直至所作的标记处，插接过程中应稍作旋转，黏接完毕即刻用布将接合处多余的黏接剂擦拭干净。

（3）黏接好的接头应避免受力，须静置固化一定时间，待接头牢固后方可继续安装。静置固化时间可参考实训表5.3。

实训表 5.3　　静置固化时间可参考表

环境温度（℃）	>10	0～10	<0
固化时间（min）	2	5	15

（4）在零度以下黏接操作时，应采取措施使黏接剂不结冻，但不得采用明火或电炉等加热装置加热黏接剂。

（5）如果需要在现有管道上插接新的管路，可用实训图5.3所示分支接头及管子修补方法示意图的方法施工；此外，若管路意外破裂，也可按此法修补。

1. 用钻孔机在分支管接出位置的管材上开孔

2. 将分支接头（或修补管材）置于开孔处并画上记号

3. 用砂纸轻磨管子结合面

4. 用砂纸清洁管子结合面

5. 用刷子涂黏接剂与管子结合面

6. 将分支接头（或修补管材）压在结合面上并保持一段时间，再用金属带扎紧

7. 清除多余黏接剂

8. 关闭黏接剂盒子，以免挥发干燥

实训图 5.3　分支接头及管子修补方法示意图

5.5　塑料管道的橡胶圈接口连接

橡胶圈接口连接适用于管外径为 63～315mm 的塑料管道连接；其接口形式如实训图 5.4 所示。

安装步骤如下：

（1）用清洁的棉纱或布块清理干净承口、插口部位及橡胶圈。

（2）检查管材、管件和橡胶圈的质量。

（3）将橡胶圈正确地安装到承口的凹槽内（实训图 5.5）。

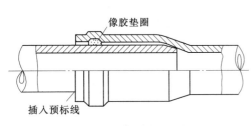

实训图 5.4　橡胶圈接口结构　　　　　　实训图 5.5　装入胶圈

（4）在插口管上画出插入预标线，用毛刷将润滑剂均匀地涂在管插口端的外表面上，润滑剂可用水、肥皂水、脂肪酸盐等，但严禁用油类作为润滑剂，以免加速橡胶圈的老化。

（5）调整插口管使其与承口管保持平直、插口对准承口，视管子重量大小可采用手推、手动葫芦或其他机械装置将管子插入至预标线；若插入阻力很大，不可强行插入以免使胶圈扭曲。

（6）用塞尺顺接口间隙插入，检查管四周的间隙是否均匀，以确保橡胶圈的安装正确。

以上是插接的基本步骤，插接的基本操作如实训图 5.6 所示。

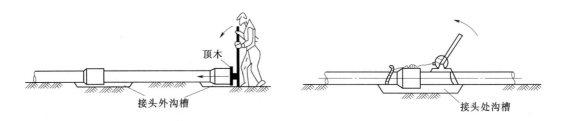

实训图 5.6　插接操作

实训项目6 阀门、水表安装

阀门水表安装实训任务书、指导书

1. 实训目的

高职高专教育的特点是理论与实践的结合,特别强调培养学生的创新思维和实际动手能力。因此,实践教学是高职高专业教学的重要内容之一。基于这个指导思想,安排如此工种操作实训来使学生更熟练的掌握所学知识,同时提高自身的动手操作能力。

2. 实训内容及步骤

(1) 工具。管钳子、活板子、阀门打压装置、阀门、水表、填料、密封圈。

(2) 阀门的安装要求。

1) 阀门的质量检测。阀门安装前应逐个进行外观的检查,检查阀件是否齐全,有无碰伤、缺损、锈蚀、铭牌、合格证是否统一。必要时进行解体检查。

低压阀门应从每批中抽查10%,并不少于一个,进行强度和严密性试验。若有不合格,再抽查20%,如仍有不合格的需逐个检查。高、中阀门,用于有毒及甲、乙类火灾危险物质的阀门应逐个进行强度和严密性试验。

2) 强度试验。阀门的强度试验是检验阀体和密封结构、填料是否能满足安全运行要求。公称压力等于或小于3.2MPa的阀门,其试验压力为公称的1.5倍;工程压力大于3.2MPa的阀门,其试验压力需按参考值来执行。试验时间不少于5min,阀门壳体、填料无渗漏为合格。

3) 严密性试验。除蝶阀、止回阀、底阀、节流阀外,其他阀门严密性实验一般以公称压力进行,也可用1.25倍的工作压力进行试验,以阀瓣密封面不漏为合格。严密性试验不合格的阀门,必须解体检查并重新试验。

4) 阀门的安装。阀门应装设在便于检修和易于操作的位置。管径小于或等于50mm时,宜采用截止阀;管径大于50mm时,宜采用闸阀、蝶阀;在双向流动的管段上,采用闸阀;在经常启闭的管段,宜采用截止阀,不宜采用旋塞阀。

(3) 水表的安装要求。安装旋翼式水表,表前与阀门应有8~10倍水表直径的直线管段,其他水表的前后应有不小于300mm的直线管段。明装在室内的分户水表,外壳距离墙面不大于30mm,前后直线管段长度大于300mm时,其超出管段应加乙字弯管沿墙敷设。表体上的箭头方向要与水流方向一致。

3. 实训注意事项

(1) 实训一定要注意安全。

(2) 要遵守作息时间,服从指导教师的安排。

(3) 积极、认真地进行每一工种的操作实训,真正做到有所收获。

（4）做好现场卫生打扫工作。

（5）实训结束后，要写出实训报告（总结）。

4. 实训成绩考评

考评等级为优、良、中、及格、不及格。由指导教师给出的成绩汇总确定。

实训项目7 暖通施工图识读

暖通识图实训任务书及指导书

1. 暖通施工图识图题目

地下汽车库通风施工图，旅馆空调施工图

2. 任务目的

通过典型的暖通施工图识读训练，使学生掌握暖通施工图的阅读程序和方法；进一步掌握暖通安装工程的设计内容、常用材料以及施工安装方法，为参与建设工程的现场配合施工奠定基础。

3. 任务内容

(1) 通风施工图。

1) 通风设计施工说明。

2) 通风平面图。

3) 通风机房大样图。

(2) 空调施工图。

1) 空调设计施工说明。

2) 空调平面图。

3) 空调大样图。

4) 空调风系统原理图。

5) 空调水系统原理图。

4. 识图要求

(1) 掌握暖通施工图的一般知识。

(2) 熟悉暖通施工图的常用图形符号与文字符号。

(3) 了解暖通施工图的阅读程序。

(4) 掌握空调风、水系统图的识读方法。

(5) 熟悉空调大样图的识读方法。

5. 识图成果

独立撰写暖通施工图识读实训报告一份，报告应包括以下具体内容：

(1) 空调施工图的设计内容。

(2) 空调施工图中采用的管材、制冷设备、空气处理装置、阀门、风口种类。

(3) 空调系统类型、通风系统方式。

(4) 图纸分析。

1) 根据图面信息，绘制空调水系统的流程方块图。

2) 电气专业。在施工图上标注空调设备强电的配电量和弱电的控制点。

（5）读图的其他心得体会。

识图报告要求不得少于1千字，并要加封面装订成册，识图结束后一周内和图纸统一上交给指导教师。

6.考核标准

考 核 内 容	满 分	得 分
管材、制冷设备、空气处理装置、阀门、风口名称	30	
空调系统类型、通风系统方式，流程方块图	30	
在施工图上标注空调设备强电的配电量和弱电的控制要求	40	
合计	100	

注 回答问题时，错一处扣5分。

7.实训时间

    年   月   日至   年   月   日。

通 风 实 训 项 目 单

专业　　　　　班级　　　　　姓名　　　　　　学号

项目编号		项目名称	通风排烟系统安装实训	训练对象		学时	
课程名称	建 筑 设 备		教 材	建 筑 设 备 工 程			
实训目的	（1）识读通风系统施工图。 （2）了解常用风机、阀门、空气分配装置的类型。 （4）掌握常用通风管材、管道的连接方法。 （5）了解通风系统安装使用机具，通风系统安装要求。 （6）了解电气专业对通风排烟系统的配合要求。						

1.所用机具
卷尺，扳手，手锤，螺丝刀，剪刀，手工锯，咬口机，电钻。

2.内容与步骤
（1）根据摆放的风机、通风管材，阀门、空气分配装置写出名称。

（2）了解管道的连接方式和使用的连接机具。

（3）根据图纸要求，安装通风排烟系统。

3.考核标准

考 核 内 容	满分	得分
风机、通风管材，阀门、空气分配装置名称	20	
管道连接方式，连接管道使用机具名称	20	
通风排烟系统安装	30	
电气专业对通风排烟系统的配合要求	30	
合计	100	

注 回答问题时，错一处扣5分。

附：实训通风施工平面图、剖面图（实训图7.1）

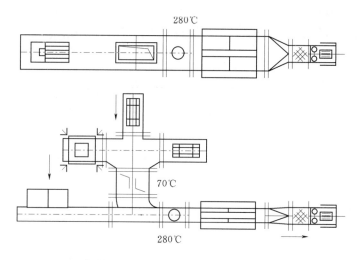

280℃

70℃

280℃

实训图 7.1 通风施工平面图、剖面图

暖通施工图识读训练指导书

1. 暖通施工图的图样类别

建筑暖通施工图的图样一般有：设计、施工说明；图例、设备材料表；平面图（风管、水管平面，设备平面）；详图（冷冻、空调机房平剖面，节点平剖面）；系统图（风系统，水系统）；流程图（热力、制冷流程，空调冷热水流程）。

（1）设计说明，包括：设计概况，设计参数；冷热源情况；冷热媒参数；空调冷热负荷及负荷指标；水系统总阻力；系统形式和控制方法。

（2）施工说明，包括：使用管道、阀门附件、保温等的材料，系统工作压力和试压要求；施工安装要求及注意事项；管道容器的试压和冲洗等；标准图集的采用。

（3）图例：图例是用表格的形式列出该系统中使用的图形符号或文字符号，其目的是使读图者容易读懂图样。

（4）设备材料表：设备材料表一般都要列出系统主要设备及主要材料的规格、型号、数量、具体要求。但是表中的数量一般只作为概算估计数，不作为设备和材料的供货依据。

（5）暖通平面图，包括：建筑轮廓、主要轴线、轴线尺寸、室内外地面标高、房间名称。风管平面为双线风管、空调水管平面为单线水管；平面图上标注风管水管规格、标高及定位尺寸；各类空调、通风设备和附件的平面位置；设备、附件、立管的编号。

（6）暖通系统图：小型空调系统，当平面图不能表达清楚时，绘制系统图，比例宜与平面图一致，按 45° 或 30° 轴测投影绘制；系统图绘出设备、阀门、控制仪表、配件、标注介质流向、管径及设备编号、管道标高。

（7）暖通系统原理图：大型空调系统，当管道系统比较复杂时，绘制流程图（包括冷热源机房流程图、冷却水流程图、通风系统流程图等），流程图可不按比例，但管路分支应与平面图相符，管道与设备的接口方向与实际情况相符。系统图绘出设备、阀门、控制仪表、配件、标注介质流向、管径及立管、设备编号。

（8）大样图：

1）通风、空调、制冷机房大样图。绘出通风、空调、制冷设备的轮廓位置及编号，注明设备和基础距墙或轴线的尺寸；连接设备的风管、水管的位置走向；注明尺寸、标高、管径。

2）通风、空调剖面图。风管或管道与设备交叉复杂的部位，应绘制平面图。绘出风管、水管、设备等的尺寸、标高，气、水流方向以及与建筑梁、板柱及地面的尺寸关系。

3）通风、空调、制冷机房剖面图。绘出对应于机房平面图的设备、设备基础的竖向尺寸标高。标注连接设备的管道尺寸，设备编号。

4）零部件的制作详图，施工安装使用的标准图。

2. 阅读暖通工程施工图的一般程序

阅读暖通施工图，应了解暖通施工图的特点，按照一定阅读程序进行阅读，这样才能比较迅速、全面地读懂图纸，以完全实现读图的意图和目标。

一套暖通施工图所包括的内容比较多，图纸往往有很多张，一般应按以下顺序依次阅读，有时还需进行相互对照阅读。

（1）看图纸目录及标题栏。了解工程名称项目内容、设计日期、工程全部图纸数量、图纸编号等。

（2）看总设计说明。了解工程总体概况及设计依据，了解图纸中未能表达清楚的各有关事项，如冷源、冷量、系统形式、管材附件使用要求、管路敷设方式和施工要求、图例符号、施工时应注意的事项等。

（3）看暖通平面布置图。平面布置图看图顺序为：底层→楼层→屋面→地下室→大样图。

要求了解各层平面图上风管、水管平面布置，立管位置及编号，空气处理设备的编号及平面位置、尺寸，空调风口附件的位置，风管水管的规格等，了解暖通平面对土建施工、建筑装饰的要求，进行工种协调，统计平面上器具、设备、附件的数量，管线的长度作为暖通工程预算和材料采购的依据。

（4）看暖通系统图。系统图或流程图看图顺序为：

1）冷热源→供回水水加压装置→供水干管→空气处理设备→回水管→水系统控制附件→仪表附件→管道标高。

2）冷热源→冷却水加压装置→冷却水供水管→冷却塔→冷却水回水管→仪表附件→管道标高。

3）送风系统进风口→加压风机→加压风道→送风口→风管附件。

4）排风系统出风口→排风机→排风道→室内排风口→风管附件。

系统图一般和平面图对照阅读，要求了解系统编号，管道的来龙去脉，管径、管道标高，设备附件的连接情况，立管上设备附件的连接数量和种类。了解给空调管道在土建工程中的空间位置，建筑装饰所需的空间。统计系统图上设备、附件的数量，管线的长度作为暖通工程预算和材料采购的依据。

（5）看安装大样图。大样图看图顺序为：设备平面布置图→基础平面图→剖面图→流程图。

　　了解设备用房平面布置，定位尺寸、基础要求、管道平面位置，管道、设备平面高度，管道设备的连接要求，仪表附件的设置要求等。

　　（6）看设备材料表。设备材料表提供了该工程所使用的主要设备、材料的型号、规格和数量，是编制工程预算，编制购置主要设备、材料计划的重要参考资料。

　　严格地说，阅读工程图纸的顺序并没有统一的硬性规定，可以根据需要，自己灵活掌握，并应有所侧重。有时一张图纸需反复阅读多遍。为更好地利用图纸指导施工，使之安装质量符合要求，阅读图纸时，还应配合阅读有关施工及检验规范、质量检验评定标准以及全国通用暖通标准图集，以详细了解安装技术要求及具体安装方法。

实训项目8 散热器设备安装

供暖散热器设备安装实训任务书、指导书

1. 实训目的

了解散热器的类型及安装要点，熟悉安装散热器的常用工具及其使用方法。通过实训，掌握供暖散热设备安装的方法和过程；能够自己动手安装散热器设备，在实训过程中提供操作技能。因散热器类型较多，可选择某一种散热器进行安装。

2. 实训内容及步骤

(1) 由专业教师作实训动员报告和安全教育。

(2) 供暖散热设备及安装机具的选择。

1) 主要机具。砂轮距、电动套丝机、台钻、管子台虎钳、成套焊割工具、手锤、活扳、对组操作台、组对钥匙（专用扳手）。

2) 材料要求。铸铁、钢制散热器的型号、规格、使用压力必须符合设计要求，并有出厂合格证。散热器不得有砂眼、对口面不平、偏口、裂缝和上下口中心距不一致现象。翼形散热器翼片完好，钢串片翼片不得松动、卷曲、碰损。钢制散热器应制造美观，丝扣端正、松紧适宜、油漆完好，整组炉片不翘楞。

散热器的组对零件，如对丝、补芯。丝堵等应符合质量要求，无偏扣、方扣、乱丝、断扣等现象。丝扣端正、松紧适宜，石棉橡胶垫以1mm厚为宜（不超过1.5mm厚），并符合使用要求。

其他材料如圆钢、拉条垫、托钩、固定卡、膨胀螺栓、钢管、冷风机、麻线、防锈漆及水泥等的选用应符合质量和规范要求。

(3) 散热器组对的步骤如下（可选择一种散热器进行安装，具体可见项目1)：

1) 散热片接口清理，要求用废锯条、铲（刮刀）使其露出金属光泽。

2) 散热片上架，对丝带垫。将散热器平放在专用组装台上，散热器的正丝扣朝上，将垫圈套入对丝中部。

3) 对丝就位。用对丝正扣试拧入散热片，如手拧入轻松，则可退回，只带入一个丝扣。

4) 和片。将第二片的反丝面端正地放在上下接口对丝上。

5) 组对。从散热片接口上方插入钥匙，拧动散热器边片，先用手拧，后用钢管加力拧动，直至上下接口严密。

6) 上堵头及上补心。堵头及补心加垫圈，拧入散热器边片，用较大号管铅（14～18号）拧紧双侧接管时，放风堵头应安装在介质流动的前方。

安装时应注意以下问题：

1) 柱形用低组对架，长翼形组对架高为600mm。

2）套入前，垫圈宜刷白厚漆。

3）试拧入时，不得用钥匙加力。

4）注意散热片顶面和地面要和边片一致。

5）试拧对丝时，先反拧，听到入扣声后，再正向拧。加力拧紧时，应上下均匀加力。

6）要求夹紧垫圈，接口缝隙不超过 2mm，不得加双垫圈。

（4）散热器单组试压。

（5）安装散热器。

1）在墙上画线、打眼，并把做过防腐处理的托钩安装固定。

2）挂好散热器后，再安装与散热器连接的支管。如果需要安装跑风门，应在散热器不装支管的丝堵上锥上内丝。

3．实训注意事项

（1）安装时一定要注意安全。

（2）要遵守作息时间，服从指导教师的安排。

（3）积极、认真地进行散热器安装，真正做到有所收获。

（4）实训结束后，要写出实训报告（总结）。

4．实训成绩考评

考评等级为优、良、中、及格、不及格。由指导教师给出的成绩汇总确定。

散 热 器 安 装

1．柱形散热器的安装

（1）柱形散热器组对。柱形散热器组对，15 片以内 2 片带腿，16～24 片为 3 片带腿，25 片以上 4 片带腿。组对时，根据片数定人分组，由两人持钥匙同时进行。将散热器平放在专用组装台上，散热器的正丝口朝上；把经过试扣选好的对丝，将其正丝与散热器的正丝口对正，拧上 1～2 扣；套上垫片然后将另一片散热器的反丝口朝下，对准后轻轻落在对丝上；两人同时用钥匙（专用扳手）顺时针方向交替地拧紧上下的对丝，以垫片挤出油为宜，垫片不得漏出径外。依次程序安装组对，待达到需要数量为止。最后，将组对号的散热器运至打压地点。

（2）柱形散热器的安装。

1）按设计图要求，利用所作的统计表将不同型号、规格、组对好并试压完毕的散热器运到各房间，根据安装位置及高度在墙上画出安装中心线。

2）散热器托钩和固定卡安装。

（a）柱形带腿散热器固定卡安装。从地面到散热器总高的 3/4 处画水平线，与散热器中心线交点画印记，此为 15 片以下的双数片散热器的固定卡位置；单数片向一册错过半片。16 片以上者应装两个固定卡，高度仍在散热器 3/4 高度的水平线上，从散热器两端各进去 4～6 片的地方装入。

（b）挂装柱形散热器。托钩高度应按设计要求并从散热器的距地高度 45mm 处画水平线。托钩水平位置采用画线尺来确定。

2．圆翼形散热器的安装

（1）圆翼形散热器组对。圆翼形散热器的连接方式，一般有串联和并联两种，根据设计图的要求进行加工草图的测绘。按设计连接方式，进行散热器支管连接的加工草图测绘。计算出散热器的片数、组数，进行短管切割加工。切割加工后的连接短管进行一头丝扣加工预制。将短管丝头的另一端分别按规格尺寸与正芯法兰盘或偏心法兰盘焊接成形。散热器组装前，需清除内部污物，刷净法兰对口的铁锈，除净灰垢。将法兰螺栓上好，试装配找直，再松开法兰螺栓，卸下一根，把抹好铅油的石棉垫或石棉橡胶垫放进法兰盘中间，再穿好全部螺栓，安上垫圈，用板子对称均匀地拧紧螺母。

（2）圆翼形散热器的安装。先按设计图要求将不同片数、型号、规格的散热器运到各个房间，并根据地面标高或地面相对表格线，在墙上画好安装散热器的中心线。

托钩安装方法如下。

1）根据连接方式及其规定，确定散热器的安装高度。画出托钩位置，做好记号。

2）用电动工具在墙上打出托钩孔洞。

3）用水冲净洞里杂物，填进1∶2水泥砂浆，至洞深一半时，将托钩插入洞内，塞紧石子或碎砖，找正钩子的中心，使它对准水平拉线，然后再用水泥砂浆填实抹平。托钩达到强度后方可安装散热器；多根成排散热器安装时，须先将两端钩子栽好，然后拉线定位，装进中间各部位托钩；散热器掉翼面应朝下或朝墙面安装。水平安装的圆翼形散热器，纵翼应竖向安装。

3．长翼 60 型散热器的安装

（1）长翼 60 型散热器组对。组对时两人一组，将散热器平放在操作台上，使相邻两片散热器之间正丝口与反丝口相对，中间放着上下两个经试装选出的对丝，将其在第一片的正丝口内拧 1～2 扣；套上垫片，将第二片反丝口瞄准对丝，找正后，两个各用一手扶住散热器，另一手将对丝钥匙插入第二片的正丝口里；先将钥匙稍微拧紧一点，当听到咔嚓声，对丝两端已入扣；缓缓均衡地交替拧紧上下的对丝，以垫片拧紧为宜，但垫片不得漏出径外。按上述程序逐片组对，待达到设计片数为止。散热器组装应平直而紧密。将组对后的散热器慢慢立起，送至打压处集中试压。

（2）长翼 60 型散热器的安装。

1）散热器钩子（固定卡）。长翼型散热器安装在砖墙上时，均设钩托；安装在轻质结构墙上时，需设置固定卡子，下设托架。

2）安装散热器。将丝堵和补芯、架散热器胶垫拧紧。待固定钩子的砂浆达到强度后，方可安装散热器；挂式散热器安装，需将散热器轻轻抬起，将补芯正丝扣的一侧向立管方向，慢慢落在托钩上，挂稳、立直、找正；带腿或自制底架的散热器安装时，散热器就位后，找直、垫平、核对标高无误后，上紧固定卡的螺母；散热器的掉翼面应朝墙安装。

散热器安装注意事项如下：

1）散热器应平行于墙面安装。

2）散热器于管道的连接处，应设置可供拆卸的活接头。

3）散热器底部距地面距离一般不小于 150mm；当地面标高一致时，散热器的安装高度也应该一致，尤其是同一房间内的散热器。

实训项目 9 通 风 空 调 管 道 安 装

通风空调系统安装实训任务书、指导书

1．实训目的

根据高等职业教育的培养目标及我国建设行业劳动力市场的特点，通过实训，帮助学生积累实际工作经验，加强学生动手、实践能力，使学生熟练掌握所学实训工种的技能，为今后的学习乃至今后工作打下基础。

2．实训内容及步骤

（1）由专业教师作实训动员报告和安全教育。

（2）常用通风空调工程材料及安装机（工）具的选择。

1）主要机具。

（a）画线工具包括钢板尺、直角尺、划规、量角器、划针、样冲、曲线板。

（b）剪切工具包括直剪尺、弯剪尺、侧刀剪和手动滚轮剪刀等。

（c）咬口工具包括木方尺、硬质木锤、钢质方锤、垫铁、衬铁、咬口套、工作台等。

2）材料选择要求。镀锌钢板表面应平整光滑，厚度应均匀，不得有弯曲、锈蚀、重皮及凹凸不平的现象。

（3）通风空调风管的制作。实训题目：风管的制作。

（4）通风空调风管的严密性检验。风管系统的严密程度是反映安装质量的重要指标之一。在风管系统的主风管安装完毕，尚未连接风口和支风管前，应以主干管为主进行风管系统的严密性检验。

检验方法：风管系统安装完毕后，应按系统类别进行严密性检验。金属矩形风管允许漏风量、非金属风管及金属圆形风管允许漏风量应分别符合实训表 9.1、实训表 9.2 的规定。

实训表 9.1　　　　　　　　　　　　　金属矩形风管允许漏风量

压　力（Pa）	$Q\left[\mathrm{m}^3/(\mathrm{h}\cdot\mathrm{m}^2)\right]$
低压系统风管（$p\leqslant500$）	$Q\leqslant0.1056P_{0.65}$
中压系数分管（$500<p\leqslant1500$）	$Q\leqslant0.0352P_{0.65}$
高压系统分管（$1500<p\leqslant3000$）	$Q\leqslant0.0117P_{0.65}$

注　1．实验室实验加载负荷（保温材料载荷、80N 外力载荷）时的空气泄露量应符合上表规定值。

2．低、中压系统金属圆形风管的空气泄露量应不超过上表规定值的 50%。

3．排烟、除尘、低温送风系统的空气泄露量应不超过上表中中压系统规定值。

4．1～5 级净化空调系统空气泄露量应不超过上表中高压系统规定值。

5．非金属分管采用法兰连接时，其漏风量应不超出上表的规定值。

实训表 9.2　　　　　　　　　　　金属圆形风管允许漏风量

压　　力（Pa）	Q [m³/（h · m²）]
低压系统风管（$p \leqslant 500$）	$Q \leqslant 0.0528 P_{0.65}$
中压系数分管（$500 < p \leqslant 1500$）	$Q \leqslant 0.0176 P_{0.65}$
高压系统分管（$1500 < p \leqslant 3000$）	$Q \leqslant 0.0117 P_{0.65}$

注　非金属分管采用非法兰连接时，其漏风量应不超出上表规定值。

3. 实训注意事项

（1）实训一定要注意安全。

（2）要遵守作息时间，服从指导教师的安排。

（3）积极、认真地进行每一工种的操作实训，认真地做到有所收获。

（4）做好现场卫生打扫工作。

（5）实训结束，要写出实训报告（总结）。

4. 实训成绩考评

考评等级分为优、良、中、及格、不及格。由指导教师给出的成绩汇总确定。

风 管 的 制 作

1. 实训目的

通过实训，了解风管加工和咬口的基本知识，熟悉风管加工的常用工具及其使用方法；初步掌握风管下料和咬口的基本技能；对常用分管的下料和咬口的方法，能达到独立操作，确保产平品质量合格的水平。

2. 实训内容

（1）放样。

1）工艺操作。

（a）放样准备。准备好放样画线的工具；放样台的位置应安放在室内，要求光线充足。

（b）看清图样。看懂图样，并考虑先画哪个图面。

（c）放样操作。先画基准线，后画圆周或圆弧最后画所有直线，完成轮廓线。

（d）手工操作时，一手在画线，另一手要按紧钢板尺，防止钢板尺出现转动。

（e）画线过程中，划针要紧贴钢板尺身，并向划针前进的方向倾斜 30°左右。

2）要求。

（a）掌握放样图与设计图的区别。

（b）掌握放样的正确方法。

（c）放样图线线条清楚，表达正确，注意留出咬口余量。

（2）镀锌钢板的剪切。

1）工艺操作。

（a）掌握正确的持剪方法，应将铁皮剪刀的刀片对准轮廓线。

（b）剪短直料时，被剪掉的部分应位于剪刀的右边，每剪一次，剪刀张开约 2/3 刀刃长，两刀刃间不能有空隙。

(c) 剪长直料时，被剪掉的部分位于剪刀的左边，使之向上弯曲，便于剪切。

(d) 剪大圆或大圆弧时，用顺时针剪切，剪小圆或小圆弧时，用逆时针剪切。

2）要求。

(a) 掌握铁皮剪刀的使用方法。

(b) 掌握剪切镀锌钢板的正确操作方法。

(c) 剪切时，切口断面整齐、平直。

(3) 咬口的折边。

1）工艺操作。

(a) 风管采取内平单咬口连接。

(b) 将裁剪好的镀锌钢板放在固定在工作台上的垫铁上，用拍板拍制咬口一边。

(c) 再用拍板拍制咬口另一边。

2）要求。

(a) 掌握拍板的使用方法。

(b) 掌握拍制咬口的正确操作方法。

(c) 注意拍制咬口时，要使用折边宽窄一致且宽度符合要求。

(4) 卷圆和折方。

1）工艺操作。

(a) 卷圆。

a）在工作台上固定圆形垫铁。

b）将加工好咬口的板料放在垫铁上，用手将板材压制成圆弧形。

(b) 折方。

a）在工作台上固定圆形垫铁。

b）将加工好咬口的板料放在垫铁上，使画好的折方线与槽钢的边对齐。

c）用拍板将板材打成直角并修整出棱角使表面平整。

2）要求。掌握卷圆和折方的正确操作方法。

(5) 咬口。

1）工艺操作。

(a) 将加工好的咬口的两边扣好，先用拍板将两边和中间压实。

(b) 用拍板依次将咬口压实。

(c) 用咬口套将咬口压平。

(d) 用拍板修整风管，保证圆度。

2）要求。

(a) 咬口压实时不能出现含半咬口和张裂等现象。

(b) 掌握咬口的操作方法。

3. 实训安排

(1) 放样操作演示与介绍。

(2) 放样操作练习。

（3）剪切操作演示与介绍。

（4）剪切操作练习。

（5）咬口折边操作演示与介绍。

（6）咬口折边操作演示练习。

（7）卷圆和折方操作演示与介绍。

（8）卷圆和折方操作演示练习。

（9）咬口操作演示与介绍。

（10）咬口操作演示练习。

4. 考试内容及评分方法

现场操作，根据操作技术水平和产品质量确定成绩。

放样	20 分
剪切	20 分
咬口折边	20 分
卷圆和折方	20 分
咬口	20 分

平时表现不好，适当扣减分数。

实训项目 10 管道及设备的防腐、保温

管道及设备的防腐、保温实训任务书、指导书

1. 实训目的

通过本次实训使学生了解在管道及设备的防腐、保温工程中所用到的主要材料和主要工具，进一步掌握防腐工程的程序以及几种主要保温结构的施工方法。本实训最好结合供热管道安装、空调系统安装视讯同时进行。

2. 实训内容及步骤

（1）材料及工具。

1）防腐工程的主要材料和工具。包括生漆、漆酚树脂漆、酚醛树脂漆、环氧酚醛漆、环氧树脂漆、红丹、锌铬黄、锌粉、铝粉、云母氧化铁、石墨粉等；溶剂、表面活性剂、防毒剂、玻璃钢、腻子；刷子、吸尘器、砂皮、钢丝刷子、砂轮、喷砂机、刮刀、细铜丝、棉纱头、喷枪。

2）保温工程的主要材料和工具。包括水泥膨胀蛭石板、水玻璃膨胀珍珠岩、普通玻璃棉、岩棉、聚氨酯泡沫塑料、保温钉、铁皮、铁丝网、绑扎铁丝、石油沥青油毡、玻璃布、沥青；钳子、剪刀、铁剪刀、刷子、聚氨酯预聚体（101 胶）。

（2）管道及设备的防腐。

1）实训题目。对供热管道进行清扫、吹洗；分别用手工方法和机械方法进行表面处理；采用涂刷方法对供热管道进行防腐处理；采用玻璃钢衬里的方法对空调风道系统进行防腐处理。

2）操作方法。清洗前应用刚性纤维刷或钢丝刷除掉钢表面上的松散物，刮掉附在钢表面的浓厚的油或油脂，然后用抹布沾溶剂擦洗（最后一遍擦洗时，应用干净的溶剂、抹布或刷子）。

用砂皮、钢丝刷子或废砂轮将物体表面的氧化层除去，然后再用有机溶剂如汽油、丙酮、苯等，将浮锈和油污洗净，即可涂覆。大型设备采用干喷砂法，操作时用压缩空气通过喷油喷射清洁干燥的金属或非金属磨料。喷砂用压缩空气压力以 $0.35 \sim 0.5$ MPa 为宜，所用石英砂应经筛选，直径应为 0.52 mm。喷砂方向应与风向顺流，喷嘴距金属表面成 $70°$ 角，距金属表面 $200 \sim 250$ mm。

用刷子、刮刀、砂纸、细铜丝端和棉纱头等简单工具进行涂刷涂料。采用手工糊衬法对空调风管进行玻璃钢衬里工程。

3）检验方法。漆膜附着牢固、光滑均匀，无漏漆、剥落、起泡、起锈等缺陷。风管、部件及设备的油漆必须颜色一致，最后一道面漆应在该系统安装完毕后喷涂。

（3）管道及设备的保温。

1）实训题目。采用涂抹法和绑扎法对热力管道进行保温；采用钉贴法和风管内保温法对矩形风管进行保温处理。

2）操作方法。

（a）涂抹法。将石棉粉、硅藻土等不定形的散状材料按一定比例用水调成胶泥涂抹于需要保温的管道设备上。施工时应分多次进行，为增加胶泥与管壁的附着力，第一次可用较稀的胶泥涂抹，厚度为 3～5mm，待第一层彻底干燥后，用干一些的胶泥涂抹第二层，厚度为 10～15mm，以后每层为 15～25mm，均为在前一层完全干燥后进行，直到达到的要求的厚度为止。

（b）绑扎法。用镀锌铁丝绑扎在管道的壁面上，将横向接缝错开，如果一层预制品不能满足要求而采用双层结构时，双层绑扎的保温预制品应内外盖缝。如果保温材料为管壳，因将纵向接缝设置在管道的两侧。非矿纤材料制品（矿纤材料制品采用干接缝）的所有接缝均用石棉粉、石棉硅藻土或保温性能相近的材料配成胶泥填塞。帮扎保温材料时，应尽量减少两块之间的接缝。制冷管道及设备采用硬质或半硬质隔热层管壳，管壳之间的缝隙不应大于 2mm，并用粘结材料将缝填满，采用双层结构，第一层表面平整后方可进行下一层保温。绑扎的铁丝，根据保温管直径的大小一般为 1～1.2mm，绑扎的间距不应超过 300mm，并且每块预制品至少应绑扎两处，每处绑扎的铁丝不应少于两圈，其接头应放在预制品的接头处，以便将接头嵌入接缝内。

（c）钉贴法。施工时先用黏接剂将保温钉粘贴在风管表面上，粘贴间距为：顶面每平方米不少于 4 个；侧面每平方米不少于 6 个；底面每平方米不少于 12 个。保温钉粘贴上后，只要用手或木方轻轻拍打保温板，保温钉便穿过保温板而露出，然后套上垫片，将外露部分板到（自锁垫片压紧即可），即将保温板固定。

（d）风管内保温法。一般采用毡状材料（如玻璃棉毡），多将棉毡上涂一层胶质保护层，保温时先将棉毡裁成块状，注意尺寸的准确性，不能过大，也不能过小，一般应略有一点余量为宜。粘贴保温材料前，应先除去风管贴面上的灰尘、污物，然后将保温铁钉刷上黏接剂，按要求的间距（其间距可参照钉贴法保温部分）粘贴在风管内表面上，待保温铁粘贴固定后，再在风管内表面上刷一层黏接剂后迅速将保温材料铺贴上，注意不要碰到保温钉，最后将垫片套上。如系自锁垫片，套上压紧即可；如系一般垫片，套上压紧后将保温钉外露部分半倒即成。内保温的四角搭接处，应小块顶大块，以防止上面一块面积过大下垂。棉毡上的一层胶质保护层很脆，施工时注意不能损坏。管口及所有接缝处都应刷上粘贴剂密封。

3）检验方法。保温材料的材质、规格及防火性能必须符合设计要求。保温层的端部和收头处必须封闭处理。粘贴应牢固、无断裂，管壳之间的拼缝用粘贴材料填嵌应饱满密实。

3．实训注意事项

（1）实训一定要注意安全。

（2）要遵守休息时间，服从指导教师的安排。

（3）积极认真地进行每一工种的操作实训，真正做到有所收获。

（4）每一工种的操作实训结束，要写出实训报告（总结）。

4. 实训成绩考评

评分方法：

管道清扫和吹洗	10分
手工除锈、喷砂除锈	20分
对管道刷涂料进行防腐	20分
玻璃钢衬里防腐	10分
涂抹法和绑扎法对热力管道保温	20分
钉贴法和风管内保温法对矩行风管进行保温	20分

根据实训期间表现，可酌情加减分数。

实训项目 11　建筑给水、排水及采暖工程分部（子分部）工程质量验收

检验批、分项工程、分部（或子分部）工程质量的验收，均应在施工单位自检合格的基础上进行。并应按检验批、分项、分部（或子分部）、单位（或子单位）工程的程序进行验收，同时做好记录。

（1）检验批、分项工程的质量验收应全部合格。

检验批质量验收见附录 B。

（2）分部（子分部）的验收，必须在分项工程验收通过行抽样检验和检测。

子分部工程质量验收见附录 D。

建筑给水、排水及采暖（分部）工程质量验收见附录 E。

1. 建筑给水、排水及采暖工程的检验和检测

（1）承压管道系统和设备及阀门水压试验。

（2）排水管道灌水、通球及通水试验。

（3）雨水管道灌水及通水试验。

（4）给水管道通水试验及冲洗、消毒检测。

（5）卫生器具通水试验，具而溢流功能的器具满水试验。

（6）地漏及地面清扫口排水试验。

（7）消火栓系统测试。

（8）采暖系统冲洗及测试。

（9）安全阀信报警联动系统动作测试。

（10）锅炉 48h 负荷试运行。

2. 工程质量验收文件和和记录

（1）开工报告。

（2）图纸会审记录、设计变更及洽商记录。

（3）施工组织设计或施工方案。

（4）主要材料、成品、半成品、配件、器具和设备出厂合格证及进场验收单。

（5）隐蔽中间试验记录。

（6）设备试运转记录。

（7）安全、卫生和使用功能检验和检测记录。

（8）检验批、分项、子分部、分部工程质量验收记录。

（9）竣工图。

附录 A　建筑给水、排水采暖工程分部、分项工程

建筑给水排水及采暖工程的分部、子分部分项工程可按附表 A 划分。

附表 A　　　　　建筑给水、排水采暖工程分部、分项工程划分表

分部工程	序号	子分部工程	分 项 工 程
建筑给水、排水及采暖工程	1	室内给水系统	给水管道及配件安装、室内消火栓系统安装、给水设备安装、管道防腐、绝热
	2	室内排水系统	排水管道及配件安装、雨水管道及配件安装
	3	室内热水供应系统	管道及配件安装、辅助设备安装、防腐、绝热
	4	卫生器具安装	卫生器具安装、卫生器具给水配件安装、卫生器具排水管道安装
	5	室内采暖系统	管道及配件安装、辅助设备及散热器安装、金属辐射板安装、低温热水地板辐射采暖系统安装、系统水压试验及调试、防腐、绝热
	6	室外水系统	给水管道安装、消防水泵接合器及室外消火栓安装、管沟及井室
	7	室外给水管网	排水管道安装、排水管沟与井池
	8	室外供热管网	管道及配件安装、系统水压试验及调试、防腐、绝热
	9	建筑中水系统及游泳池系统	建筑中水系统管道及辅助设备安装、游泳池水系统安装
	10	供热锅炉及辅助设备安装	锅炉安装、辅助设备及管道安装、安全附件安装、烘炉、煮炉和试运行、换热站安装、防腐、绝热

附录 B　检验批质量验收

　　检验批质量验收表由施工单位项目专业质量检查员填写，监理工程师（建设单位项目专业技术负责人）组织施工单位质量（技术）负责人等进行验收，并按附表 B 填写验收结论。

附表 B   **检 验 批 质 量 验 收 表**

工 程 名 称			专业工长/证号		
分部工程名称			施工班、组长		
分项工程施工单位			验收部位		
施工依据	标准名称		材料/数量	/	
	编号		设备/台数	/	
	存放处		连接形式		
主控项目	GB 50242—2002《建筑给排水及采暖工程施工质量验收规范》章、节、条、款号	质量规定	施工单位检查评定结果	监理（建设）单位验收	
一般项目					
施工单位检查评定结果		项目专业质量检查员： 项目专业质量（技术）负责人： 年 月 日			
监理（建设）单位验收结论		监理工程师： （建设单位项目专业技术负责人） 年 月 日			

附录 C 分项工程质量验收

分项工程的质量验收由监理工程师（建设单位项目专业技术负责人）组织施工单位工程项目专业质量（技术）负责人等进行验收，并按附表 C 填写。

附表 C　　　　　　　　　　分项工程质量验收表

工 程 名 称		项目技术负责人/证号	/
子分部工程名称		项目质检员/证号	/
分项工程名称		专业工长/证号	/
分项工程施工单位		检验批数量	/

序号	检验批部位	施工单位检查评定结果	监理（建设）单位验收结论
1			
2			
3			
4			
5			
6			
7			
8			
9			
10			

检查结论	项目专业质量（技术）负责人： 　　　　年 月 日	验收结论	监理工程师： （建设单位项目专业技术负责人） 　　　　年　　月　　日

附录 D　子分部工程质量验收

　　子分部工程质量验收由监理工程师（建设单位项目专业负责人）组织施工单位项目负责人、专业项目负责人、设计单位项目负责人进行验收，并按附表 D 填表。

附表 D　　　　　　　　　　　　子分部工程质量验收表

工　程　名　称		项目技术负责/证号	/
子分部工程名称		项目质检员/证号	/
子分部工程施工单位		专业工长/证号	/

序号	分项工程名称	检验数量	施工单位检查结果	监理（建设）单位收结论
1				
2				
3				
4				
5				
6				
	质量管理			
	使用功能			
	观感质量			

验收意见	专业施工单位	项目专业负责人：　　　　　年　月　日
	施工单位	项目负责人：　　　　　　　年　月　日
	设计单位	项目负责人：　　　　　　　年　月　日
	监理（建设）单位	监理工程师： （建设单位项目专业负责人）　　　　年　月　日

附录 E 建筑给水排水及采暖（分部）工程质量验收

附表 E 由施工单位填写，验收结论由监理（建设）单位填写。综合验收结论由参加验收各方共同商定，建设单位填写，填写内容对工程质量是否符合设计和规范要求及总体质量作出评价。

附表 E　　　　　建筑给水排水及采暖（分部）工程质量验收表

工 程 名 称				层数/建筑面积		/
施 工 单 位				开/竣工日期		/
项目经理/证号	/	专业技术负责人/证号	/	项目专业技术负责人/证号		/

序号	项 目	验 收 内 容	验 收 结 论
1	子分部工程质量验收	共＿＿子分部，经查＿＿子分部；符合规范及设计要求＿＿子分部	
2	质量管理资料核查	共＿＿项，经审查符合要求＿＿项；经核定符合规范要求＿＿项	
3	安全、卫生和主要使用功能核查抽查结果	共抽查＿＿项，符合要求＿＿项；经返工处理符合要求＿＿项	
4	观感质量验收	共抽查＿＿项，符合要求＿＿项；不符合要求＿＿项	
5	综合验收结论		

参加验收单位	施工单位	设计单位	监理单位	建设单位
	（公章） 单位（项目） 负责人： 　　年　月　日	（公章） 单位（项目） 负责人： 　　年　月　日	（公章） 总监理 工程师： 　　年　月　日	（公章） 单位（项目） 负责人： 　　年　月　日

实训项目 12　通风与空调工程质量验收

当通风与空调工程作为建筑工程的分部工程施工时，其子分部与分项工程的划分应按实训表 12.1 的规定执行。当通风与空调工程作为单位工程独立验收时，子分部上升为分部，分项工程的划分同上。

实训表 12.1　　　　　　　　　通风与空调分部工程的子分部划分

子分部工程	分 项 工 程	
送、排风系统	风管与配件制作部件制作风管系统安装风管与设备防腐风机安装系统调试	通风设备安装，消声设备制作与安装
防、排烟系统		排烟风口、常闭正压风口与设备安装
除尘系统		除尘器与排污设备安装
空调系统		空调设备安装，消声设备制作与安装，风管与设备绝热
净化空调系统		空调设备安装，消声设备制作与安装，风管与设备绝热，高效过滤器安装，净化设备安装
制冷系统	制冷机组安装，制冷剂管道及配件安装，制冷附属设备安装，管道及设备的防腐与绝热，系统调试	
空调水系统	冷热水管道系统安装，冷却水管道系统安装，冷凝水管道系统安装，阀门及部件安装，冷却塔安装，水泵及附属设备安装，管道与设备的防腐与绝热，系统调试	

附录　工程质量验收记录用表

1. 通风与空调工程施工质量验收记录说明

(1) 通风与空调分部工程的检验批质量验收记录由施工项目本专业质量检查员填写，监理工程师（建设单位项目专业技术负责人）组织项目专业质量检查员等进行验收，并按各个分项工程的检验批质量验收表的要求记录。

(2) 通风与空调分部工程的分项工程质量验收记录由监理工程师（建设单位项目专业技术负责人）组织施工项目经理和有关专业设计负责人等进行验收，并按表 B.18 记录。

(3) 通风与空调分部（子分部）工程的质量验收记录由总监理工程师（建设单位项目专业技术负责人）组织项目专业质量检查员等进行验收，并按表 B.19 或表 B.20 记录。

2. 通风与空调工程施工质量检验批质量验收记录

(1) 风管与配件制作检验批质量验收记录见附表 1、附表 2。

附表 1 　　　　　　　　　　风管与配件制作检验批质量验收记录（金属风管）

工程名称		分部工程名称		验收部位	
施工单位		专业工长		项目经理	
施工执行标准名称及编号					
分包单位		分包项目经理		施工班组长	

	质量验收规范的规定		施工单位检查评定记录	监理（建设）单位验收记录
主控项目	1 材质种类、性能及厚度（第4.2.1条）			
	2 防火风管（第4.2.3条）			
	3 风管强度及严密性工艺性检测（第4.2.5条）			
	4 风管的连接（第4.2.6条）			
	5 风管的加固（第4.2.10条）			
	6 矩形弯管导流片（第4.2.12条）			
	7 净化空调风管（第4.2.13条）			
一般项目	1 圆形弯管制作（第4.3.1-1条）			
	2 风管的外形尺寸（第4.3.1-2，3条）			
	3 焊接风管（第4.3.1-4条）			
	4 法兰风管制作（第4.3.2条）			
	5 铝板或不锈钢板风管（第4.3.2-4条）			
	6 无法兰矩形风管制作（第4.3.3条）			
	7 无法兰圆形风管制作（第4.3.3条）			
	8 风管的加固（第4.3.4条）			
	9 净化空调风管（第4.3.11条）			

施工单位检查结果评定	项目专业质量检查员：　　　　　　年　　月　　日
监理（建设）单位验收结论	监理工程师： （建设单位项目专业技术负责人）　　　　年　　月　　日

注　表中质量验收规范是指 GB 50234—2002《通风与空调工程施工质量验收规范》，以下均同。

附表 2   **风管与配件制作检验批质量验收记录（非金属、复合材料风管）**

工程名称		分部工程名称		验收部位		
施工单位		专业工长		项目经理		
施工执行标准名称及编号						
分包单位		分包项目经理		施工班组长		
		质量验收规范的规定			施工单位检查评定记录	监理（建设）单位验收记录
主控项目	1 材质种类、性能及厚度（第4.2.2条）					
	2 复合材料风管的材料（第4.2.4条）					
	3 风管强度及严密性工艺性检测（第4.2.5条）					
	4 风管的连接（第4.2.6、4.2.7条）					
	5 复合材料风管的连接（第4.2.8条）					
	6 砖、混凝土风道的变形缝（第4.2.9条）					
	7 风管的加固（第4.2.11条）					
	8 矩形弯管导流片（第4.2.12条）					
	9 净化空调风管（第4.2.13条）					
一般项目	1 风管的外形尺寸（第4.3.1条）					
	2 硬聚氯乙烯风管（第4.3.5条）					
	3 有机玻璃钢风管（第4.3.6条）					
	4 无机玻璃钢风管（第4.3.7条）					
	5 砖、混凝土风道（第4.3.8条）					
	6 双面铝箔绝热板风管（第4.3.9条）					
	7 铝箔玻璃纤维板风管（第4.3.10条）					
	8 净化空调风管（第4.3.11条）					
施工单位检查结果评定		项目专业质量检查员：　　　　年　　月　　日				
监理（建设）单位验收结论		监理工程师： （建设单位项目专业技术负责人）　　　年　　月　　日				

（2）风管部件与消声器制作检验批质量验收记录见附表3。

附表3　　　　　　　风管部件与消声器制作检验批质量验收记录

工程名称		分部工程名称		验收部位	
施工单位		专业工长		项目经理	
施工执行标准名称及编号					
分包单位		分包项目经理		施工班组长	
	质量验收规范的规定			施工单位检查评定记录	监理（建设）单位验收记录
主控项目	1 一般风阀（第5.2.1条）				
	2 电动风阀（第5.2.2条）				
	3 防火阀、排烟阀（口）（第5.2.3条）				
	4 防爆风阀（第5.2.4条）				
	5 净化空调系统风阀（第5.2.5条）				
	6 特殊风阀（第5.2.6条）				
	7 防排烟柔性短管（第5.2.7条）				
	8 消声弯管、消声器（第5.2.8条）				
一般项目	1 调节风阀（第5.3.1条）				
	2 止回风阀（第5.3.2条）				
	3 插板风阀（第5.3.3条）				
	4 三通调节阀（第5.3.4条）				
	5 风量平衡阀（第5.3.5条）				
	6 风罩（第5.3.6条）				
	7 风帽（第5.3.7条）				
	8 矩形弯管导流片（第5.3.8条）				
	9 柔性短管（第5.3.9条）				
	10 消声器（第5.3.10条）				
	11 检查门（第5.3.11条）				
	12 风口（第5.3.12条）				
施工单位检查结果评定		项目专业质量检查员：　　　年　月　日			
监理（建设）单位验收结论		监理工程师： （建设单位项目专业技术负责人）　　　年　月　日			

（3）风管系统安装检验批质量验收记录见附表 4～附表 6。

附表 4　风管系统安装检验批质量验收记录（送、排风，排烟系统）

工程名称		分部工程名称		验收部位	
施工单位		专业工长		项目经理	
施工执行标准名称及编号					
分包单位		分包项目经理		施工班组长	
	质量验收规范的规定			施工单位检查评定记录	监理（建设）单位验收记录
主控项目	1 风管穿越防火、防爆墙（第6.2.1条）				
	2 风管内严禁其他管线穿越（第6.2.2条）				
	3 室外立管的固定拉索（第6.2.2-3条）				
	4 高于80℃风管系统（第6.2.3条）				
	5 风阀的安装（第6.2.4条）				
	6 手动密闭阀安装（第6.2.9条）				
	7 风管严密性检验（第6.2.8条）				
一般项目	1 风管系统的安装（第6.3.1条）				
	2 无法兰风管系统的安装（第6.3.2条）				
	3 风管安装的水平、垂直质量（第6.3.3条）				
	4 风管的支、吊架（第6.3.4条）				
	5 铝板、不锈钢板风管安装（第6.3.1-8条）				
	6 非金属风管的安装（第6.3.5条）				
	7 风阀的安装（第6.3.8条）				
	8 风帽的安装（第6.3.9条）				
	9 吸、排风罩的安装（第6.3.10条）				
	10 风口的安装（第6.3.11条）				
施工单位检查结果评定		项目专业质量检查员：　　　年　　月　　日			
监理（建设）单位验收结论		监理工程师： （建设单位项目专业技术负责人）　　　年　　月　　日			

附表5　　　　　　　　　　风管系统安装检验批质量验收记录（空调系统）

工程名称		分部工程名称		验收部位	
施工单位		专业工长		项目经理	
施工执行标准名称及编号					
分包单位		分包项目经理		施工班组长	
	质量验收规范的规定			施工单位检查评定记录	监理（建设）单位验收记录
主控项目	1 风管穿越防火、防爆墙（第6.2.1条）				
	2 风管内严禁其他管线穿越（第6.2.2条）				
	3 室外立管的固定拉索（第6.2.2-3条）				
	4 高于80℃风管系统（第6.2.3条）				
	5 风阀的安装（第6.2.4条）				
	6 手动密闭阀安装（第6.2.9条）				
	7 风管严密性检验（第6.2.8条）				
一般项目	1 风管系统的安装（第6.3.1条）				
	2 无法兰风管系统的安装（第6.3.2条）				
	3 风管安装的水平、垂直质量（第6.3.3条）				
	4 风管的支、吊架（第6.3.4条）				
	5 铝板、不锈钢板风管安装（第6.3.1-8条）				
	6 非金属风管的安装（第6.3.5条）				
	7 复合材料风管安装（第6.3.6条）				
	8 风阀的安装（第6.3.8条）				
	9 风口的安装（第6.3.11条）				
	10 变风量末端装置安装（第7.3.20条）				
施工单位检查结果评定		项目专业质量检查员：　　　　年　　月　　日			
监理（建设）单位验收结论		监理工程师： （建设单位项目专业技术负责人）　　　年　　月　　日			

附表 6　　　　　　　　　**风管系统安装检验批质量验收记录（净化空调系统）**

工程名称			分部工程名称		验收部位	
施工单位			专业工长		项目经理	
施工执行标准名称及编号						
分包单位			分包项目经理		施工班组长	
	质量验收规范的规定				施工单位检查 评定记录	监理（建设）单位 验收记录
主控项目	1 风管穿越防火、防爆墙（第6.2.1条）					
	2 风管内严禁其他管线穿越（第6.2.2条）					
	3 室外立管的固定拉索（第6.2.2-3条）					
	4 高于80℃风管系统（第6.2.3条）					
	5 风阀的安装（第6.2.4条）					
	6 手动密闭阀安装（第6.2.5条）					
	7 净化风管安装（第6.2.6条）					
	8 真空吸尘系统安装（第6.2.7条）					
	9 风管严密性检验（第6.2.8条）					
一般项目	1 风管系统的安装（第6.3.1条）					
	2 无法兰风管系统的安装（第6.3.2条）					
	3 风管安装的水平、垂直质量（第6.3.3条）					
	4 风管的支、吊架（第6.3.4条）					
	5 铝板、不锈钢板风管安装（第6.3.1-8条）					
	6 非金属风管的安装（第6.3.5条）					
	7 复合材料风管安装（第6.3.6条）					
	8 风阀的安装（第6.3.8条）					
	9 净化空调风口的安装（第6.3.12条）					
	10 真空吸尘系统安装（第6.3.7条）					
	11 风口的安装（第6.3.12条）					
施工单位检查结果评定		项目专业质量检查员：　　　　年　　月　　日				
监理（建设）单位验收结论		监理工程师： （建设单位项目专业技术负责人）　　年　　月　　日				

（4）通风机安装检验批质量验收记录见附表7。

附表7　　　　　　　　　　通风机安装检验批质量验收记录

工程名称		分部工程名称		验收部位	
施工单位		专业工长		项目经理	
施工执行标准名称及编号					
分包单位		分包项目经理		施工班组长	
	质量验收规范的规定			施工单位检查评定记录	监理（建设）单位验收记录
主控项目	1 通风机的安装（第7.2.1条）				
	2 通风机安全措施（第7.2.2条）				
一般项目	1 离心风机的安装（第7.3.1-1条）				
	2 轴流风机的安装（第7.3.1-2条）				
	3 风机的隔振支架（第7.3.1-3、7.3.1-4条）				
施工单位检查结果评定		项目专业质量检查员：　　年　月　日			
监理（建设）单位验收结论		监理工程师： （建设单位项目专业技术负责人）　　年　月　日			

（5）通风与空调设备安装检验批质量验收记录见附表 8～附表 10。

附表 8　　　　　**通风与空调设备安装检验批质量验收记录（通风系统）**

工程名称		分部工程名称		验收部位	
施工单位		专业工长		项目经理	
施工执行标准名称及编号					
分包单位		分包项目经理		施工班组长	
	质量验收规范的规定			施工单位检查评定记录	监理（建设）单位验收记录
主控项目	1 通风机的安装（第 7.2.1 条）				
	2 通风机安全措施（第 7.2.2 条）				
	3 除尘器的安装（第 7.2.4 条）				
	4 布袋与静电除尘器的接地（第 7.2.4 - 3 条）				
	5 静电空气过滤器安装（第 7.2.7 条）				
	6 电加热器的安装（第 7.2.8 条）				
	7 过滤吸收器的安装（第 7.2.10 条）				
一般项目	1 通风机的安装（第 7.3.1 条）				
	2 除尘设备的安装（第 7.3.5 条）				
	3 现场组装静电除尘器的安装（第 7.3.6 条）				
	4 现场组装布袋除尘器的安装（第 7.3.7 条）				
	5 消声器的安装（第 7.3.13 条）				
	6 空气过滤器的安装（第 7.3.14 条）				
	7 蒸汽加湿器的安装（第 7.3.18 条）				
	8 空气风幕机的安装（第 7.3.19 条）				
施工单位检查结果评定		项目专业质量检查员：　　　　年　　月　　日			
监理（建设）单位验收结论		监理工程师： （建设单位项目专业技术负责人）　　　　年　　月　　日			

附表 9　　　　**通风与空调设备安装检验批质量验收记录（空调系统）**

工程名称		分部工程名称		验收部位	
施工单位		专业工长		项目经理	
施工执行标准名称及编号					
分包单位		分包项目经理		施工班组长	

	质量验收规范的规定	施工单位检查评定记录	监理（建设）单位验收记录
主控项目	1 通风机的安装（第7.2.1条）		
	2 通风机安全措施（第7.2.2条）		
	3 空调机组的安装（第7.2.3条）		
	4 静电空气过滤器安装（第7.2.7条）		
	5 电加热器的安装（第7.2.8条）		
	6 干蒸汽加湿器的安装（第7.2.9条）		
一般项目	1 通风机的安装（第7.3.1条）		
	2 组合式空调机组的安装（第7.3.2条）		
	3 现场组装的空气处理室安装（第7.3.3条）		
	4 单元式空调机组的安装（第7.3.4条）		
	5 消声器的安装（第7.3.13条）		
	6 风机盘管机组安装（第7.3.15条）		
	7 粗、中效空气过滤器的安装（第7.3.14条）		
	8 空气风幕机的安装（第7.3.19条）		
	9 转轮式换热器安装（第7.3.16条）		
	10 转轮式去湿器安装（第7.3.17条）		
	11 蒸汽加湿器安装（第7.3.18条）		
施工单位检查结果评定	项目专业质量检查员：　　　　年　　月　　日		
监理（建设）单位验收结论	监理工程师： （建设单位项目专业技术负责人）　　年　　月　　日		

附表 10　　　　**通风与空调设备安装检验批质量验收记录（净化空调系统）**

工程名称		分部工程名称		验收部位	
施工单位		专业工长		项目经理	
施工执行标准名称及编号					
分包单位		分包项目经理		施工班组长	
	质量验收规范的规定			施工单位检查评定记录	监理（建设）单位验收记录
主控项目	1 通风机的安装（第 7.2.1 条）				
	2 通风机安全措施（第 7.2.2 条）				
	3 空调机组的安装（第 7.2.3 条）				
	4 净化空调设备的安装（第 7.2.6 条）				
	5 高效过滤器的安装（第 7.2.5 条）				
	6 静电空气过滤器安装（第 7.2.7 条）				
	7 电加热器的安装（第 7.2.8 条）				
	8 干蒸汽加湿器的安装（第 7.2.9 条）				
一般项目	1 通风机的安装（第 7.3.1 条）				
	2 组合式净化空调机组的安装（第 7.3.2 条）				
	3 净化室设备安装（第 7.3.8 条）				
	4 装配式洁净室的安装（第 7.3.9 条）				
	5 洁净室层流罩的安装（第 7.3.10 条）				
	6 风机过滤单元安装（第 7.3.11 条）				
	7 粗、中效空气过滤器的安装（第 7.3.14 条）				
	8 高效过滤器安装（第 7.3.12 条）				
	9 消声器的安装（第 7.3.13 条）				
	10 蒸汽加湿器安装（第 7.3.18 条）				
施工单位检查结果评定		项目专业质量检查员：　　　　年　　月　　日			
监理（建设）单位验收结论		监理工程师： （建设单位项目专业技术负责人）　　　年　　月　　日			

（6）空调制冷系统安装检验批质量验收记录见附表11。

附表 11   **空调制冷系统安装检验批质量验收记录**

工程名称		分部工程名称		验收部位	
施工单位		专业工长		项目经理	
施工执行标准名称及编号					
分包单位		分包项目经理		施工班组长	
	质量验收规范的规定			施工单位检查 评定记录	监理（建设）单位 验收记录
主控项目	1 制冷设备与附属设备安装（第8.2.1-1、3条）				
	2 设备混凝土基础的验收（第8.2.1-2条）				
	3 表冷器的安装（第8.2.2条）				
	4 燃气、燃油系统设备的安装（第8.2.3条）				
	5 制冷设备的严密性试验及试运行（第8.2.4条）				
	6 管道及管配件的安装（第8.2.5条）				
	7 燃油管道系统接地（第8.2.6条）				
	8 燃气系统的安装（第8.2.7条）				
	9 氨管道焊缝的无损检测（第8.2.8条）				
	10 乙二醇管道系统的规定（第8.2.9条）				
	11 制冷剂管路的试验（第8.2.10条）				
一般项目	1 制冷设备安装（第8.3.1-1、2、4、5条）				
	2 制冷附属设备安装（第8.3.1-3条）				
	3 模块式冷水机组安装（第8.3.2条）				
	4 泵的安装（第8.3.3条）				
	5 制冷剂管道的安装（第8.3.4-1、2、3、4条）				
	6 管道的焊接（第8.3.4-5、6条）				
	7 阀门安装（第8.3.5-2～5条）				
	8 阀门的试压（第8.3.5-1条）				
	9 制冷系统的吹扫（第8.3.6条）				
施工单位检查结果评定	项目专业质量检查员： 年 月 日				
监理（建设）单位验收结论	监理工程师： （建设单位项目专业技术负责人） 年 月 日				

（7）空调水系统安装检验批质量验收记录见附表 12～附表 14。

附表 12　　　　　　　空调水系统安装检验批质量验收记录（金属管道）

工程名称		分部工程名称		验收部位	
施工单位		专业工长		项目经理	
施工执行标准名称及编号					
分包单位		分包项目经理		施工班组长	
	质量验收规范的规定			施工单位检查 评定记录	监理（建设）单位 验收记录
主控项目	1 系统的管材与配件验收（第 9.2.1 条）				
	2 管道柔性接管的安装（第 9.2.2－3 条）				
	3 管道的套管（第 9.2.2－5 条）				
	4 管道补偿器安装及固定支架（第 9.2.5 条）				
	5 系统的冲洗、排污（第 9.2.2－4 条）				
	6 阀门的安装（第 9.2.4 条）				
	7 阀门的试压（第 9.2.4－3 条）				
	8 系统的试压（第 9.2.3 条）				
	9 隐蔽管道的验收（第 9.2.2－1 条）				
一般项目	1 管道的焊接（第 9.3.2 条）				
	2 管道的螺纹连接（第 9.3.3 条）				
	3 管道的法兰连接（第 9.3.4 条）				
	4 管道的安装（第 9.3.5 条）				
	5 钢塑复合管道的安装（第 9.3.6 条）				
	6 管道沟槽式连接（第 9.3.6 条）				
	7 管道的支、吊架（第 9.3.8 条）				
	8 阀门及其他部件的安装（第 9.3.10 条）				
	9 系统放气阀与拌水阀（第 9.3.10－4 条）				
施工单位检查结果评定		项目专业质量检查员：　　　年　　月　　日			
监理（建设）单位验收结论		监理工程师： （建设单位项目专业技术负责人）　　　年　　月　　日			

下 篇 实 训 部 分

附表 13　　　　**空调水系统安装检验批质量验收记录（非金属管道）**

工程名称		分部工程名称		验收部位	
施工单位		专业工长		项目经理	
施工执行标准名称及编号					
分包单位		分包项目经理		施工班组长	

	质量验收规范的规定		施工单位检查评定记录	监理（建设）单位验收记录
主控项目	1 系统的管材与配件验收（第9.2.2-2条）			
	2 管道柔性接管的安装（第9.2.2-3条）			
	3 管道的套管（第9.2.2-5条）			
	4 管道补偿器安装及固定支架（第9.2.5条）			
	5 系统的冲洗、排污（第9.2.2-4条）			
	6 阀门的安装（第9.2.4条）			
	7 阀门的试压（第9.2.4-3条）			
	8 系统的试压（第9.2.3条）			
	9 隐蔽管道的验收（第9.2.2-1条）			
一般项目	1 PVC—U管道的安装（第9.3.1条）			
	2 PP—R管道的安装（第9.3.1条）			
	3 PEX管道的安装（第9.3.1条）			
	4 管道安装的位置（第9.3.9条）			
	5 管道的支、吊架（第9.3.8条）			
	6 阀门的安装（第9.3.10条）			
	7 系统放气阀与排水阀（第9.3.10-4条）			
施工单位检查结果评定	项目专业质量检查员：　　　　年　　月　　日			
监理（建设）单位验收结论	监理工程师： （建设单位项目专业技术负责人）　　　　年　　月　　日			

附表 14　　　　　　　　空调水系统安装检验批质量验收记录（设备）

工程名称		分部工程名称		验收部位	
施工单位		专业工长		项目经理	
施工执行标准名称及编号					
分包单位		分包项目经理		施工班组长	

	质量验收规范的规定	施工单位检查评定记录	监理（建设）单位验收记录
主控项目	1 系统的设备与附属设备（第 9.2.1 条）		
	2 冷却塔的安装（第 9.2.6 条）		
	3 水泵的安装（第 9.2.7 条）		
	4 其他附属设备的安装（第 9.2.8 条）		
一般项目	1 风机盘管的管道连接（第 9.3.7 条）		
	2 冷却塔的安装（第 9.3.11 条）		
	3 水泵及附属设备的安装（第 9.3.12 条）		
	4 水箱、集水缸、分水缸、储冷罐等设备的安装（第 9.3.13 条）		
	5 水过滤器等设备的安装（第 9.3.10 - 3 条）		

施工单位检查结果评定	项目专业质量检查员：　　　　　年　　月　　日
监理（建设）单位验收结论	监理工程师： （建设单位项目专业技术负责人）　　　年　　月　　日

（8）防腐与绝热施工检验批质量验收记录见附表15、附表16。

附表15　　　　防腐与绝热施工检验批质量验收记录（风管系统）

工程名称		分部工程名称		验收部位	
施工单位		专业工长		项目经理	
施工执行标准名称及编号					
分包单位		分包项目经理		施工班组长	
	质量验收规范的规定			施工单位检查评定记录	监理（建设）单位验收记录
主控项目	1 材料的验证（第10.2.1条）				
	2 防腐涂料或油漆质量（第10.2.2条）				
	3 电加热器与防火墙2m管道（第10.2.3条）				
	4 低温风管的绝热（第10.2.4条）				
	5 洁净室内风管（第10.2.5条）				
一般项目	1 防腐涂层质量（第10.3.1条）				
	2 空调设备、部件油漆或绝热（第10.3.2、10.3.3条）				
	3 绝热材料厚度及平整度（第10.3.4条）				
	4 风管绝热黏接固定（第10.3.5条）				
	5 风管绝热层保温钉固定（第10.3.6条）				
	6 绝热涂料（第10.3.7条）				
	7 玻璃布保护层的施工（第10.3.8条）				
	8 金属保护壳的施工（第10.3.12条）				
施工单位检查结果评定		项目专业质量检查员：　　年　　月　　日			
监理（建设）单位验收结论		监理工程师：（建设单位项目专业技术负责人）　　年　　月　　日			

322

附表 16　　　　　　**防腐与绝热施工检验批质量验收记录（管道系统）**

工程名称		分部工程名称		验收部位	
施工单位		专业工长		项目经理	
施工执行标准名称及编号					
分包单位		分包项目经理		施工班组长	
	质量验收规范的规定			施工单位检查评定记录	监理（建设）单位验收记录
主控项目	1 材料的验证，（第 10.2.1 条）				
	2 防腐涂料或油漆质量（第 10.2.2 条）				
	3 电加热器与防火墙 2m 管道（第 10.2.3 条）				
	4 冷冻水管道的绝热（第 10.2.4 条）				
	5 洁净室内管道（第 10.2.5 条）				
一般项目	1 防腐涂层质量（第 10.3.1 条）				
	2 空调设备、部件油漆或绝热（第 10.3.2、10.3.3 条）				
	3 绝热材料厚度及平整度（第 10.3.4 条）				
	4 绝热涂料（第 10.3.7 条）				
	5 玻璃布保护层的施工（第 10.3.8 条）				
	6 管道阀门的绝热（第 10.3.9 条）				
	7 管道绝热层的施工（第 10.3.10 条）				
	8 管道防潮层的施工（第 10.3.11 条）				
	9 金属保护层的施工（第 10.3.12 条）				
	10 机房内制冷管道色标（第 10.3.13 条）				
施工单位检查结果评定		项目专业质量检查员：　　　年　　月　　日			
监理（建设）单位验收结论		监理工程师：（建设单位项目专业技术负责人）　　　年　　月　　日			

（9）工程系统调试检验批质量验收记录见附表17。

附表 17　　　　　　　　　　工程系统调试检验批质量验收记录

工程名称		分部工程名称		验收部位	
施工单位		专业工长		项目经理	
施工执行标准名称及编号					
分包单位		分包项目经理		施工班组长	
	质量验收规范的规定			施工单位检查评定记录	监理（建设）单位验收记录
主控项目	1 通风机、空调机组单机试运转及调试（第11.2.2-1条）				
	2 水泵单机试运转及调试（第11.2.2-2条）				
	3 冷却塔单机试运转及调试（第11.2.2-3条）				
	4 制冷机组单机试运转及调试（第11.2.2-4条）				
	5 电控防、排烟阀的动作试验（第11.2.2-5条）				
	6 系统风量的调试（第11.2.3-1条）				
	7 空调水系统的调试（第11.2.3-2条）				
	8 恒温、恒湿空调（第11.2.3-3条）				
	9 防、排系统调试（第11.2.4条）				
	10 净化空调系统的调试（第11.2.5条）				
一般项目	1 风机、空调机组（第11.3.1-2、3条）				
	2 水泵的安装（第11.3.1-1条）				
	3 风口风量的平衡（第11.3.2-2条）				
	4 水系统的试运行（第11.3.3-1、3条）				
	5 水系统检测元件的工作（第11.3.3-2条）				
	6 空调房间的参数（第11.3.3-4、5、6条）				
	7 洁净空调房间的参数（第11.3.3条）				
	8 工程的控制和监测元件和执行结构（第11.3.4条）				
施工单位检查结果评定		项目专业质量检查员：　　　年　　月　　日			
监理（建设）单位验收结论		监理工程师： （建设单位项目专业技术负责人）　　　年　　月　　日			

3. 通风与空调分部工程的分项工程质量验收记录

通风与空调分部工程的分项工程质量验收记录见附表 18。

附表 18　　　　　通风与空调工程分项工程质量验收记录（分项工程）

工程名称		结构类型		检验批数	
施工单位		项目经理		项目技术负责人	
分包单位		分包单位负责人		分包项目经理	
序号	检验批部位、区、段	施工单位检查评定结果	监理（建设）单位验收结论		
检查结论	项目专业技术负责人： 　年　月　日		验收结论	监理工程师：（建设单位项目 专业技术负责人） 　年　月　日	

4．通风与空调分部（子分部）工程的质量验收记录

（1）通风与空调各子分部工程的质量验收记录按下列规定。

1）送、排风系统子分部工程见附表19。

附表19　　　　通风与空调子分部工程质量验收记录（送、排风系统）

工程名称		结构类型		层数	
施工单位		技术部门负责人		质量部门负责人	
分包单位		分包单位负责人		分包技术负责人	

序号	分项工程名称	检验批数	施工单位检查评定意见	验收意见
1	风管与配件制作			
2	部件制作			
3	风管系统安装			
4	风机与空气处理设备安装			
5	消声设备制作与安装			
6	风管与设备防腐			
7	系统调试			
	质量控制资料			
	安全和功能检验（检测）报告			
	观感质量验收			

验收单位	分包单位	项目经理：　　　年　　月　　日
	施工单位	项目经理：　　　年　　月　　日
	勘察单位	项目负责人：　　　年　　月　　日
	设计单位	项目负责人：　　　年　　月　　日
	监理（建设）单位	总监理工程师：（建设单位项目专业负责人）　　　年　　月　　日

2）防、排烟系统子分部工程见附表 20。

附表 20　　　　通风与空调子分部工程质量验收记录（防、排烟系统）

工程名称		结构类型		层数	
施工单位		技术部门负责人		质量部门负责人	
分包单位		分包单位负责人		分包技术负责人	

序号	分项工程名称	检验批数	施工单位检查评定意见	验收意见
1	风管与配件制作			
2	部件制作			
3	风管系统安装			
4	风机与空气处理设备安装			
5	排烟风口、常闭正压风口安装			
6	风管与设备防腐			
7	系统调试			
8	消声设备制作与安装（合用系统时检查）			
	质量控制资料			
	安全和功能检验（检测）报告			
	观感质量验收			

验收单位	分包单位	项目经理　　　年　　月　　日
	施工单位	项目经理　　　年　　月　　日
	勘察单位	项目负责人　　　年　　月　　日
	设计单位	项目负责人　　　年　　月　　日
	监理（建设）单位	总监理工程师：（建设单位项目专业负责人）　　年　　月　　日

3）除尘通风系统子分部工程见附表 21。

附表 21　　　　　　　　　通风与空调子分部工程质量验收记录

工程名称		结构类型		层数	
施工单位		技术部门负责人		质量部门负责人	
分包单位		分包单位负责人		分包技术负责人	

序号	分项工程名称	检验批数	施工单位检查评定意见	验收意见
1	风管与配件制作			
2	部件制作			
3	风管系统安装			
4	风机安装			
5	除尘器与排污设备安装			
6	风管与设备防腐			
7	风管与设备绝热			
8	系统调试			
	质量控制资料			
	安全和功能检验（检测）报告			
	观感质量验收			
验收单位	分包单位	项目经理：　　年　月　日		
	施工单位	项目经理：　　年　月　日		
	勘察单位	项目负责人：　　年　月　日		
	设计单位	项目负责人：　　年　月　日		
	监理（建设）单位	总监理工程师：（建设单位项目专业负责人）　　年　月　日		

4）空调风管系统子分部工程见附表 22。

附表 22　　　　　　　通风与空调子分部工程质量验收记录（空调系统）

工程名称		结构类型		层数	
施工单位		技术部门负责人		质量部门负责人	
分包单位		分包单位负责人		分包技术负责人	

序号	分项工程名称	检验批数	施工单位检查评定意见	验收意见
1	风管与配件制作			
2	部件制作			
3	风管系统安装			
4	风机与空气处理设备安装			
5	消声设备制作与安装			
6	风管与设备防腐			
7	风管与设备绝热			
8	系统调试			
	质量控制资料			
	安全和功能检验（检测）报告			
	观感质量验收			

验收单位	分包单位	项目经理：　　　　年　　月　　日
	施工单位	项目经理：　　　　年　　月　　日
	勘察单位	项目负责人：　　　年　　月　　日
	设计单位	项目负责人：　　　年　　月　　日
	监理（建设）单位	总监理工程师：（建设单位项目专业负责人）　　　年　　月　　日

5）净化空调系统子分部工程见附表 23。

附表 23　　　　　通风与空调子分部工程质量验收记录（净化空调系统）

工程名称		结构类型		层数	
施工单位		技术部门负责人		质量部门负责人	
分包单位		分包单位负责人		分包技术负责人	

序号	分项工程名称	检验批数	施工单位检查评定意见	验收意见
1	风管与配件制作			
2	部件制作			
3	风管系统安装			
4	风机与空气处理设备安装			
5	消声设备制作与安装			
6	风管与设备防腐			
7	风管与设备绝热			
8	高效过滤器安装			
9	净化设备安装			
10	系统调试			
	质量控制资料			
	安全和功能检验（检测）报告			
	观感质量验收			

验收单位	分包单位	项目经理：　　年　　月　　日
	施工单位	项目经理：　　年　　月　　日
	勘察单位	项目负责人：　　年　　月　　日
	设计单位	项目负责人：　　年　　月　　日
	监理（建设）单位	总监理工程师：（建设单位项目专业 负责人）　　年　　月　　日

6）制冷系统子分部工程见附表 24。

附表 24　　　　**通风与空调子分部工程质量验收记录（制冷系统）**

工程名称		结构类型		层数	
施工单位		技术部门负责人		质量部门负责人	
分包单位		分包单位负责人		分包技术负责人	

序号	分项工程名称	检验批数	施工单位检查评定意见	验收意见
1	制冷机组安装			
2	制冷剂管道及配件安装			
3	制冷附属设备安装			
4	管道及设备的防腐和绝热			
5	系统调试			
	质量控制资料			
	安全和功能检验（检测）报告			
	观感质量验收			

验收单位	分包单位	项目经理：　　　年　　月　　日
	施工单位	项目经理：　　　年　　月　　日
	勘察单位	项目负责人：　　　年　　月　　日
	设计单位	项目负责人：　　　年　　月　　日
	监理（建设）单位	总监理工程师：（建设单位项目专业负责人）　　　年　　月　　日

7) 空调水系统子分部工程见附表 25。

附表 25　　　　通风与空调子分部工程质量验收记录（空调水系统）

工程名称		结构类型		层数	
施工单位		技术部门负责人		质量部门负责人	
分包单位		分包单位负责人		分包技术负责人	

序号	分项工程名称	检验批数	施工单位检查评定意见	验收意见
1	冷热水管道系统安装			
2	冷却水管道系统安装			
3	冷凝水管道系统安装			
4	管道阀门和部件安装			
5	冷却塔安装			
6	水泵及附属设备安装			
7	管道与设备的防腐和绝热			
8	系统调试			
质量控制资料				
安全和功能检验（检测）报告				
观感质量验收				

验收单位	分包单位	项目经理：　　年　　月　　日
	施工单位	项目经理：　　年　　月　　日
	勘察单位	项目负责人：　　年　　月　　日
	设计单位	项目负责人：　　年　　月　　日
	监理（建设）单位	总监理工程师：（建设单位项目专业负责人）　　年　　月　　日

（2）通风与空调分部（子分部）工程的质量验收记录见附表 26。

附表 26　　　　　　　　　　通风与空调分部工程质量验收记录

工程名称		结构类型		层数	
施工单位		技术部门负责人		质量部门负责人	
分包单位		分包单位负责人		分包技术负责人	

序号	子分部工程名称	检验批数	施工单位检查评定意见	验收意见
1	送、排风系统			
2	防、排烟系统			
3	除尘系统			
4	空调系统			
5	净化空调系统			
6	制冷系统			
7	空调水系统			
	质量控制资料			
	安全和功能检验（检测）报告			
	观感质量验收			

验收单位	分包单位	项目经理：　　　年　　月　　日
	施工单位	项目经理：　　　年　　月　　日
	勘察单位	项目负责人：　　年　　月　　日
	设计单位	项目负责人：　　年　　月　　日
	监理（建设）单位	总监理工程师：（建设单位项目专业负责人）　　　年　　月　　日

参 考 文 献

[1]   GB 50242—2002 建筑给排水及采暖工程质量验收规范 [S].北京：中国建筑工业出版社，2005.

[2]   GB 50243—2002 通风与空调工程施工质量验收规范 [S].北京：中国计划出版社，2002.

[3]   蔡秀丽，鲍东杰.建筑设备工程 [M].北京：科学出版社，2005.

[4]   张建.建筑给水排水工程 [M].北京：中国建筑工业出版社，2005.

[5]   马仲元.供热工程 [M].北京：中国电力出版社，2004.

[6]   杨婉.通风与空调工程 [M].北京：中国建筑工业出版社，2005.

[7]   吴耀伟.供热通风与空调工程施工技术 [M].北京：中国电力出版社，2004.

[8]   CJJ 33—2005 城镇燃气室内工程施工及验收规范 [S].

[9]   CJJ 28—2004 城市供热管网工程施工及验收规范 [S].

[10]   黄剑敌.暖、卫、通风空调施工工艺标准手册 [M].北京：中国建筑工业出版社，2003.

[11]   卢永昌.燃气输配工 [M].3版.北京：中国建筑工业出版社，2001.

[12]   马最良，姚杨.民用建筑空调设计 [M].北京：化学工业出版社，2003.

[13]   张金和.管道安装工程手册 [M].北京：机械工业出版社，2006.

[14]   程和美.管道工程施工 [M].北京：中国建筑工业出版社，2007.

[15]   张胜华.管道工程施工与监理 [M].北京：化学工业出版社，2003.

[16]   冯钢.管道工程识图与施工工艺 [M].重庆：重庆大学出版社，2008.